职业技能鉴定国家题库石化分库试题选编

溶剂精制装置操作工

中国石油化工集团公司职业技能鉴定指导中心　编

中国石化出版社

内 容 提 要

《溶剂精制装置操作工》为《职业技能鉴定国家题库石化分库试题选编》丛书之一，由中国石油化工集团公司职业技能鉴定指导中心按照《国家职业标准》及《职业技能鉴定国家题库开发技术规程》组织编写。内容包括：溶剂精制装置操作工初级工、中级工、高级工、技师的国家职业标准、鉴定要素细目表、理论知识试题和技能操作试题，是溶剂精制装置操作工进行职业技能鉴定的必备学习资料。

图书在版编目(CIP)数据

溶剂精制装置操作工/中国石油化工集团公司职业技能鉴定指导中心编.—北京:中国石化出版社,2006(2015.10重印)
(职业技能鉴定国家题库石化分库试题选编)
ISBN 978-7-80229-137-9-01

Ⅰ.溶… Ⅱ.中… Ⅲ.溶剂精制-化工设备-操作-职业技能鉴定-习题 Ⅳ.TQ064

中国版本图书馆CIP数据核字(2006)第107753号

中国石化出版社出版发行
地址:北京市东城区安定门外大街58号
邮编:100011 电话:(010)84271850
读者服务部电话:(010)84289974
http://www.sinopec-press.com
E-mail:press@sinopec.com
北京艾普海德印刷有限公司印刷
全国各地新华书店经销
*
787×1092毫米 16开本 19.5印张 471千字
2006年9月第1版 2015年10月第2次印刷
定价:60.00元

职业技能鉴定国家题库
石化分库开发领导小组

前　言

受劳动和社会保障部职业技能鉴定中心委托，按照中国石油天然气集团公司、中国石油化工集团公司职业技能鉴定工作协议，中国石油化工集团公司职业技能鉴定指导中心组织有关专家，依据《职业技能鉴定国家题库开发技术规程》和《国家职业标准》，开发了32个职业95个工种的职业技能鉴定国家题库石化分库，并于2006年5月正式启用。

为满足员工学习专业知识、提高操作技能的需要，我们选编了石化分库的部分试题，按职业(工种)出版《职业技能鉴定国家题库石化分库试题选编》套书。该套书内容包括国家职业标准、鉴定要素细目表、理论知识试题和技能操作试题等，其中，理论知识试题约占分库中该职业(工种)试题的50%，技能操作试题约占70%。

《溶剂精制装置操作工》分册由大连石化主编，兰州石化、荆门石化等单位参编。主要执笔人：朱广峰、刘福华、李晓明、张世德、杨洪源、回晓云等。参审人员：黄劲松、郑军、刘明军、黄宁等。

由于水平有限，书中难免有遗漏或欠妥之处，敬请谅解并提出宝贵意见。

职业技能鉴定国家题库

石化分库开发领导小组办公室

目录

第一部分 初级工

第二部分 中级工

第三部分 高级工

第四部分　技师

第一部分

初 级 工

一、国家职业标准(初级工工作要求)

职业功能	工作内容	技能要求	相关知识
工艺操作	(一) 开车准备	1. 能使用装置配备的各类安全防护器材 2. 能根据指令改通简单的开车流程 3. 能使用开车所需工器具 4. 能使用蒸汽、氮气、水和风等介质 5. 能完成排污、脱水和油品、气体采样等工作 6. 能投用蒸汽伴热线 7. 能增、减加热炉火嘴数量，调节炉温	1. 安全、环保、消防器材使用知识 2. 操作规程(工艺技术规程、岗位操作法) 3. 原料、产品及公用工程介质的物化性质 4. 加热炉火嘴类型和结构 5. 油品和烟气采样注意事项
	(二) 开车操作	1. 能完成装置收溶剂工作 2. 能更改精、废油外放流程 3. 能对外放线贯通和吹扫 4. 能操作汽提塔汽提蒸汽	1. 溶剂性质及收溶剂操作方法 2. 汽提塔汽提原理
	(三) 正常操作	1. 能完成日常的巡回检查 2. 能改动常用工艺流程 3. 能发现异常工况并汇报处理 4. 能检查核对现场压力、温度、液(界)位、阀位等 5. 能改控制阀副线 6. 能规范填写相关记录	1. 巡回检查制度 2. 工艺指标
	(四) 停车操作	1. 能根据指令吹扫简单工艺系统 2. 能使用停车所需工器具 3. 能停用蒸汽伴热线 4. 能停运简单动、静设备 5. 能完成装置退溶剂工作 6. 能吹扫精油、废油外放系统	1. 吹扫方案和注意事项 2. 溶剂性质及退溶剂操作方法 3. 工艺流程图
设备使用与维护	(一) 使用设备	1. 能根据工艺要求调节阀门开度 2. 能操作普通离心泵等动设备 3. 能操作空冷器等冷换设备 4. 能投用液(界)位计、安全阀、压力表等 5. 能看懂设备铭牌 6. 能使用硫化氢、可燃气体报警仪 7. 能投用疏水器 8. 能投用加热盘管 9. 能切换蒸汽往复泵	1. 不同型号阀门性能、特点 2. 普通离心泵的结构、原理、性能 3. 液(界)位计、安全阀、压力表等的使用知识 4. 冷换设备知识 5. 硫化氢、可燃气体报警仪操作方法 6. 疏水器内部结构 7. 蒸汽往复泵简单结构
	(二) 维护设备	1. 能完成机、泵的盘车工作 2. 能添加和更换机、泵的润滑油、润滑脂 3. 能完成设备、管线检修的监护工作 4. 能完成机泵、管线的防冻防凝工作 5. 能更换压力表、温度计、液(界)位计等 6. 能确认机泵检修的隔离和动火条件 7. 能更换阀门盘根和法兰垫片	1. 设备常用润滑油(脂)的规格、品种和使用规定 2. 机泵的润滑知识 3. 机泵盘车规定 4. 设备防冻防凝制度

续表

职业功能	工作内容	技能要求	相关知识
事故判断与处理	(一) 判断事故	1. 能判断机泵、管线、法兰泄漏等一般事故 2. 能发现主要运行设备超温、超压、超电流等异常现象	1. 设备运行参数 2. 装置生产特点及危害性
	(二) 处理事故	1. 能使用消防器材扑灭初起火灾 2. 能使用气防器材进行急救和自救 3. 能处理简单跑、冒、滴、漏事故 4. 会报火警，打急救电话 5. 能处理普通离心泵的抽空、泄漏事故 6. 能处理界位、液位指示失灵等事故 7. 能处理管线凝线事故 8. 能处理蒸汽往复泵抽空事故 9. 能处理汽提塔顶溶剂带油事故 10. 能处理瓦斯带液事故	1. 跑冒滴漏处理方法 2. 消防、气防知识 3. 消防、气防报警程序 4. 现场急救知识 5. 机泵密封知识 6. 液位、界位计测量原理 7. 蒸汽往复泵抽空、汽提塔顶溶剂带油事故处理方法 8. 瓦斯脱液规定
绘图与计算	(一)'绘图	1. 能绘制本岗位工艺流程图和装置原则流程图 2. 能识读设备简图	绘图方法
	(二) 计算	1. 能完成常用单位的换算 2. 能完成简单物料平衡计算	1. 常用单位换算知识 2. 简单物料衡算方法

二、理论知识鉴定要素细目表

行业通用理论知识鉴定要素细目表

鉴定范围						鉴定点		
一级		二级		三级		代码	名　称	重要程度
代码	名　称	代码	名　称	代码	名　称			
A	基本要求	B	基础知识	A	记录填写基础知识	001	运行记录的种类	X
						002	运行记录的填写要求	X
				B	识图基础知识	001	工艺流程图管线的表示方法	X
						002	工艺流程图管件的表示方法	X
						003	工艺流程图阀门的表示方法	X
						004	工艺流程图仪表电气控制点的表示方法	X
				C	安全环保基础知识	001	石化行业生产的不安全因素	X
						002	国家安全生产的方针	X
						003	三级安全教育的内涵	X
						004	头部的防护	X
						005	眼睛和面部的防护	X
						006	脚部的防护	X

续表

鉴定范围						鉴定点		
一级		二级		三级		代码	名称	重要程度
代码	名称	代码	名称	代码	名称			
						007	手部的防护	X
						008	耳部的防护	X
						009	口鼻的防护	X
						010	皮肤的防护	X
						011	机械设备对人体伤害的防护	X
						012	厂内交通安全知识	X
						013	石化行业防火防爆十大禁令的内容	X
						014	尘毒物质的分类	X
						015	职业中毒的种类	X
						016	急性中毒的现场抢救	X
						017	高处作业的防护措施	X
						018	石化行业污染的来源	X
						019	石化行业污染的途径	X
						020	石化行业污染的特点	X
						021	清洁生产的定义	X
						022	清洁生产的内容	X
						023	燃烧的三要素	X
						024	干粉灭火器的适用范围	X
						025	泡沫灭火器的适用范围	X
						026	1211 灭火器的适用范围	X
						027	ISO 14000 系列标准的含义	X
						028	HSE 管理体系的概念	X
						029	建立 HSE 管理体系的意义	X
						030	石化行业事故处理的原则	X
				D	质量基础知识	001	标准化的概念	X
						002	标准等级划分的类别	X
						003	标准的使用范围	X
						004	ISO 9000 族标准的特点	X
				E	计算机基础知识	001	计算机硬件的组成	X
						002	计算机的安全防护	X
						003	Word 文档的录入与排版	X
						004	计算机浏览器的使用	X
						005	电子邮件的收发	X

续表

鉴定范围						鉴定点		
一级		二级		三级		代码	名称	重要程度
代码	名称	代码	名称	代码	名称			
B	相关知识	F	培训与指导	F	法律常识	001	《劳动法》关于劳动者权益的规定	X
						002	劳动合同包含的条款	X
						003	劳动争议解决的途径	X
						004	《劳动法》关于劳动者工作时间的规定	X
						005	《劳动法》关于劳动安全卫生的规定	X
						006	《产品质量法》关于生产者的产品质量责任	X
						007	《产品质量法》关于生产者的产品质量义务	X
						008	《安全生产法》对从业人员的规定	X
						009	《消防法》关于对公民责任的规定	X
				B	鉴定与考评	001	职业技能鉴定的定义	X
						002	职业技能鉴定的目的	X
						003	职业资格等级的划分	X
						004	职业资格证书的用途	X
						005	职业、岗位与工种的关系	X

职业通用理论知识鉴定要素细目表(《润滑油、脂生产工》)

鉴定范围						鉴定点		
一级		二级		三级		代码	名称	重要程度
代码	名称	代码	名称	代码	名称			
A	基本要求	B	基础知识	G	无机化学	001	物质的量的概念	X
						002	物质的量的计算方法	Y
						003	理想气体状态方程	X
						004	氧气的性质	X
						005	氨气的性质	X
						006	理想气体的概念	Y
						007	氮气的性质	Z
						008	溶解的概念	X
						009	溶液的概念	X
				H	有机化学	001	烷烃的结构知识	X
						002	烯烃的结构知识	Z
						003	烯烃的性质	X
				I	石油的组成	001	石油的主要元素组成	X
						002	石油的烃类组成	X

续表

鉴定范围						鉴定点		
一级		二级		三级		代码	名称	重要程度
代码	名称	代码	名称	代码	名称			
						003	石油中非烃化合物的种类	X
						004	石油的种类	X
						005	原油含硫的分类标准	X
						006	石油的比重概念	X
						007	特性因数的概念	X
				J	油品基础知识	001	油品的实验室蒸馏方法	Y
						002	露点的定义	X
						003	泡点的定义	X
						004	平均相对分子质量的定义	Y
						005	油品密度的概念	X
						006	油品黏度的分类	X
						007	结晶点的定义	X
						008	闪点的定义	X
						009	燃点的定义	X
						010	自燃点的定义	X
						011	凝点的定义	X
				K	石油炼制	001	蒸馏的概念	X
						002	常压蒸馏的概念	X
						003	减压蒸馏的概念	X
						004	摩擦的概念	X
						005	润滑的概念	X
						006	润滑油、脂的作用	Y
						007	润滑油基础油的原料来源	X
						008	润滑油的理想组分	X
						009	润滑脂的制造方法	X
						010	润滑脂的主要性能	X
						011	润滑脂的分类方法	X
				L	化工生产	001	流体压强的表示方法	X
						002	流体黏度的概念	X
						003	绝对压力的概念	X
						004	表压的概念	Z
						005	真空度的概念	X
						006	绝对压力、大气压、表压、真空度的关系	X
						007	流体流动状态分类	X

续表

鉴定范围						鉴定点		
一级		二级		三级		代码	名称	重要程度
代码	名称	代码	名称	代码	名称			
						008	传热三种方式	X
						009	热传导的概念	X
						010	对流传热的概念	X
						011	热辐射的概念	X
						012	蒸发的概念	Y
						013	定压比热的概念	X
				M	炼油机械与设备	001	润滑油生产常见过滤机类型	X
						002	常见泵的类型	X
						003	离心泵的工作原理	X
						004	气缚的定义	X
						005	常见阀门的类型	X
						006	安全阀的作用	X
						007	常见法兰类型	X
						008	密封的概念	X
						009	常见压缩机种类	Y
						010	常见间壁式换热器的类型	X
						011	炼油企业常用法兰类型	X
						012	常见垫片种类	X
						013	非金属垫片的适用范围	X
						014	金属垫片的适用范围	X
						015	密封填料的材质种类	X
						016	真空泵的种类	X
						017	加热炉的形状分类	X
						018	常见制冷介质种类	Y
				N	计量	001	计量工作的作用	Y
						002	计量的特点	Z
						003	法定计量单位的概念	X
						004	国家法定计量单位组成	Y
						005	国际单位制基本单位	X
						006	计量表精度等级划分的依据	X
						007	计量检测设备概念	X
						008	计量检测设备的分级	X
				O	仪表、测量	001	常规控制的概念	Y
						002	仪表的基本误差概念	X

续表

鉴定范围						鉴定点		
一级		二级		三级		代码	名称	重要程度
代码	名称	代码	名称	代码	名称			
						003	简单调节系统的组成	X
						004	常见压力仪表的种类	X
						005	流量测量仪表的分类	X
						006	温度测量仪表的分类	X
						007	液位测量方法	X
						008	常用液位计的分类	X
						009	调节阀的分类	X
						010	DCS操作系统的基本概念	Y
						011	DCS操作系统的组成	X
				P	电工	001	短路的概念	X
						002	电导体的概念	X
						003	绝缘体的概念	Y
						004	串联电路的概念	X
						005	并联电路的概念	Z
						006	交流电的概念	X
						007	直流电的概念	X
						008	电阻计算公式	X
						009	直流电流测量方法	Y
						010	引起人体触电的危险因素	X
						011	可扑救电器设备着火的灭火器的种类	X
						012	安全电压的定义	X

工种理论知识鉴定要素细目表

鉴定范围						鉴定点		
一级		二级		三级		代码	名称	重要程度
代码	名称	代码	名称	代码	名称			
B	相关知识	A	工艺操作	A	开车准备	001	溶剂精制原理	X
						002	溶剂精制的目的	X
						003	蒸发原理	X
						004	贯通试压的目的	X
						005	溶剂精制开车必备的工具	X
						006	常见燃料的种类	Z
						007	主蒸汽的物理性质	Y

续表

鉴定范围						鉴定点		
一级		二级		三级		代码	名称	重要程度
代码	名称	代码	名称	代码	名称			
						008	溶剂精制原料来源	Y
						009	开工原料油品的选择	Y
						010	溶剂精制油品采样的方法	X
						011	溶剂精制烟气采样的方法	X
						012	干粉灭火器的使用方法	X
						013	空气呼吸器的使用方法	X
						014	消火蒸汽带的使用注意事项	X
						015	加热炉点火前的检查内容	X
						016	装置醛水分离罐液封的作用	Z
				B	开车操作	001	常见精制溶剂的种类	Y
						002	糠醛的物理性质	X
						003	溶剂精制原料热循环的目的	X
						004	蒸汽泵开泵步骤	X
						005	离心泵的开泵步骤	X
						006	冷却器的投用步骤	X
						007	换热器的投用步骤	X
						008	加热炉点火前炉膛吹蒸汽的目的	X
						009	加热炉点火嘴的要求	X
						010	加热炉升温要求	X
						011	装置抽真空的目的	X
						012	溶剂精制装置脱水的目的	X
						013	溶剂精制转精废液循环的条件	X
						014	装置汽提塔吹蒸汽的目的	X
						015	发汽汽包装水的要求	X
						016	发汽汽包液面控制的方法	X
						017	汽包出口补汽的作用	X
						018	发汽系统正常投用的条件	Y
						019	精液汽提塔打回流的条件	X
						020	糠醛干燥塔打一层回流的条件	X
						021	抽提塔投用塔底循环的条件	X
						022	精油外放的条件	X
						023	废油外放的条件	X

续表

鉴定范围						鉴定点		
一级		二级		三级		代码	名称	重要程度
代码	名称	代码	名称	代码	名称			
				C	正常操作	001	机泵巡回检查的内容	X
						002	温度对糠醛选择性的影响	X
						003	温度对糠醛溶解度的影响	X
						004	糠醛精制对糠醛纯度的要求	X
						005	糠醛与水的共沸物的组成	X
						006	糠醛与水的共沸物的性质	X
						007	脱气塔的原理	X
						008	脱气的目的	Y
						009	脱气塔顶温的控制方法	X
						010	脱气塔液面的控制方法	X
						011	抽提塔顶温度的确定方法	X
						012	抽提塔顶温度的控制方法	X
						013	抽提塔底温的控制方法	X
						014	抽提塔的界面控制方法	X
						015	抽提塔的温度对界面的影响	X
						016	抽提塔的温度梯度的作用	X
						017	抽提塔底循环的作用	X
						018	抽提塔的压力控制方法	X
						019	抽提塔的溶剂比确定的方法	X
						020	溶剂比提降方法	X
						021	抽提塔的抽提方式的种类	X
						022	精液汽提塔顶温的控制方法	X
						023	精液汽提塔进料温度的控制方法	X
						024	精液汽提塔液面的控制方法	X
						025	一次蒸发塔进料温度的调节方法	X
						026	一次蒸发塔压力的调节方法	X
						027	一次蒸发塔液面的调节方法	X
						028	二次蒸发塔进料温度的调节方法	X
						029	二次蒸发塔压力的调节方法	X
						030	二次蒸发塔液面的调节方法	X
						031	三次蒸发塔进料温度的调节方法	X
						032	三次蒸发塔压力的调节方法	X
						033	三次蒸发塔液面的调节方法	X
						034	废液汽提塔液面的调节方法	X

续表

鉴定范围						鉴定点		
一级		二级		三级		代码	名称	重要程度
代码	名称	代码	名称	代码	名称			
						035	废液汽提塔进料温度的调节方法	X
						036	废液汽提塔底循环的作用	X
						037	糠醛干燥塔顶温的确定方法	X
						038	糠醛干燥塔顶温的控制方法	X
						039	糠醛干燥塔液面的控制方法	X
						040	水溶液汽提塔顶温的确定方法	X
						041	水溶液汽提塔顶温的控制方法	X
						042	水溶液汽提塔吹汽量对操作的影响	X
						043	醛水分离罐湿醛的液位控制方法	X
						044	醛水分离罐水的液位控制方法	X
						045	醛水分离罐的温度控制要求	X
						046	发汽汽包的液面控制方法	X
						047	加热炉烟道挡板的调节方法	X
						048	加热炉风门的调节方法	X
						049	加热炉的供风形式	X
						050	加热炉阻火器的作用	Y
						051	瓦斯分液罐的作用	X
						052	瓦斯加热器的作用	X
						053	加热炉空气预热器的作用	X
						054	加热炉烟囱的作用	Y
						055	精液加热炉炉温的控制方法	Z
						056	废液加热炉炉温的控制方法	X
						057	加热炉正常燃烧时对火焰的要求	X
						058	加热炉正常燃烧炉膛的温度要求	X
						059	加热炉雾化蒸汽的作用	X
						060	加热炉正常燃烧的条件	X
						061	加热炉炉膛正常操作的压力控制要求	X
						062	糠醛装置注碱的目的	X
						063	糠醛装置的 pH 值控制范围	X
						064	精液回收与废液回收的不同点	X
				D	停车操作	001	停工前对醛水溶液分离罐液位的要求	Y
						002	停工过程原料降量的要求	X
						003	停工过程改原料循环的目的	X
						004	高压蒸发塔停工自压改泵抽的条件	X

续表

鉴定范围						鉴定点		
一级		二级		三级		代码	名称	重要程度
代码	名称	代码	名称	代码	名称			
						005	发汽停止并管网的条件	X
						006	汽包停止进水的条件	X
						007	汽包停工出口补汽的条件	X
						008	加热炉降温的条件	X
						009	加热炉降温的要求	X
						010	精液汽提塔停吹汽的条件	X
						011	废液汽提塔停吹汽的条件	X
						012	精液汽提塔停止打回流的条件	X
						013	糠醛干燥塔停止打一层回流的条件	X
						014	加热炉熄火的条件	X
						015	加热炉火嘴熄火的方法	X
						016	装置停工停止原料循环的条件	X
						017	蒸汽泵停泵步骤	X
						018	离心泵的停泵方法	X
						019	冷却器停用方法	X
						020	换热器的停用方法	X
						021	管线吹扫的注意事项	Y
		B	设备使用与维护	A	使用设备	001	常见单向阀的作用	Y
						002	安全阀的投用方法	X
						003	常见疏水器的作用	Z
						004	压力表的投用方法	X
						005	疏水器的结构	Z
						006	玻璃板式液位计的测量原理	Y
						007	蒸汽泵的结构	Y
						008	电机的基本构造	Z
						009	离心泵的叶轮分类	Y
						010	离心泵的结构	Y
						011	浮头式换热器的结构	Y
						012	冷却器管程挡板的作用	Y
						013	冷却器壳程折流板的作用	Y
						014	冷却器壳程进料防冲板的作用	Y
						015	定位器的作用	Z
						016	风开阀的调节原理	X
						017	风关阀的调节原理	X

续表

鉴定范围						鉴定点		
一级		二级		三级		代码	名称	重要程度
代码	名称	代码	名称	代码	名称			
						018	真空罐的作用	Y
						019	抽提塔转盘的作用	Y
						020	抽提塔分布器的作用	Y
						021	圆筒式加热炉辐射室炉管排列方式	Z
						022	加热炉辐射室的作用	Y
						023	加热炉对流室的作用	Y
						024	控制阀投用步骤	X
						025	控制阀停用步骤	X
						026	常用仪表的功能的表示方法	X
						027	机泵串联的作用	Y
						028	机泵并联的作用	Y
				B	维护设备	001	离心泵轴承箱润滑油的选用	X
						002	润滑油三级过滤内容	X
						003	机泵润滑油的添加、更换规定	X
						004	机泵盘车的目的	X
						005	备用泵预热的方法	X
						006	蒸汽泵暖缸的目的	X
						007	机泵冷却水的作用	Y
						008	机泵机械密封的作用	Z
						009	压力表失灵的判定方法	X
						010	安全阀的作用	X
						011	单向阀的作用	X
						012	常见加热炉火嘴的类型	Y
						013	加热炉加清灰剂的作用	Y
						014	加热炉炉管采用扩径的作用	X
						015	加热炉吹灰器的作用	Y
						016	加热炉防爆门的作用	X
						017	加热炉氧化镐的作用	X
		C	事故判断与处理	A	事故判断	001	普通闸板阀阀门阀柄脱落的现象	X
						002	蒸汽管线产生水击的现象	X
						003	换热器管箱漏油的现象	X
						004	汽提塔顶冷却器内漏的现象	X
						005	糠醛冷却器内漏的现象	X
						006	瓦斯带油的现象	X

续表

鉴定范围						鉴定点		
一级		二级		三级		代码	名称	重要程度
代码	名称	代码	名称	代码	名称			
						007	加热炉火嘴结焦的现象	X
						008	加热炉火嘴燃烧不完全的现象	X
						009	加热炉炉膛产生正压的现象	X
						010	发汽汽包液面过低的现象	X
						011	发汽汽包液面过高的现象	X
						012	装置发汽系统带水的现象	X
						013	醛水分离罐乳化的现象	X
						014	糠醛水溶液分离罐水位高的现象	X
						015	压力表失灵的现象	X
						016	控制阀阀卡的现象	X
				B	事故处理	001	气防报警程序	X
						002	消防报警程序	X
						003	H_2S中毒的处理步骤	X
						004	普通闸板阀阀门阀柄脱落的处理方法	X
						005	蒸汽管线产生水击的处理方法	X
						006	换热器管箱漏油的处理方法	X
						007	汽提塔顶冷却器内漏的处理方法	X
						008	糠醛冷却器内漏的处理步骤	X
						009	瓦斯带油的处理方法	X
						010	加热炉火嘴结焦的处理方法	X
						011	加热炉火嘴燃烧不完全的处理方法	X
						012	加热炉炉膛产生正压的处理方法	X
						013	发汽汽包液面过低的处理方法	X
						014	发汽汽包液面过高的处理方法	X
						015	装置发汽系统带水的处理方法	X
						016	醛水分离罐乳化的处理方法	X
						017	糠醛水溶液分离罐水位高的处理方法	X
						018	水溶液汽提塔顶温高的处理方法	X
						019	精液汽提塔顶温高的处理方法	X
						020	精液汽提塔顶温低的处理方法	X
						021	糠醛干燥塔顶温高的处理方法	X
						022	糠醛干燥塔顶温低的处理方法	X

续表

鉴定范围						鉴定点		
一级		二级		三级		代码	名称	重要程度
代码	名称	代码	名称	代码	名称			
		D	绘图与计算	A	绘图	001	绘图方法	X
						002	工艺流程图设备的表示方法	X
						003	流程图符号的意义	X

三、理论知识试题

行业通用理论知识试题

判断题

1. 岗位交接班记录不属于运行记录。 (√)

2. 填写记录要求及时、准确、客观真实、内容完整、字迹清晰。 (√)

3. 工艺流程图中，主要物料(介质)的流程线用细实线表示。 (×)

正确答案：工艺流程图中，主要物料(介质)的流程线用粗实线表示。

4. 在工艺流程图中，表示法兰堵盖的符号是 。 (√)

5. 在工艺流程图中，符号 表示的是减压阀。 (×)

正确答案：在工艺流程图中，符号 表示的是减压阀。

6. 带控制点的工艺流程图中，表示压力调节阀的符号是 。 (×)

正确答案：带控制点的工艺流程图中，表示压力调节阀的符号是 。

7. 石化生产中存在诸多不安全因素。事故多，损失大。 (√)

8. 防护罩、安全阀等不属于安全防护装置。 (×)

正确答案：防护罩、安全阀等均属于安全防护装置。

9. 安全检查的任务是发现和查明各种危险和隐患，督促整改；监督各项安全管理规章制度的实施；制止违章指挥、违章作业。 (√)

10. 女工在从事转动设备作业时必须将长发或发辫盘卷在工作帽内。 (√)

11. 从事化工作业人员必须佩戴防护镜或防护面罩。 (×)

正确答案：从事对眼睛及面部有伤害危险作业时必须佩戴有关的防护镜或面罩。

12. 穿用防护鞋时应将裤脚插入鞋筒内。 (×)

正确答案：穿用防护鞋的职工禁止将裤脚插入鞋筒内。

13. 对于从事在生产过程中接触能通过皮肤侵入人体的有害尘毒作业人员，只需发放防护服。 (×)

正确答案：对于从事在生产过程中接触能通过皮肤侵入人体的有害尘毒作业人员，需发放防护服，并需有工业护肤用品，涂在手臂、脸部，以保护职工健康。

14. 在超过噪声标准的岗位工作的职工，要注意保护自己的听力，可戴上企业发给的各种耳塞、耳罩等。 (×)

正确答案：在超过噪声标准的岗位工作的职工，要注意保护自己的听力，一定要戴上企业发给的各种耳塞、耳罩等。

15. 口鼻的防护即口腔和鼻腔的防护。 (×)

正确答案：口鼻的防护即呼吸系统的防护。

16. 人体皮肤是化工生产中有毒有害物质侵入人体的主要途径。 (√)

17. 一般情况下，应将转动、传动部位用防护罩保护起来。 (√)

18. 在设备一侧的转动、传动部位要做好外侧及内侧的防护。 (×)

正确答案：在设备一侧的转动、传动部位要做好外侧及周边的防护。

19. 各种皮带运输机、链条机的转动部位，除装防护罩外，还应有安全防护绳。 (√)

20. 在传动设备的检修工作中，只需在电气开关上挂有"有人作业，禁止合闸"的安全警告牌。 (×)

正确答案：在传动设备的检修工作中，电气开关上应挂有"有人作业，禁止合闸"的安全警告牌，并设专人监护。

21. 限于厂内行驶的机动车不得用于载人。 (√)

22. 严禁在生产装置罐区及易燃易爆装置区内用有色金属工具进行敲打撞击作业。 (×)

正确答案：严禁在生产装置罐区及易燃易爆装置区内用黑色金属工具进行敲打撞击作业。

23. 烟、雾、粉尘等物质是气体，易进入呼吸系统，危害人体健康。 (×)

正确答案：烟、雾、粉尘等物质是气溶胶，易进入呼吸系统，危害人体健康。

24. 烟尘的颗粒直径在 0.1μm 以下。 (√)

25. 职业中毒是指在生产过程中使用的有毒物质或有毒产品，以及生产中产生的有毒废气、废液、废渣引起的中毒。 (√)

26. 毒物进入人体就叫中毒。 (×)

正确答案：毒物对有机体的毒害作用叫中毒。

27. 低毒物质进入人体所引发的病变称慢性中毒。 (×)

正确答案：低浓度的毒物长期作用于人体所引发的病变称慢性中毒。

28. 急性中毒患者呼吸困难时应立即吸氧。停止呼吸时，立即做人工呼吸，气管内插管给氧，维持呼吸通畅并使用兴奋剂药物。 (√)

29. 急性中毒患者心跳骤停应立即做胸外挤压术，每分钟 30~40 次。 (×)

正确答案：急性中毒患者心跳骤停应立即做胸外挤压术，每分钟 60~70 次。

30. 休克病人应平卧位，头部稍高。昏迷病人应保持呼吸道畅通，防止咽下呕吐物。 (×)

正确答案：休克病人应平卧位，头部稍低。昏迷病人应保持呼吸道畅通，防止咽下呕吐物。

31. 高处作业人员应系用与作业内容相适应的安全带，安全带应系挂在施工作业处上方的牢固挂件上，不得系挂在有尖锐的棱角部位。 (√)

32. 高处作业可以上下投掷工具和材料，所用材料应堆放平稳，必要时应设安全警戒区，并设专人监护。 (×)

正确答案：高处作业严禁上下投掷工具和材料，所用材料应堆放平稳，必要时应设安全警戒区，并设专人监护。

33. 高处作业人员不得站在不牢固的结构物上进行作业，可以在高处休息。（×）

正确答案： 高处作业人员不得站在不牢固的结构物上进行作业，不得在高处休息。

34. 燃烧产生的废气是石化行业污染的主要来源之一。（√）

35. 工艺过程排放是造成石化行业污染的主要途径。（√）

36. 成品或副产品不会造成石化行业的污染。（×）

正确答案： 成品或副产品的夹带也会造成石化行业的污染。

37. 石化行业污染的特点之一是污染物种类多、危害大。（√）

38. 清洁生产通过末端治理污染来实现。（×）

正确答案： 清洁生产通过应用专门技术，改进工艺、设备和改变管理态度来实现。

39. 清洁的服务不属于清洁生产的内容。（×）

正确答案： 清洁的服务属于清洁生产的内容之一。

40. 引起闪燃的最高温度称为闪点。（×）

正确答案： 引起闪燃的最低温度称为闪点。

41. 燃点是指可燃物质在空气充足条件下，达到某一温度时与火源接触即行着火，并在移去火源后继续燃烧的最低温度。（√）

42. 自燃点是指可燃物在没有火焰、电火花等火源直接作用下，在空气或氧气中被加热而引起燃烧的最高温度。（×）

正确答案： 自燃点是指可燃物在没有火焰、电火花等火源直接作用下，在空气或氧气中被加热而引起燃烧的最低温度。

43. 干粉灭火器能迅速扑灭液体火焰，同时泡沫能起到及时冷却作用。（√）

44. 抗溶性泡沫灭火剂可以扑灭一般烃类液体火焰，但不能扑救水溶性有机溶剂的火灾。（×）

正确答案： 抗溶性泡沫灭火剂可以扑灭一般烃类液体火焰，同时能扑救水溶性有机溶剂的火灾。

45. 1211 灭火器仅适用于扑灭易燃、可燃气体或液体，不适用于扑灭一般易燃固体物质的火灾。（×）

正确答案： 1211 灭火器不仅适用于扑灭易燃、可燃气体或液体，也适用于扑灭一般易燃固体物质的火灾。

46. ISO 14000 系列环境管理标准是国际标准化组织（ISO）第 207 技术委员会（ISO/TC207）组织制订的环境管理体系标准，其标准号从 14001 到 14100，共 100 个标准号，统称为 ISO 14000 系列标准。（√）

47. HSE 管理体系是指实施安全、环境与健康管理的组织机构、职责、做法、程序、过程和资源等而构成的整体。（√）

48. HSE 中的 S（安全）是指在劳动生产过程中，努力改善劳动条件、克服安全因素，使劳动生产在保证劳动者健康、企业财产不受损失、人民生命安全的前提下顺利进行。（×）

正确答案： HSE 中的 S（安全）是指在劳动生产过程中，努力改善劳动条件、克服不安全因素，使劳动生产在保证劳动者健康、企业财产不受损失、人民生命安全的前提下顺利进行。

49. 建立 HSE 管理体系可改善企业形象、取得经济效益和社会效益。（√）

50. 建立 HSE 管理体系不能控制 HSE 风险和环境影响。（×）

正确答案： 建立 HSE 管理体系可有效控制 HSE 风险和环境影响。

51. 对工作不负责任，不严格执行各项规章制度，违反劳动纪律造成事故的主要责任者应严肃处理。（√）

52. 标准化是指在经济、技术、科学及管理等社会实践中，对事物和概念通过制订、发布和实施标准达到统一，以获最佳秩序和社会效益。（×）

正确答案： 标准化是指在经济、技术、科学及管理等社会实践中，对重复性事物和概念通过制订、发布和实施标准达到统一，以获最佳秩序和社会效益。

53. 任何标准，都是在一定条件下的“统一规定”，标准化的统一是相对的。（√）

54. 对已有国家标准、行业标准或地方标准的，鼓励企业制订低于国家标准、行业标准或地方标准要求的企业标准。（×）

正确答案： 对已有国家标准、行业标准或地方标准的，鼓励企业制订高于国家标准、行业标准或地方标准要求的企业标准。

55. 按约束力分，国家标准、行业标准可分为强制性标准、推荐性标准和指导性技术文件。（√）

56. 只要企业活动和要素具有“重复性”，都可以进行标准化。（√）

57. 2000 版 ISO 9000 族标准可适用于所有产品类型、不同规模和各种类型的组织，并可根据实际需要增加某些质量管理要求。（×）

正确答案： 2000 版 ISO 9000 族标准可适用于所有产品类型、不同规模和各种类型的组织，并可根据实际需要减少某些质量管理要求。

58. ISO 9000 族标准是质量保证模式标准之一，用于合同环境下的外部质量保证。可作为供方质量保证工作的依据，也是评价供方质量体系的依据。（√）

59. 计算机内存是可以由 CPU 直接存取数据的地方。（√）

60. 杀毒软件对于病毒来说永远是落后的，也就是说，只有当一种病毒出现后，才能产生针对这种病毒的消除办法。（√）

61. 在计算机应用软件 Word 中输入文字，当打满一行时，必须按一下 Enter 键换到下一行继续输入。（×）

正确答案： 在 Word 中输入文字，当打满一行时，不需按一下 Enter 键，系统可自动换到下一行继续输入。

62. 中国大陆地区的顶级域名是“cn”。（√）

63. 使用应用程序 Outlook Express 可以同时向多个地址发送电子邮件，也可以把收到的邮件转发给第三者。（√）

64.《劳动法》规定，对劳动者基本利益的保护是最基本的保护，不应由于用人单位所有制的不同或组织形式不同而有所差异。（√）

65. 依据《劳动法》的规定，劳动争议当事人对仲裁裁决不服的，可以自收到仲裁裁决书之日起三十日内向人民法院提起诉讼。一方当事人在法定期限内不起诉又不履行仲裁裁决的，另一方当事人可申请人民法院强制执行。（√）

66. 劳动安全卫生工作“三同时”是指：新建工程的劳动安全卫生设施必须与主体工程同时设计、同时施工、同时投入生产和使用。（×）

正确答案：劳动安全卫生工作“三同时”是指：新建、改建或扩建工程的劳动安全卫生设施必须与主体工程同时设计、同时施工、同时投入生产和使用。

67.《产品质量法》规定，生产者不得生产国家明令淘汰的产品；不得伪造或者冒用认证标志等质量标志。（√）

68. 产品质量义务分为积极义务和消极义务，“生产者不得伪造产地，不得伪造或者冒用他人的厂名、厂址”属于产品生产者的积极义务。（×）

正确答案：产品质量义务分为积极义务和消极义务，“生产者不得伪造产地，不得伪造或者冒用他人的厂名、厂址”属于产品生产者的消极义务。

69. 从业人员在发现直接危及人身安全的紧急情况时，有权停止作业或者在采取可能的应急措施后撤离作业场所。（√）

70.《消防法》第四十八条规定：埋压、圈占消火栓或者占用防火间距、堵塞消防通道的，或者损坏和擅自挪用、拆除、停用消防设施、器材的，处警告、罚款或者十日以下拘留。（×）

正确答案：《消防法》第四十八条规定：埋压、圈占消火栓或者占用防火间距、堵塞消防通道的，或者损坏和擅自挪用、拆除、停用消防设施、器材的，处警告或者罚款。

71. 职业技能鉴定是按照国家规定的职业标准，通过政府授权的考核鉴定机构对劳动者的专业知识和技能水平进行客观、公正、科学规范地评价与认证的活动。（√）

72. 职业技能鉴定是为劳动者颁发职业资格证书。（×）

正确答案：职业技能鉴定是为劳动者持证上岗和用人单位就业准入提供资格认证的活动。

73. 职业技能鉴定考试是以社会劳动者的职业技能为对象，以规定的职业标准为参照系统，通过相关知识和实际操作的考核作为综合手段，为劳动者持证上岗和用人单位就业准入提供资格认证的活动。（√）

74. 职业资格证书分一级、二级、三级、四级、五级五个级别。（√）

75. 职业资格证书是劳动者的专业知识和职业技能水平的证明。（√）

76. 职业资格证书是劳动者持证上岗和用人单位录用员工的资格认证。（√）

77. 职业是指从业人员为获取主要生活来源所从事的社会工作类别。（√）

78. 一个职业可以包括一个或几个工种，一个工种又可以包括一个或几个岗位，它们是一种包含与被包含的关系。（√）

单选题

1. 运行记录填写错误需要更正时，必须采用（ C ）。

A. 撕页重写　　B. 用刀片刮去重写　　C. 划改　　D. 涂改

2. 化工管路图中，表示蒸汽伴热管道的规定线型是（ C ）。

A.　　B.　　C.　　D.

3. 化工管路图中，表示热保温管道的规定线型是（ A ）。

A.　　B.　　C.　　D.

4. 在工艺流程图中，下列符号表示活接头的是（ C ）。

A.　　B.　　C.　　D.

5. 在工艺流程图中，表示法兰连接的符号是(D)。

A.  B. 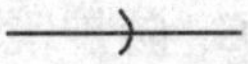 C. 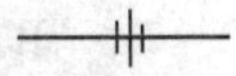 D.

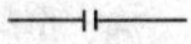

6. 在工艺流程图中，表示闸阀的符号是(B)。

A.  B.  C.  D.

7. 在工艺流程图中，表示球阀的符号是(D)。

A.  B.  C.  M D.

8. 在工艺流程图中，表示截止阀的符号是(A)。

A. 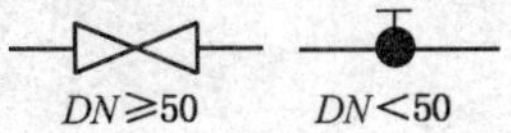 DN≥50 DN<50 B.

C.  D.  平面 系统

9. 带控制点的工艺流程图中，仪表控制点以(A)在相应的管路上用符号、符号画出。

A. 细实线 B. 粗实线 C. 虚线 D. 点划线

10. 带控制点的工艺流程图中，表示指示的功能符号是(C)。

A. T B. J C. Z D. X

11. 带控制点的工艺流程图中，表示电磁流量计的符号是(B)。

A.  B.

C.  D.

12. 石化生产存在许多不安全因素，其中易燃、易爆、有毒、有(A)的物质较多是主要的不安全因素之一。

A. 腐蚀性 B. 异味 C. 挥发性 D. 放射性

13. 石化生产的显著特点是工艺复杂、(C)要求严格。

A. 产品 B. 原料 C. 操作 D. 温度

14. 我国安全生产的方针是“(C)第一，预防为主”。

A. 管理 B. 效益 C. 安全 D. 质量

15.“防消结合，以(D)为主”。

A. 管 B. 消 C. 人 D. 防

16.“三级安全教育”即厂级教育、车间级教育、(A)级教育。

A. 班组 B. 分厂 C. 处 D. 工段

17. 工人的日常安全教育应以“周安全活动”为主要阵地进行，并对其进行(B)的安全教育考核。

A. 每季一次 B. 每月一次

C. 每半年一次 D. 一年一次

18. 为保护头部不因重物坠落或其他物件碰撞而伤害头部的防护用品是(A)。

A. 安全帽 B. 防护网 C. 安全带 D. 防护罩

19. 从事(B)作业时，作业人员必须穿好专用的工作服。

A. 电焊 B. 酸碱 C. 高空 D. 气焊

20. 从事计算机、焊接及切割作业、光或其他各种射线作业时，需佩戴专用(C)。

A. 防护罩　　B. 防护网　　C. 防护镜　　D. 防护服

21. 从事有(B)、热水、热地作业时应穿相应胶鞋。

A. 硬地　　B. 腐蚀性　　C. 检修作业　　D. 机床作业

22. 从事(A)作业时应穿耐油胶鞋。

A. 各种油类　　B. 酸碱类　　C. 机加工　　D. 检查维护

23. 从事酸碱作业时，作业人员需戴(C)手套。

A. 布　　B. 皮

C. 耐酸碱各种橡胶　　D. 塑料

24. 线手套或(B)手套只可作为一般的劳动防护用品。

A. 皮　　B. 布　　C. 橡胶　　D. 塑料

25. 耳的防护即(A)的保护。

A. 听力　　B. 耳廓　　C. 头部　　D. 面部

26. 工作地点有有毒的气体、粉尘、雾滴时，为保护呼吸系统，作业人员应按规定携带戴好(A)。

A. 过滤式防毒面具　　B. 防护服

C. 口罩　　D. 防护面罩

27. 从事易燃、易爆岗位的作业人员应穿(B)工作服。

A. 腈纶　　B. 防静电　　C. 涤纶　　D. 防渗透

28. 从事苯、石油液化气等易燃液体作业人员应穿(D)工作服。

A. 耐腐蚀　　B. 阻燃　　C. 隔热　　D. 防静电

29. 各种皮带运输机、链条机的转动部位，除安装防护罩外，还应有(A)。

A. 安全防护绳　　B. 防护线　　C. 防护人　　D. 防护网

30. 厂内行人要注意风向及风力，以防在突发事故中被有毒气体侵害。遇到情况时要绕行、停行、(C)。

A. 顺风而行　　B. 穿行　　C. 逆风而行　　D. 快行

31. 不能用于擦洗设备的是(D)。

A. 肥皂　　B. 洗衣粉　　C. 洗洁精　　D. 汽油

32. 不属于有毒气体的是(C)。

A. 氯气　　B. 硫化氢　　C. 二氧化碳　　D. 一氧化碳

33. 属于气体物质的是(A)。

A. 氯气　　B. 烟气　　C. 盐酸雾滴　　D. 粉尘

34. 引起慢性中毒的毒物绝大部分具有(A)。

A. 蓄积作用　　B. 强毒性　　C. 弱毒性　　D. 中强毒性

35. 急性中毒现场抢救的第一步是(C)。

A. 迅速报警　　B. 迅速拨打 120 急救

C. 迅速将患者转移到空气新鲜处　　D. 迅速做人工呼吸

36. 酸烧伤时，应用(B)溶液冲洗。

A. 5%碳酸钠　　B. 5%碳酸氢钠　　C. 清水　　D. 5%硼酸

37. 高处作业是指在坠落高度基准面(含)(A)m以上，有坠落可能的位置进行的作业。

A. 2　　B. 2.5　　C. 3　　D. 5

38. 一般不会造成环境污染的是(B)。

A. 化学反应不完全　　B. 化学反应完全

C. 装置的泄漏　　D. 化学反应中的副反应

39. 不属于石化行业污染主要途径的是(C)。

A. 工艺过程的排放　　B. 设备和管线的滴漏

C. 成品运输　　D. 催化剂、助剂等的弃用

40. 不属于石化行业污染特点的是(B)。

A. 毒性大　　B. 毒性小　　C. 有刺激性　　D. 有腐蚀性

41. 清洁生产是指在生产过程、产品寿命和(A)领域持续地应用整体预防的环境保护战略，增加生态效率，减少对人类和环境的危害。

A. 服务　　B. 能源　　C. 资源　　D. 管理

42. 清洁生产的内容包括清洁的能源、(D)、清洁的产品、清洁的服务。

A. 清洁的原材料　　B. 清洁的资源

C. 清洁的工艺　　D. 清洁的生产过程

43. 不属于燃烧三要素的是(C)。

A. 点火源　　B. 可燃性物质

C. 阻燃性物质　　D. 助燃性物质

44. 气体测爆仪测定的是可燃气体的(D)。

A. 爆炸下限　　B. 爆炸上限　　C. 爆炸极限范围　　D. 浓度

45. MF4型手提式干粉灭火器的灭火参考面积是(B)m^2。

A. 1.5　　B. 1.8　　C. 2.0　　D. 2.5

46. MF8型手提式干粉灭火器的喷射距离大于等于(B)m。

A. 3　　B. 5　　C. 6　　D. 7

47. MFT70型推车式干粉灭火器的灭火射程在(D)m。

A. 8~10　　B. 17~20　　C. 30~35　　D. 10~13

48. MPT100型推车式干粉灭火器的灭火射程在(A)m。

A. 16~18　　B. 14~16　　C. 12~14　　D. 18~20

49. MY2型手提式1211灭火器的灭火射程是(C)m。

A. 1　　B. 2　　C. 3　　D. 4

50. MY0.5型手提式1211灭火器的灭火射程在(D)m。

A. 3　　B. 4.5　　C. 2.5　　D. 2

51. ISO 14000系列标准的核心是(B)标准。

A. ISO 14000　　B. ISO 14001　　C. ISO 14010　　D. ISO 14100

52. HSE管理体系是指实施安全、环境与(C)管理的组织机构、职责、做法、程序、过程和资源等而构成的整体。

A. 生命　　B. 过程　　C. 健康　　D. 资源

53. 建立 HSE 管理体系可提高企业安全、环境和健康(A)。

A. 管理水平　　B. 操作水平　　C. 使用水平　　D. 能源水平

54. 事故处理要坚持(C)不放过的原则。

A. 二　　B. 三　　C. 四　　D. 五

55. 违章作业、违反纪律等造成的一般事故，对责任者应给予(D)。

A. 警告处分　　B. 记过处分　　C. 行政处分　　D. 处罚

56. 标准化包括(C)的过程。

A. 研究、制订及颁布标准　　B. 制订、修改及使用标准

C. 制订、发布及实施标准　　D. 研究、公认及发布标准

57. 根据《中华人民共和国标准化法》的规定，我国的标准分为(B)四级。

A. 国际标准、国家标准、地方标准和企业标准

B. 国家标准、行业标准、地方标准和企业标准

C. 国家标准、地方标准、行业标准和企业标准

D. 国际标准、国家标准、行业标准和地方标准

58. 我国在国家标准管理办法中规定国家标准的有效期一般为(C)年。

A. 3　　B. 4　　C. 5　　D. 7

59. 2000 版 ISO 9000 族标准适用的范围是(D)。

A. 小企业　　B. 大中型企业

C. 制造业　　D. 所有行业和各种规模的组织

60. 在电脑的存储设备中，数据存取速度从快到慢的顺序是(B)。

A. 软盘、硬盘、光盘、内存　　B. 内存、硬盘、光盘、软盘

C. 软盘、硬盘、内存、光盘　　D. 光盘、软盘、内存、硬盘

61. 计算机硬件系统最核心的部件是(C)。

A. 内存储器　　B. 主机　　C. CPU　　D. 主板

62. 键盘是计算机的一种(D)设备。

A. 控制　　B. 存储　　C. 输出　　D. 输入

63. 计算机病毒会给计算机造成的损坏是(B)。

A. 只损坏软件　　B. 损坏硬件、软件或数据

C. 只损坏硬件　　D. 只损坏数据

64. 一张加了写保护的软磁盘(C)。

A. 不会向外传染病毒，但是会感染病毒

B. 不会向外传染病毒，也不会感染病毒

C. 不会再感染病毒，但是会向外传染病毒

D. 既向外传染病毒，又会感染病毒

65. 计算机防病毒软件可(B)。

A. 永远免除计算机病毒对计算机的侵害

B. 具有查病毒、杀病毒、防病毒的功能

C. 消除全部已发现的计算机病毒

D. 对已知病毒产生免疫力

66. 在计算机应用软件 Word 编辑中，以下键盘命令中执行复制操作的命令是(B)。

A. Ctrl + A　　B. Ctrl + C　　C. Ctrl + X　　D. Ctrl + V

67. 在计算机应用软件 Word 中常用工具栏中的“格式刷”用于复制文本和段落的格式，若要将选中的文本或段落格式重复用多次，应进行(A)操作。

A. 双击格式刷　　B. 拖动格式刷

C. 右击格式刷　　D. 单击格式刷

68. 使用 IE 浏览某网站时，出现的第一个页面称为网站的(C)。

A. WEB 页　　B. 网址　　C. 主页　　D. 网页

69. 在浏览 WEB 网页的过程中，如果你发现自己喜欢的网页并希望以后多次访问，应当使用的方法是(A)。

A. 放到收藏夹中　　B. 建立浏览　　C. 建立地址簿　　D. 用笔抄写到笔记本上

70. 发送电子邮件时，不可作为附件内容的是(B)。

A. 可执行文件　　B. 文件夹　　C. 压缩文件　　D. 图像文件

71. 某电子邮件地址为 new@public.bta.net.cn，其中 new 代表(A)。

A. 用户名　　B. 主机名　　C. 本机域名　　D. 密码

72.《劳动法》规定，所有劳动者的合法权益一律平等地受我国劳动法的保护，不应有任何歧视或差异。这体现了对劳动者权益(B)的保护。

A. 最基本　　B. 平等　　C. 侧重　　D. 全面

73.《劳动法》规定，(A)的保护是对劳动者的最低限度保护，是对劳动者基本利益的保护，对劳动者的意义最重要。

A. 最基本　　B. 全面　　C. 侧重　　D. 平等

74. 依据《劳动法》规定，劳动合同可以约定试用期。试用期最长不超过(C)个月。

A. 12　　B. 10　　C. 6　　D. 3

75. 能够认定劳动合同无效的机构是(B)。

A. 各级人民政府　　B. 劳动争议仲裁委员会

C. 各级劳动行政部门　　D. 工商行政管理部门

76. 我国劳动法律规定，集体协商职工一方代表在劳动合同期内，自担任代表之日起(A)以内，除个人严重过失外，用人单位不得与其解除劳动合同。

A. 5 年　　B. 4 年　　C. 3 年　　D. 2 年

77. 依据《劳动法》的规定，发生劳动争议时，提出仲裁要求的一方应当自劳动争议发生之日起(D)日内向劳动争议仲裁委员会提出书面申请。

A. 三十　　B. 四十　　C. 五十　　D. 六十

78. 依据《劳动法》的规定，用人单位与劳动者发生劳动争议，当事人可以依法(B)，也可以协商解决。

A. 提起诉讼　　B. 申请调解、仲裁、提起诉讼

C. 申请仲裁　　D. 申请调解

79. 我国《劳动法》规定，安排劳动者延长劳动时间的，用人单位应支付不低于劳动者正常工作时间工资的(B)的工资报酬。

A. 100%　　B. 150%　　C. 200%　　D. 300%

80. 我国劳动法律规定的最低就业年龄是(C)周岁。

A. 18　　B. 17　　C. 16　　D. 15

81. 依据《劳动法》的规定，用人单位必须为劳动者提供符合国家规定的劳动安全卫生条件和必要的劳动防护用品，对从事有(B)危害作业的劳动者应当定期进行健康检查。

A. 身体　　B. 职业　　C. 潜在　　D. 健康

82.《产品质量法》规定，因产品存在缺陷造成人身、缺陷产品以外的其他财产损害的，应当由(D)承担赔偿责任。

A. 生产者和销售者共同　　B. 销售者

C. 消费者　　D. 生产者

83. 产品质量义务中的行为人必须为一定质量行为或不为一定质量行为的(C)性，是义务区别于权利的质的差异和主要特征。

A. 必然　　B. 重要　　C. 必要　　D. 强制

84.《安全生产法》规定，从业人员有获得符合(A)的劳动防护用品的权利。

A. 国家标准、行业标准　　B. 行业标准、企业标准

C. 国家标准、地方标准　　D. 企业标准、地方标准

85. 不属于《安全生产法》规定的从业人员安全生产保障知情权的一项是(D)。

A. 有权了解其作业场所和工作岗位存在的危险因素

B. 有权了解防范措施

C. 有权了解事故应急措施

D. 有权了解事故后赔偿情况

86. 下列说法不正确的是(C)。

A. 任何单位和个人不得损坏或者擅自挪用、拆除、停用消防设备、器材

B. 任何单位和个人不得占有防火间距、不得堵塞消防通道

C. 营业性场所不能保障疏散通道、安全出口畅通的，责令限期改正；逾期不改正的，对其直接负责的主管人员和其他直接责任人员依法给予行政处分或者处警告

D. 阻拦报火警或者谎报火警的，处警告、罚款或者十日以下拘留

87. 以机动车驾驶技能为例，个人日常生活中驾驶是属于(B)。

A. 职业技能　　B. 生活技能　　C. 操作技能　　D. 肢体技能

88. 职业技能鉴定考试的主要目的是(A)。

A. 为劳动者持证上岗和用人单位就业准入资格提供依据

B. 为劳动者提供就业证书

C. 检验劳动者的技能水平

D. 测量劳动者职业技能的等级

89. 职业技能鉴定考试属于(D)。

A. 常模参照考试　　B. 上岗考试　　C. 取证考试　　D. 标准参照考试

90. 职业资格证书初级、中级、高级、技师、高级技师对应的级别分别是(A)。

A. 五 、四、三、二、一　　B. 一、二、三、四、五

C. 二、三、四、五、六　　D. 六、五、四、三、二

91. 职业资格证书是由(B)机构印制。

A. 各级教育部门　　B. 劳动保障部门

C. 劳动者所在的劳资部门　　D. 职业技能鉴定部门

92. 可以作为劳动者就业上岗和用人单位准入就业的主要依据是(C)。

A. 毕业证书　　B. 介绍信

C. 职业资格证书　　D. 成绩单

93. 职业具有社会性、稳定性、规范性、群体性和(A)等特点。

A. 目的性　　B. 开放性　　C. 先进性　　D. 实用性

职业通用理论知识试题(《润滑油、脂生产工》)

判断题

1. 一摩尔任何微粒的数目都是相同的。 (√)

2. 3.2mL 的 5.0mol/LH_2SO_4 溶液中，“H^+”的物质的量是 1.6×10^{-2}mol。 (×)

正确答案： 3.2mL 的 5.0mol·$L^{-1}$$H_2SO_4$ 溶液，“H^+”的物质的量是 3.2×10^{-2}mol。

3. 理想气体的压力只与气体的分子数有关，而与气体的种类或气体分子的大小及性质无关。 (√)

4. 两个同系物在组成上的差额即 CH_2 称为系列差。 (×)

正确答案： 相邻两个同系物在组成上的差额即 CH_2 称为系列差。

5. 由于纯氧的需求量与日俱增，目前工业上以分馏液态空气的方法，大规模制取氧气。(√)

6. 氧气是一种无色气体，极易溶于水。 (×)

正确答案： 氧气是一种无色气体，微溶于水。

7. 氨溶解于水时，氨越浓，其密度越大。 (×)

正确答案： 水中溶解氨时，体积变大，所以氨越浓，其密度越小。

8. 理想气体的体积只与气体的种类有关，与气体的物质的量无关。 (×)

正确答案： 理想气体的体积与气体的物质的量有关，与气体的种类无关。

9. 理想气体就是忽略分子体积和分子间相互作用力的气体。 (√)

10. 氮的化学性质稳定，常被用作保护气体。 (√)

11. 溶液是由溶剂分子、溶质分子(或离子)组成的。 (×)

正确答案： 溶液是由溶剂分子、溶质分子(或离子)和他们相互作用的生成物(如水合分子或水合离子)组成的。

12. 一种或一种以上的物质分散到另一种物质里，形成均一、稳定的化合物，叫溶液。 (×)

正确答案： 一种或一种以上的物质分散到另一种物质里，形成均一、稳定的混合物，叫溶液。

13. 乙烯分子中的双键是由两个碳碳(C—C)σ 键所组成的。 (×)

正确答案： 乙烯分子中的双键是由一个碳碳(C—C)σ 键和一个碳碳(C—C)π 键所组成的。

14. 所有烯烃比水轻，难溶于水，易溶于有机溶剂。 (√)

15. 组成石油的主要元素中，碳和氢占元素总量的 95%~99%。 (√)

16. 在同一原油中，随着沸程的增高，烃类含量增高而非烃类含量逐渐减少。 （×）

正确答案： 在同一原油中，随着沸程的增高，烃类含量降低而非烃类含量逐渐增加。

17. 一般把石油中不溶于非极性的小分子正构烷烃而溶于苯的物质称为沥青质。 （√）

18. 石油的外观通常是一种棕褐色或黑色黏稠液体。 （√）

19. 硫在石油中的分布一般是随着石油馏分沸程的升高而降低。 （×）

正确答案： 硫在石油中的分布一般是随着石油馏分沸程的升高而增加。

20. 特性因数是把平均相对分子质量与黏度指数关联起来，说明油品化学组成特性的一个复合参数。 （×）

正确答案： 所谓特性因数，就是把相对密度与平均沸点关联起来，说明油品化学组成特性的一个复合参数。

21. 在恩氏蒸馏时，当流出第一滴冷凝液时的温度称为该油品的初馏点。 （×）

正确答案： 在恩氏蒸馏时，当流出第一滴冷凝液时的气相温度称为该油品的初馏点。

22. 一般对于某一液体来说，在同一压力下，泡点温度大于露点温度。 （×）

正确答案： 一般对于某一液体来说，在同一压力下，露点温度大于泡点温度。

23. 油品的相对分子质量随石油馏分沸程的增高而降低或随相对密度增加而降低。 （×）

正确答案： 油品的相对分子质量随石油馏分沸程的增高而增大或随相对密度增加而增大。

24. 油品的相对密度取决于组成它的烃类的分子大小和分子结构。 （√）

25. 在某温度下，200mL 油品与同体积 20℃纯水从同一赛氏黏度计中流出时间之比，称为该温度下的赛氏黏度。 （×）

正确答案： 在某温度下，200mL 油品与同体积 20℃纯水从同一恩氏黏度计中流出时间之比，称为该温度下的恩氏黏度。

26. 航空煤油的低温性能指标用倾点来评价。 （×）

正确答案： 航空煤油的低温性能指标主要用结晶点和冰点来评价。

27. 油品自燃现象是因为油品在高温下与空气中的氧气发生的氧化作用。 （√）

28. 同一油品的凝固点高于结晶点。 （×）

正确答案： 同一油品的凝固点低于结晶点。

29. 通过加热，按液体混合物所含组分的沸点或蒸气压的不同而分离为轻重不同的各种组分的操作称为萃取。 （×）

正确答案： 通过加热，按液体混合物所含组分的沸点或蒸气压的不同而分离为轻重不同的各种组分的操作称为蒸馏。

30. 常压蒸馏的产物全是最终产品。 （×）

正确答案： 常压蒸馏的产物中部分可以做为最终产品，其他的产品是中间产物，还必须经过其他工序加工。

31. 减压蒸馏的目的是尽可能多地拔出沸点较高的馏分油。 （√）

32. 防止金属生锈或腐蚀的润滑脂，称为保护润滑脂。 （√）

33. 通常原油经过常减压蒸馏、溶剂精制、溶剂脱蜡、白土精制制取润滑油基础油。 （√）

34. 大部分的胶质、沥青质，以及含氧、氮、硫化合物属于润滑油的非理想组分。 （√）

35. 凝聚法是借助化学力或机械力使凝结剂充分分散到基础油中而形成结构体系。 （×）

正确答案： 凝聚法是将稠化剂在适当的温度下，高度分散在基础油中，通过冷却，稠化剂在油中逐渐凝聚并形成结构骨架的制备润滑脂的方法。

36. 润滑脂具有冲洗的作用。 (×)

正确答案：润滑脂不具备冲洗的作用。

37. 润滑脂按国际标准分类通常考虑的因素有：操作温度范围、是否有水污染、耐负荷情况。 (√)

38. 在静止流体中，从各方面作用于某一点的压力大小均相等。 (√)

39. 黏度的大小标志着流体的低温性能。 (×)

正确答案：黏度的大小标志着流体流动的难易程度。

40. 绝对压强是流体的真实压强。 (√)

41. 设备内绝对压强愈低，则它的真空度就愈低。 (×)

正确答案：设备内绝对压强愈低，则它的真空度就愈高。

42. 真空度 = 绝对压力 - 大气压力 (×)

正确答案：真空度 = 大气压力 - 绝对压力

43. 过渡阶段是一种不稳定的流动状态，条件稍有变化即成为湍流或层流。 (√)

44. 传热的基本方式有热传导、对流二种形式。 (×)

正确答案：传热的基本方式有热传导、对流和辐射三种方式。

45. 热传导可以在固体、液体和气体中进行，但它的微观机理因物态而异。 (√)

46. 对流传热总是独立进行的。 (×)

正确答案：对流传热总是伴随着其他传热方式同时进行。

47. 热辐射的特点是不仅有能量的传递，而且有能量形式的转换。 (√)

48. 在炼化生产中蒸发是连续性的操作。 (×)

正确答案：在炼化生产中，蒸发大都是间歇性操作。

49. 定压热容是指系统在给定压力的条件下，系统温度每升高1℃，所吸收的热量。 (×)

正确答案：定压热容是指系统在没有相变化和化学变化的情况下，在给定的压力条件下，系统温度每升高1℃，所吸收的热量。

50. 真空转鼓过滤机在生产方式上属于间歇式过滤机。 (×)

正确答案：真空转鼓过滤机在生产方式上属于连续式过滤机。

51. 齿轮泵是一种流量小、压头高的泵。 (√)

52. 液体在离心泵的工作流程是先经过叶轮，再经过压液室，最后经过扩压管(泵体)而排出泵外。 (×)

正确答案：液体在离心泵的工作流程是先经过叶轮，再经过扩压管(泵体)，最后经过压液室而排出泵外。

53. 离心泵启动时，由于泵内有气体而使泵不上量的现象称为“气缚”。 (√)

54. 安全阀应垂直向上安装在压力容器本体的液面以上气相空间部位，或与连接在压力容器气相空间上的管道相连接。 (√)

55. 动密封主要用于转动装置的密封中，可分为轴封和非轴封两大类型。 (×)

正确答案：动密封主要用于转动装置的密封中，可分为接触型和非接触型两大类。

56. 往复压缩机是依靠汽缸内工作容积周期性变化来提高气体压力的。 (√)

57. 间壁式换热器是一种不同温度的两种介质被一固体壁面隔开，热量的传递通过固体

壁面进行的换热器。(√)

58. 法兰用螺栓的强度安全系数比其他受压元件的安全系数大。(√)

59. 垫片可分为软质垫片、硬质垫片、液体密封垫片和填料四大类。(×)

正确答案：垫片可分为软质垫片、硬质垫片、液体密封垫片三大类。

60. 非金属垫片可以在很高的压力下使用。(×)

正确答案：非金属垫片一般在压力低于 4.0MPa 的条件下使用。

61. 金属垫片应用于高温高压法兰、阀门。(√)

62. 填料的材质多为用石墨或黄油浸透的石棉。(√)

正确答案：填料密封的密封性能与压盖的松紧程度有关，压盖压紧时，密封可靠，但填料与密封端面摩擦加剧，填料磨损快，反之，密封性能差，填料磨损慢。

63. 真空泵的工作条件有湿式和干式两种。(√)

64. 圆筒炉不适合油品的纯加热。(×)

正确答案：圆筒炉适合油品的纯加热。

65. 常压下，二氧化碳的蒸发温度比氨高。(×)

正确答案：常压下，二氧化碳的蒸发温度比氨低。

66. 计量是实现单位统一和可靠的测量活动。(√)

67. 计量工作的任务是保证计量单位的正确使用。(×)

正确答案：计量工作的任务是保证计量值的一致、准确和测量器具的正确使用。

68. 计量不仅要明确给出被计量的量值，还要给出该量值的误差范围(不确定度)，即精确性。(√)

69. 法定计量单位是指国家以法令的形式，明确规定并且允许在全国范围内统一实行的计量单位。(√)

70. 我国的法定计量单位包括了 SI 的基本单位、辅助单位和词头。(×)

正确答案：我国的法定计量单位包括了 SI 的基本单位、辅助单位、导出单位和词头。

71. 按国际上的规定，国际单位制的基本单位、辅助单位、具有专门名称的导出单位以及直接由以上单位构成的组合形式的单位(系数为 1)都称之为 SI 单位。(√)

72. 计量表精度等级划分的依据是计量表的相对误差。(×)

正确答案：计量表精度等级划分的依据是计量表的允许误差。

73. 单独地或连同辅助设备一起用以直接或间接确定被测对象量值的器具就是计量检测设备。(√)

74. 自动调节属于定量控制，它不一定是闭环控制。(√)

75. 有一台温度变送器，其测量范围是 0～400℃，精度等级是 1 级，目前误差为 ±3℃，则这台仪表指示不准确。(×)

正确答案：测量范围是 0～400℃，精度等级是 1 级，目前误差为 ±4℃，仪器准确。

76. 在使用弹性式压力计测量压力的过程中弹性元件可以无限制的变形。(×)

正确答案：在使用弹性式压力计测量压力的过程中弹性元件不可以无限制的变形。

77. 转子流量计对上游侧的直管要求不严。(√)

78. 压力式温度计中的毛细管越长，则仪表的反应时间越快。(×)

正确答案：压力式温度计中的毛细管越长，则仪表的反应时间越慢。

79. 用静压式液位计测量液位时，介质密度变化对测量无影响。 (√)

80. 测量液位用的差压计，其差压量程由介质密度和隔离液高度决定。 (×)

正确答案：测量液位用的差压计，其差压量程由介质密度和取压点高度决定，与隔离液高度无关。

81. 偏心阀特别适用于低压差、大口径、大流量的气体和浆状液体。 (×)

正确答案：偏心阀特别适用于高黏度、高压差、流通能力大，以及调节系统要求密封，可调范围宽(100:1)的场合。

82. DCS 系统是(Distributed Control System)集散控制系统的简称。 (√)

83. DCS 操作站中过程报警和系统报警的意义是一样的，都是由于工艺参数超过设定的报警值而产生。 (×)

正确答案：DCS 操作站中过程报警和系统报警的意义不一样，过程报警是由于工艺参数超过设定值而产生的，系统报警是由于系统本身报警而产生。

84. 良好绝缘体的绝缘电阻不随电压的变化而变化。 (√)

85. 在串联电路中，总的电流强度等于各个电阻电流强度之和。 (×)

正确答案：在串联电路中，流经各个电阻的电流强度相等。

86. 把电阻的两端联结于共同两点上叫电阻的并联。 (√)

87. 大小和方向随时间变化的电流称交流电。 (×)

正确答案：大小和方向呈周期性变化的电流叫交流电。

88. 大小不随时间变化的电流称直流电。 (×)

正确答案：大小和方向不随时间变化的电流称直流电。

89. 导体的截面积应根据安全工作电压来选择。 (×)

正确答案：导体的截面积应根据安全工作电流来选择。

90. 测量直流电流，需要把电流表串联在负载上。 (√)

91. 人触电后能自行摆脱的最大电流称为摆脱电流。 (√)

92. 电动机容易起火的部位是大盖和小盖。 (×)

正确答案：电动机容易起火的部位是定子绕组和转子绕组。

93. 安全电压决定于人体允许的电流和人体电阻。 (×)

正确答案：安全电流决定于人体允许的电流和人体电阻。

94. 油品的闪点随压力增大而增高。 (√)

单选题

1. 定义 1mol 系统中含有的基本单元数与 0.012kg(A)的原子数目相等。

A. 碳 - 12　　B. 碳 12　　C. 氧 - 16　　D. 氧 16

2. 物质的量、摩尔质量和物质的质量之间的关系式，表示正确的是(B)。

A. 物质的量 = 物质的质量 × 物质的摩尔质量

B. 物质的量 = 物质的质量 ÷ 物质的摩尔质量

C. 物质的量 = 物质的质量 - 物质的摩尔质量

D. 物质的量 = 物质的质量 + 物质的摩尔质量

3. 理想气体状态方程式的表示方法是(A)。

A. $PV = nRT$　　B. $PV = RT$

C. $P = RT$　　D. $TV = Pn$

4. 氨溶于水呈(A)。

A. 弱碱性　　B. 强碱性　　C. 弱酸性　　D. 中性

5. 氮属于元素周期表中的(C)族。

A. ⅥA　　B. ⅣA　　C. ⅤA　　D. ⅢA

6. 下列物质中，少量放入水里振荡后能形成稳定的溶液的是(A)。

A. 食盐　　B. 面粉　　C. 汽油　　D. 沥青

7. 烃类化合物中，分子组成最简单的物质是(B)。

A. CH　　B. CH_4　　C. C_2H_6　　D. CH_3

8. 烯烃的分子通式是(C)。

A. C_nH_{2n-2}　　B. C_nH_{2n+2}　　C. C_nH_{2n}　　D. C_nH_{2n-6}

9. 常温常压下，C_{16}以上的烯烃是(B)。

A. 气体　　B. 固体　　C. 液体　　D. 胶体

10. 组成石油的主要元素是(D)。

A. 碳和氮　　B. 碳与氧　　C. 氧与氢　　D. 碳和氢

11. 原油中硫、氧、氮的质量含量一般在(B)。

A. 3% ~ 5%　　B. 1% ~ 4%　　C. 6% ~ 9%　　D. 8% ~ 12%

12. 在天然石油中含有的主要烃类有(C)。

A. 烷烃和烯烃　　B. 环烷烃和氢气

C. 烷烃、环烷烃和芳香烃　　D. 烯烃和芳香烃

13. 油品储存中，氮化物与空气接触发生(A)而使油品颜色变深，气味变臭。

A. 氧化反应　　B. 加成反应　　C. 聚合反应　　D. 缩合反应

14. 我国目前主要油区原油的 (B)含量较低。

A. 辛烷　　B. 胶质　　C. 金属　　D. 高碳

15. 一般把硫质量含量(B)的原油称为含硫原油。

A. 高于 5%　　B. 0.5% ~ 2%之间

C. 2% ~ 3%之间　　D. 低于 0.5%

16. 石油的相对密度一般介于(C)之间。

A. 0.45 ~ 0.65　　B. 0.6 ~ 0.88

C. 0.80 ~ 0.98　　D. 0.90 ~ 1.10

17. 在我国，石油的相对密度一般用(B)表示。

A. d_0　　B. d_4^{20}　　C. T^{20}　　D. ρ^0

18. 特性因数 K 值是表征油品(B)的重要参数。

A. 平均沸点　　B. 化学组成　　C. 平均相对分子质量　D. 蒸气压

19. 对于纯化合物，在外压一定时，当加热到某一温度时，其饱和蒸汽压与外界压力相等时的温度称为(B)。

A. 馏程　　B. 沸点　　C. 滴点　　D. 终馏点

20. 在一定的压力下，将油品加热，直到油品全部汽化或者是气态油品冷却至刚刚出现第一滴液珠时所保持的平衡温度，称为(A)。

A. 露点温度　　B. 初馏点　　C. 沸点　　D. 滴点

21. 当侧线产品以液相引出时，精馏塔侧线温度应是处于侧线产品的油气分压下的(B)。

A. 露点温度　　B. 泡点温度　　C. 露点　　D. 软化点

22. 液体的温度如果低于其泡点温度，称为(A)。

A. 过冷液体　　B. 过热液体

C. 理想溶液　　D. 饱和液体

23. 石油的相对分子质量通常用体系中具有各种分子量的分子的质量分率与其相应的分子量的乘积的总和表示，称为(C)。

A. 黏均相对分子质量　　B. 数均相对分子质量

C. 重均相对分子质量　　D. Z 均相对分子质量

24. 欧美各国通常用(D)表示油品的相对密度。

A. $d_4^{15.6}$　　B. d_4^{T}　　C. d_4^{20}　　D. $d_{15.6}^{15.6}$

25. 油品黏度是评价油品(A)的重要指标。

A. 流动性　　B. 压力　　C. 相对分子质量　　D. 密度

26. 运动黏度为液体的动力黏度与其同温度、压力下的(C)之比。

A. K 值　　B. 质量　　C. 密度　　D. 相对分子质量

27. 浊点和冰点主要用来评价某些油品的 (C)。

A. 高温性能　　B. 热性质　　C. 低温性能　　D. 相对分子质量

28. 在特定的仪器中和规定的试验条件下，将油品冷却至油品中出现用肉眼能见到的晶体时的温度称为(A)。

A. 结晶点　　B. 滴点　　C. 倾点　　D. 熔点

29. 油品的沸点范围降低，则其闪点 (C)。

A. 升高　　B. 不变　　C. 降低　　D. 无法确定

30. 在规定的仪器内和一定的条件下，加热油品到某一温度，引火后液体开始燃烧，火焰不再熄灭的最低温度称为油品的(D)。

A. 浊点　　B. 滴点　　C. 闪点　　D. 燃点

31. 同一油品的燃点与闪点相比(A)。

A. 燃点高于闪点　　B. 二者相等

C. 燃点低于闪点　　D. 无法确定

32. 通常，油品越轻则其燃点(B)。

A. 越高　　B. 越低　　C. 不变　　D. 无法确定

33. 下列油品中，自燃点最低的是(C)。

A. 汽油　　B. 柴油　　C. 渣油　　D. 煤油

34. 下列选项中，能反应油品含蜡多少的是(A)。

A. 凝固点　　B. 沸点　　C. 相对分子质量　　D. 蒸汽压

35. 油品能从标准型式的容器中流出的最低温度是指(B)。

A. 凝固点　　B. 倾点　　C. 浊点　　D. 结晶点

36. 炼油工业中一种最基本、最常用的分离方法的是(D)。

A. 抽提　　B. 加氢裂化　　C. 连续重整　　D. 蒸馏

37. 液体混合物所含组分必须具备不同的 (B)才能进行分离。

A. 质量和体积　　B. 蒸气压和沸点

C. 黏度和燃点　　D. 密度和黏度

38. 为了避免原油高温下分馏时，发生分解或焦化，常采用 (C)。

A. 高压加氢　　B. 真空抽提　　C. 减压蒸馏　　D. 常压蒸馏

39. 对存在真空度条件下进行的原油分馏的工序是(D)。

A. 催化裂化　　B. 催化重整　　C. 常压蒸馏　　D. 减压蒸馏

40. 静止物体开始运动时产生的摩擦称为(B)。

A. 动摩擦　　B. 静摩擦　　C. 内摩擦　　D. 滑动摩擦

41. 摩擦分为(A)。

A. 动摩擦、静摩擦　　B. 滚动摩擦、内摩擦

C. 滑动摩擦、固体摩擦　　D. 液体摩擦、气体摩擦

42. 润滑能(D)。

A. 增加动能　　B. 提高功率　　C. 生成压力　　D. 减少磨损

43. 润滑脂的主要作用有(C)。

A. 润滑、保护、增加动能　　B. 保护、增加动能、密封

C. 润滑、保护、密封　　D. 冲洗、保护、增加动能

44. 润滑油的基础油的原料一般为(B)。

A. 重整芳烃　　B. 减压蒸馏馏分

C. 减压渣油　　D. 常压蒸馏二线油

45. 属于润滑油理想组分的是(B)。

A. 多环短侧链的环烷烃　　B. 少环长侧链的环烷烃

C. 正构烷烃　　D. 多环长侧链的芳香烃

46. 芳香烃的黏温性能随着苯环环数的增加而(B)。

A. 变好　　B. 变差　　C. 不变　　D. 无法确定

47. 润滑脂通常是由(C)组成。

A. 添加剂、润滑油、稠化剂　　B. 润滑油、稠化剂、分散介质

C. 添加剂、稠化剂、分散介质　　D. 添加剂、润滑油、分散介质

48. 反映润滑脂由半固态转为液态的性能指标是(D)。

A. 触变性　　B. 稠度　　C. 机械安定性　　D. 滴点

49. 润滑脂主要性能指标的有(D)。

A. 滴点、机械安定性、胶体安定性

B. 机械安定性、胶体安定性、润滑

C. 滴点、机械安定性、胶体安定性、润滑

D. 滴点、机械安定性、胶体安定性、润滑、触变性

50. 润滑脂的种类繁多，常用的分类方法有(C)。

A. 按稠化剂类型、按使用目的

B. 按使用目的、按国际标准分类

C. 按稠化剂类型、按使用目的、按国际标准分类

D. 按稠化剂类型、按使用目的、按形状

51. 流体垂直作用于单位面积上的力称为流体的(A)。

A. 压强　B. 黏度　C. 质量　D. 重量

52. 表示流体运动时分子间内摩擦力大小的指标是(D)。

A. 阻力　B. 摩擦阻力　C. 滞力　D. 黏性应力

53. 以绝对零压作起点计算的压强，称为(C)。

A. 真空度　B. 大气压强　C. 绝对压强　D. 表压

54. 当被测流体的绝对压强大于外界大气压强时，绝对压强与大气压之差称为(D)。

A. 静压　B. 绝对压强　C. 真空度　D. 表压

55. 通常把工程上用压力表测得的流体压力的负值改为正值，称为(B)。

A. 绝对压强　B. 真空度　C. 残压　D. 压力

56. 下列叙述正确的是(A)。

A. 表压是指压强表的数值显示

B. 真空度是指绝对压力与大气压的差值

C. 表压减去大气压就是真空度

D. 大气压和真空度之和是表压

57. 大气压与压力表所指的值的和称作(C)。

A. 表压　B. 真空度　C. 绝对压力　D. 标准气压

58. 流体定常流动状态可分为(B)。

A. 层流、过渡流、湍流　B. 层流、湍流

C. 层流、混流、湍流　D. 层流、混流、过渡流

59. 传热的基本方式有(C)。

A. 热传导、折射、扩散　B. 热传导、热扩散

C. 热传导、热辐射、对流　D. 热扩散、对流、折射

60. 物体的内部(或两个直接接触的物体之间)，由于温度差的存在，导致分子的振动，而没有发生宏观位移的传热方式称为(D)。

A. 热交换　B. 对流　C. 热辐射　D. 热传导

61. 纯金属中，(D)的导热系数 λ 最大。

A. 铁　B. 铝　C. 铜　D. 银

62. 因流体中各处的温度不同而引起的密度的差别，使轻者上浮重者下沉，这种对流称为(B)。

A. 强制对流　B. 自然对流　C. 分散对流　D. 密度对流

63. 通过电磁波的传递而进行的传热方式称为(A)。

A. 热辐射　B. 热传导　C. 热对流　D. 热当量

64. 使含有不挥发溶质的溶液沸腾汽化并移出蒸汽，从而使溶液中溶质的浓度提高的单元操作称为(B)。

A. 蒸馏　B. 蒸发　C. 汽化　D. 闪蒸

65. 关于热容的概念，叙述正确的是(D)。

A. 热容是系统温度每升高1度所吸收的热量

B. 热容是体积一定时，系统温度每升高1度所吸收的热量

C. 热容是压力一定时，系统温度每升高1度，所吸收的热量

D. 热容是系统没有相变化和化学变化的情况下，在给定的条件下，系统温度每升高1度，所吸收的热量

66. 在常温常压下，定压热容最大的是(A)。

A. 水　　B. 金　　C. 铜　　D. 二氧化硅

67. 润滑油白土精制工艺中，常用的过滤机是(A)。

A. 板框式过滤机　　B. 重力过滤机

C. 砂层过滤机　　D. 水平回转圆盘过滤机

68. 下列设备，属容积式泵的是(A)。

A. 齿轮泵和螺杆泵　　B. 隔膜泵和离心泵

C. 往复泵和轴流泵　　D. 柱塞泵和叶片泵

69. 齿轮泵不适合输送(D)。

A. 沥青　　B. 润滑油　　C. 甘油　　D. 固体颗粒

70. 离心泵主要依靠叶轮产生的(A)使液体提高静压能和动能。

A. 离心力　　B. 离心力和轴向力

C. 轴向力　　D. 切向力

71. 离心泵启动前在泵内充满液体，防止产生(C)现象。

A. 局部高压　　B. 气蚀　　C. 气缚　　D. 局部低压

72. 用于防止介质逆向流动的阀门属于(C)。

A. 截断阀类　　B. 调节阀类　　C. 止回阀类　　D. 分流阀类

73. 应用于介质工作温度(A)的阀门是高温阀。

A. $T>450℃$　　B. $120℃\leqslant T\leqslant 450℃$

C. $-40℃\leqslant T\leqslant 120℃$　　D. $-100℃\leqslant T\leqslant -40℃$

74. 无污染环境的气体压力容器多用(B)安全阀。

A. 全封闭式安全阀　　B. 半封闭式安全阀

C. 敞开式安全阀　　D. 杠杆式安全阀

75. 安全阀至少(B)年校验一次。

A. 半年　　B. 一年　　C. 二年　　D. 三年

76. 炼油厂中一般用于温度小于250℃的条件下的法兰是(A)。

A. 平焊法兰　　B. 对焊法兰　　C. 螺纹法兰　　D. 活套法兰

77. 下列不是静密封的是(D)。

A. 垫片密封　　B. O形圆密封

C. 磨合面密封　　D. 浮环密封

78. 下列不属于容积式压缩机的是(D)。

A. 往复式压缩机　　B. 螺杆式压缩机

C. 罗茨鼓风机　　D. 离心式压缩机

79. 属于间壁式换热器的是(B)。
A. 凉水塔　　B. 空气冷却器
C. 气流干燥器　　D. 蓄热换热器

80. 多用于铜、铝等有色金属及耐酸不锈钢容器和管线连接的是(D)。
A. 平焊法兰　　B. 对焊法兰　　C. 螺纹法兰　　D. 活套法兰

81. 具有耐高温、耐高压、耐油等性能，广泛应用于高温、高压阀门和法兰上的是(B)。
A. 非金属垫片　　B. 金属垫片
C. 液体密封垫片　　D. 半金属垫片

82. 浓酸、碱介质通常选用(D)垫片。
A. 夹布橡胶　　B. 普通橡胶
C. 石棉　　D. 聚四氟乙烯

83. 金属垫片一般不能适应(C)介质。
A. 天然气　　B. 液化气　　C. 海水　　D. 蒸汽

84. 油压缸、搅拌器一般采用(B)做填料。
A. 软填料　　B. 成型填料　　C. 硬填料　　D. 橡胶油封

85. 根据工作原理区分，常见真空泵的种类有(D)。
A. 扩散式、流量式　　B. 喷射式、离心式
C. 机械式、容积式　　D. 扩散式、喷射式、机械式

86. 炼厂一般采用(A)加热炉。
A. 圆筒式　　B. 箱式　　C. 斜顶　　D. 全对流

87. 现在炼厂应用最广的冷冻剂是(C)。
A. 二氧化硫　　B. 氟里昂　　C. 氨　　D. 二氧化碳

88. 保证(A)的正确使用是计量工作的任务之一。
A. 测量器具　　B. 数字　　C. 工具　　D. 计量方法

89. 任何一个计量结果，都能通过连续的比较链溯源到(A)。
A. 计量基准　　B. 计量单位　　C. 计量法　　D. 真值

90. 我国法定计量单位是以(A)单位为基础。
A. 国际单位制　　B. 米制　　C. 英制　　D. 市制

91. 指出下列计量单位中错误的表示方式(B)。
A. 3.56m　　B. 3m56cm　　C. 1h24min15s　　D. 5～7℃

92. 国际单位制包括 SI 单位、(A)和 SI 单位的十进倍数与分数单位三部分。
A. SI 词头　　B. 基本单位　　C. 辅助单位　　D. 数字

93. 仪表准确度级别(精度)是由仪表的最大(B)的百分数的分子来划分的。
A. 示值误差　　B. 引用误差　　C. 相对误差　　D. 标准偏差

94. 计量检测设备是指所有的测量器具、测量标准、标准物质和辅助设备以及(A)。
A. 进行测量所必需的资料　　B. 工具
C. 附件　　D. 说明书

95. 构成一个自动调节对象应具备的条件之一是调节对象中的被调参数是(A)。
A. 连续可测量　　B. 不断变化　　C. 不可测量　　D. 可以估算

96. 仪表的零点准确但终点不准确的误差称(A)。

A. 量程误差　B. 基本误差　C. 允许误差　D. 零点误差

97. 自动控制系统是一个(B)。

A. 开环系统　B. 闭环系统　C. 定值系统　D. 程序系统

98. 液柱式压力计是依据(A)原理工作的。

A. 液体静力学　B. 静力平衡　C. 霍尔效应　D. 动力平衡

99. 转子流量计中的流体流动方向是(B)。

A. 自上而下　B. 自下而上

C. 自上而下或自下而上都可以　D. 水平流动

100. 关于双金属温度计的说法，不正确的是(D)。

A. 由两片膨胀系数不同的金属牢固地粘在一起

B. 可将温度变化直接转换成机械量变化

C. 是一种固体膨胀式温度计

D. 长期使用后其精度更高

101. 可以用(A)方法测量液位。

A. 差压　B. 电压　C. 气压　D. 电磁

102. 玻璃液位计是根据(B)原理工作的。

A. 流体静压平衡　B. 连通器

C. 动力平衡　D. 阿基米德

103. 调节阀前后压差较小，要求泄漏量小，一般可选用(A)阀。

A. 单座　B. 隔膜　C. 偏心旋转　D. 蝶

104. 在 DCS 系统的控制面板中，如果回路在“MAN”时，改变输出将直接改变(B)参数。

A. 给定值　B. 输出值　C. 测量值　D. 偏差值

105. 在 DCS 系统中进入(C)可查看工艺参数的历史数据。

A. 流程图画面　B. 报警画面　C. 趋势画面　D. 控制组

106. 形成短路的必要条件是(D)。

A. 电器元件　B. 电压

C. 导体　D. 由导体构成的直接回路

107. 导电能力很强的物质称为(A)。

A. 导体　B. 半导体　C. 绝缘体　D. 非导体

108. 常温下，氮属于(A)绝缘材料。

A. 气体　B. 液体　C. 固体　D. 以上都不对

109. 在串联电路中，总的端电压等于多个电阻端电压之(A)。

A. 和　B. 差　C. 积　D. 比

110. 在只有两个电阻并联的电路中，其等效电阻为(B)。

A. $R = R_1R_2/(R_2 - R_1)$　B. $R = R_1R_2/(R_2 + R_1)$

C. $R = (R_2 + R_1)/R_2R_1$　D. $R = (R_2 - R_1)/R_2R_1$

111. 电流、电压、电动势等参数随时间按照正弦规律变化时，叫做(A)。

A. 正弦交流电　B. 余弦交流电　C. 交流电　D. 直流电

112. 形成直流电流的必要条件是(D)。

A. 整流器　　B. 电感　　C. 交流电　　D. 恒定电压

113. 电流在导体内流动所受到的阻力叫做(A)。

A. 电阻　　B. 电压　　C. 电动势　　D. 电功率

114. 部分电路的欧姆定律表达式为(B)。

A. $U = I \cdot R$　　B. $I = U/R$

C. $R = U/I$　　D. $I = U \cdot R$

115. 熔断器起(C)保护作用。

A. 过电压　　B. 欠电压　　C. 短路　　D. 断路

116. 如果电气设备发生火灾，首先应（ D ）。

A. 大声喊叫　　B. 打报警电话

C. 寻找合适的灭火器灭火　　D. 关闭电源开关，关断电源

117. 不属于我国规定工频有效额定安全电压的是(C)V。

A. 12　　B. 36　　C. 50　　D. 24

工种理论知识试题

判断题

1. 糠醛对润滑油馏分中的理想组分少环长侧链的烃类溶解度较大。 (×)

正确答案：糠醛对润滑油馏分中的非理想组分多环短侧链的芳烃和环烷烃的溶解度较大。

2. 糠醛精制的目的是改善油品的黏温性，对其他指标无关。 (×)

正确答案：改善油品的黏温性和油品的颜色，降低残炭值，提高油品的抗氧化安定性。

3. 蒸发是利用各组分的沸点不同。 (√)

4. 装置开工前贯通试压的目的是检验检修后设备、管线密封性和机械强度是否满足生产需要。 (√)

5. 活扳子是溶剂精制开车的必备工具之一。 (×)

正确答案：F扳子是溶剂精制开车的必备工具之一。

6. 溶剂精制中加热炉使用的燃料主要为燃料油和燃料气两种。 (√)

7.1个大气压100℃的水蒸气称为过热蒸汽。 (×)

正确答案：1个大气压120℃的水蒸气称为过热蒸汽。

8. 溶剂精制反序生产中原料是由蒸馏减压馏分油经溶剂脱蜡或由蒸馏减底渣油经丙烷脱沥青再经溶剂脱蜡后得到的。 (√)

9. 溶剂精制开工时，为防止管线凝有利于低温建立循环通常采用的黏度较小的去蜡油原料。 (√)

10. 油品采样时应将采样杯用采样油品反复冲洗干净，避免采样杯内残存油品影响化验准确性。 (√)

11. 加热炉烟道气采样时，用采样器将球胆充满烟道气即可。 (×)

正确答案：用采样器将球胆充满烟道气后，将球胆中的气体放净如此反复多次，然后再将其充满。

12. 干粉灭火器的使用前检查其是否有铅封，是否在有效期内。 (√)

13. 穿戴上空气呼吸器面罩后，即可进入环境作业。（×）

正确答案： 穿戴好空气呼吸器使面罩供给阀供气正常，检查面罩周围是否漏气，使面罩穿戴舒适，方可进入环境作业。

14. 消防蒸汽带的使用前应注意接头是否紧的牢固。（√）

15. 加热炉点火前应检查消火蒸汽线是否畅通好用，消火器材是否齐全好用。（√）

16. 开工时将糠醛水溶液分离罐醛格进料口液封是为了防止糠醛挥发。（×）

正确答案： 为了抽真空时确保系统真空度。

17. 目前溶剂精制主要采用的溶剂为：糠醛、苯酚、*N*－甲基吡咯烷酮三种。（√）

18. 糠醛又称呋喃甲醛，常温下是黄褐色的液体。（×）

正确答案： 糠醛又称呋喃甲醛，常温下是无色透明的液体。

19. 溶剂精制装置开工原料热循环的主要目的是装置脱水。（×）

正确答案： 为了提高装置的系统温度。

20. 蒸汽往复泵开泵阀门开启步骤是先打开泵主汽阀，打开泵出、入口阀，再打开泵废汽阀。（×）

正确答案： 先打开泵出口废汽阀，打开泵出、入口阀，再打开泵主汽阀。

21. 离心泵开泵前要打开出口阀，关闭进口阀，排空泵缸内的空气。（×）

正确答案： 离心泵开泵前要打开进口阀，关闭出口阀，排空泵缸内的空气。

22. 冷却器投用步骤是先开管程出入口阀，后开壳程入出口阀。（×）

正确答案： 先开管程出入口阀，后开壳程出入口阀。

23. 换热器投用步骤是先开管程入出口阀，后开壳程入出口阀。（×）

正确答案： 先开管程出入口阀，后开壳程出入口阀。

24. 加热炉点火前炉膛吹蒸汽可以起到吹赶残余的油气的作用。（×）

正确答案： 加热炉点火前炉膛吹蒸汽的目的是吹赶炉膛内残余的瓦斯，防止点火时炉膛残余瓦斯引起闪爆。

25. 开工加热炉刚开始点火初期，火嘴风门开度过大会造成火嘴熄灭。（√）

26. 在确认瓦斯系统、炉管、炉体无泄漏的情况下加热炉才能升温。（√）

27. 装置开工抽真空度是为了降低系统总压，使糠醛的沸点降低，以便在较低的温度下回收糠醛。（√）

28. 溶剂精制装置脱水的目的是降低系统压力，确保加热炉出口温度和各部流量、液面的稳定。（√）

29. 溶剂精制转精、废液循环的条件之一是系统内水要处理。（×）

正确答案： 溶剂精制转精、废液循环的条件之一是系统内水必须脱净。

30. 装置汽提塔吹蒸汽的目的是降低系统的分压。（√）

31. 装置开工过程中在转精、废液循环后要将汽包装水。（×）

正确答案： 在转精、废液循环前要将汽包装水。

32. 装置汽包液面用发汽量的大小来控制的。（×）

正确答案： 汽包液面用液面控制阀控制。

33. 汽包出口补汽的作用是为了提高各塔的塔顶温度。（×）

正确答案： 汽包出口补汽的作用是在开工过程中或正常生产中发汽量不足的情况下确保

各塔汽提。

34. 汽包发汽并管网后，关闭汽包出口补汽阀。(√)

35. 开工转精、废液循环后将抽余液汽提塔一层回流投用。(×)

正确答案：开工转精、废液循环后当抽余液汽提塔顶温超过100℃将抽余液汽提塔一层回流投用。

36. 开工向抽提塔进糠醛后启动湿醛泵向糠醛干燥塔打回流。(×)

正确答案：精、废液循环后，当糠醛干燥塔顶温度100℃以上时启动湿醛泵打塔顶回流。

37. 开工精、废液循环后，当各部工艺条件达到要求后，检查抽余油回收不含醛，联系化验精制各项质量指标合格后，联系油品将精制油外放。(√)

38. 开工转精、废液循环后，当各部工艺条件达到工艺要求后，检查抽出油回收不含醛联系油品将抽出油外放。(×)

正确答案：当各部工艺条件达到工艺要求后，检查抽出油回收无原料，不含醛糠醛，联系化验抽出油含醛定性无，联系油品将抽出油外放。

39. 机泵在运行过程中电机轴承温度不超过70℃。(√)

40. 温度升高糠醛的选择性增强。(×)

正确答案：温度升高糠醛的选择性变差。

41. 糠醛精制过程中，随着温度的降低，糠醛的溶解度升高。(×)

正确答案：糠醛精制过程中，随着温度的降低，糠醛的溶解度降低。

42. 糠醛精制过程中，要求糠醛的纯度应大于96%。(×)

正确答案：糠醛精制过程中，要求糠醛的纯度应大于98.5%。

43. 共沸物的组成为糠醛占40%，水占60%。(×)

正确答案：共沸物的组成为糠醛占35%，水占65%。

44. 共沸物的沸点是97.45℃。(√)

45. 脱气塔利用塔顶抽真空降低塔的系统总压，塔底吹蒸汽降低塔的系统分压使脱气塔在较低的温度下将油品中微量的氧除去。(√)

46. 原料脱气塔脱气的目的是将油品中微量的氧除去，减少加工过程中的糠醛氧化结焦。(√)

47. 脱气塔顶温用塔底吹汽量来调节。(√)

48. 脱气塔液面控制阀一般采用的是正阀。(√)

49. 抽提塔顶温度是根据油品和糠醛的沸点来确定的。(×)

正确答案：是根据油品在一定溶剂比下的临界溶解温度来确定的。

50. 抽提塔底温度是用塔底循环量或塔底循环进塔的温度来控制的。(×)

正确答案：是用原料油进塔温度和塔底循环进料温度来控制的。

51. 塔压力用废液量来控制的抽提塔界面是靠塔顶精液炉两组进料量大小来自动控制的。(√)

52. 抽提塔底温度升高，糠醛的溶剂能力增强，选择性降低抽出液中含理想组分增加在塔底流量不变的情况下抽出液带走的糠醛量相应减少界面上升。(√)

53. 抽提塔保持温度梯度的作用是为了提高精制油的质量。(×)

正确答案：抽提塔保持温度梯度的作用是在保证产品质量的同时提高产品收率。

54. 抽提塔底循环，可以提高抽提塔的分离精度，因此循环量越大越好。（×）

正确答案： 抽提塔底循环，可以提高抽提塔的分离精度，但循环量并不是越大越好。

55. 塔界面用精液炉两组进料量来控制的抽提塔压力是用塔底废液量来控制的。（√）

56. 同一种原料馏分的宽窄的不同，溶剂比确定方法也不同。（√）

57. 在生产中，提高糠醛进塔流量来提高溶剂比。（√）

58. 采用逆流抽提可以使用最高的溶剂比和最大的抽余油收率。（×）

正确答案： 采用逆流抽提可以使用最低的溶剂比得到最大的精制油收率。

59. 抽余液汽提塔顶温用一层回流量大小来控制调节。（√）

60. 抽余液汽提塔液面用塔底泵出口阀控制。（×）

正确答案： 抽余液汽提塔液面用塔底液面控制阀来控制。

61. 一次蒸发塔进料温度是由加热炉上对流出口温度和抽出液与醛气的换热温度来调节的。（√）

62. 一次蒸发塔进料温度升高，一次蒸发塔压力升高。（√）

63. 抽出液系统采用三效蒸发的一次蒸发塔液面是用塔底液控阀来控制。（√）

64. 抽出液系统采用三效蒸发的二次蒸发塔进料温度是用塔底抽出液量与醛气的换热温度来控制。（√）

65. 在回收系统采用三效蒸发时，二次蒸发的塔的压力是由塔顶温度来调节的。（×）

正确答案： 在回收系统采用三效蒸发时，二次蒸发的塔的压力是由蒸发量的大小来调节的。

66. 回收系统采用三效蒸发时，二次蒸发塔的液面用废液炉下对流进料量来控制的。（√）

67. 三次蒸发塔进料温度是用废液炉下对流出口温度来控制。（√）

68. 高压蒸发塔的压力是用塔顶压控阀来调节。（√）

69. 高压蒸发塔的液面用塔底液控阀来调节。（√）

70. 抽出液汽提塔的液面是通过塔底液控阀来控制的。（√）

71. 高压蒸发塔进料温度降低，会造成抽出液汽提塔的进料温度低。（√）

72. 增加抽出液汽提塔塔底循环量，可以提高增加抽出液汽提塔的塔底温度。（√）

73. 糠醛干燥塔顶温度是根据水的沸点来确定。（×）

正确答案： 糠醛干燥塔顶温度是根据共沸物的恒沸点来确定。

74. 糠醛干燥塔顶温度是由塔顶一层回流量来控制的。（√）

75. 糠醛干燥塔的液面是用塔顶回流量来控制的。（√）

76. 水溶液汽提塔回收糠醛采用的是双塔回收原理。（√）

77. 溶液汽提塔顶温度是用塔底吹汽量来控制的。（√）

78. 水溶液汽提塔吹汽量小，使水溶液汽提塔回收效果提高。（×）

正确答案： 水溶液汽提塔吹汽量小，会造成脱水塔回收效果不好。

79. 醛水溶液分离罐湿醛是用糠醛干燥塔一层回流控制阀调节的。（√）

80. 醛水分离罐的水位是用水溶液汽提塔进料量来控制的。（√）

81. 醛水分离罐水格正常生产中，温度控制在60℃左右。（×）

正确答案： 醛水分离罐水格正常生产中，温度控制在40℃左右。

82. 发汽汽包液面用汽包液控阀来控制。（√）

83. 加热炉烟道挡板开度增加，炉膛负压升高。 (√)

84. 加热炉火嘴燃烧不完全时，应开大火嘴风门。 (√)

85. 加热炉供风形式分为自然通风和强制通风两种形式。 (√)

86. 阻火器是加热炉的一项节能措施。 (×)

正确答案： 阻火器是加热炉的一项安全措施。

87. 瓦斯稳压罐的作用主要是稳定瓦斯压力，同时可以沉降和切除瓦斯管网中的残留液体。 (√)

88. 瓦斯加热器的作用是为防止瓦斯带油、蜡、水等。 (×)

正确答案： 将瓦斯加热使瓦斯中的重组分完全汽化，防止瓦斯带液。

89. 加热炉空气预热器的作用是提高进炉空气温度，减少烟气的热损失，提高加热炉热效率。 (√)

90. 加热炉烟囱的作用是产生抽力，使烟气在加热炉中不断流动同时将烟气送到高空排放，以减少地面污染。 (√)

91. 精液炉出口温度是由炉温控阀调节入炉瓦斯量大小来控制。 (√)

92. 废液加热炉出口温度是用炉温控阀控制进炉量瓦斯量来控制的。 (√)

93. 要求加热炉燃烧器燃烧的火焰刚直有力、白炽、耀眼有利于节能。 (×)

正确答案： 要求加热炉燃烧器燃烧的火焰刚直有力。

94. 加热炉正常燃烧时对炉膛温度的要求是不大于750℃。 (√)

95. 加热炉雾化蒸汽的作用是利用蒸汽的冲击和搅拌作用使燃料油成雾状喷出，与空气充分的混合达到燃烧完全的目的。 (√)

96. 具备空气、火源、燃料这三个条件加热炉才能正常燃烧。 (√)

97. 加热炉炉膛正常操作的压力要求是在正压条件下进行。 (×)

正确答案： 加热炉炉膛正常操作的压力要求是在负压条件下进行的。

98. 糠醛装置注碱的目的是中和糠酸，防止结焦。 (√)

99. 如果糠醛装置的pH值小于7.0，可以防止设备的腐蚀。 (×)

正确答案： 如果糠醛装置的pH值小于7.0，会造成设备腐蚀加重。

100. 抽出液系统回收溶剂采用多段蒸发，在减压汽提塔回收残余溶剂。 (√)

101. 装置停工时应将醛水分离罐液位控制在较低的液位。 (√)

102. 停工前，应将处理量降至最低负荷，降量速度为$1m^3/10min$。 (√)

103. 停工转原料循环的目的是回收系统糠醛。 (√)

104. 停工时，高压蒸发塔蒸发量减少，塔液面自压困难时应启动塔底泵抽塔底液面。 (√)

105. 在停工期间汽包发汽压力小于0.2MPa可继续并管网。 (×)

正确答案： 在停工期间汽包发汽压力小于0.2MPa将停止并管网。

106. 停工时，当发汽量过低，停止汽包发汽前，将汽包停止进水。 (√)

107. 停工时当蒸发塔压力低于0.2MPa以下时，在汽包出口补汽。 (√)

108. 停工时，转原料循环4～6h后确认精废液系统不含醛后加热炉开始降温。 (√)

109. 停工加热炉降温时，炉出口温度≤40℃/h。 (×)

正确答案： 加热炉出口温度≥40℃/h。

110. 停工精液炉降温时，精液汽提塔停止吹汽。 (√)

111. 停工转原料循环后抽出液炉开始降温时，将抽出液汽提塔停止吹汽。（√）

112. 停工原料循环当精液汽提塔顶温度低于100℃时，停止精液汽提塔一层回流。（√）

113. 当糠醛干燥塔顶部温低于80℃停止打一层回流。（×）

正确答案： 当糠醛干燥塔顶温低于共沸物的沸点时，停止打一层回流。

114. 加热炉熄火的条件是炉出口温度高于150℃，炉膛温度低于250℃以下。（×）

正确答案： 加热炉熄火的条件是炉出口温度低于100℃，炉膛温度低于350℃以下。

115. 停工加热炉烧油熄火时，要先将燃料油线吹扫至炉膛烧净后关闭各火嘴油、汽阀。（√）

116. 当加热炉熄火后，停止原料循环。（√）

117. 蒸汽泵停泵阀门开关顺序为，关泵主汽阀、废气阀、泵入口阀、出口阀。（√）

118. 离心泵停泵时应先关闭泵电机电门，再关闭泵的出入口阀。（×）

正确答案： 停离心泵时，先关闭出口阀，再关闭电源停电机，入口阀。

119. 冷却器停用时先停冷流，后停热流。（×）

正确答案： 冷却器停用时先停用热流，后停冷流。

120. 换热器停用的原则是先停用热流，后停用冷流。（√）

121. 管线用蒸汽吹扫时，当管线蒸汽贯通后将管线末端阀关闭，憋压力后再打开反复多次，直至管线扫净后关闭蒸汽阀门，将管线残汽排净。（√）

122. 单向阀在使用中当介质倒流时阀盘在流体压力作用下自行打开。（×）

正确答案： 单向阀在使用中当介质倒流时阀盘在流体压力作用下自行关闭。

123. 安全阀投用前要检查安全阀的铅封是否完好，检查安全阀连接情况。（√）

124. 疏水器适用于压力低于0.049MPa的蒸汽管道。（×）

正确答案： 疏水器不适用于压力低于0.049MPa的蒸汽管道。

125. 更换压力表时，压力表量程能符合标准即可更换。（×）

正确答案： 更换压力表时，压力表的选用一般要求量程能符合标准，还应考虑介质的温度、性质。

126. 疏水器是由阀体、阀座、阀片、阀帽、过滤网构成的。（×）

正确答案： 疏水器是由阀体、阀座、阀盖、阀片、阀帽、过滤网六部分构成的。

127. 玻璃板液面计上端与容器连通即可测量液面。（×）

正确答案： 玻璃板液面计上下两端必须与容器连通才可测量液面。

128. 蒸汽往复泵一般采用双缸作用结构，两个活塞交替工作，使泵的流量更加均匀。（×）

正确答案： 蒸汽往复泵一般采用双缸双作用结构，两个活塞交替工作，使泵的流量更加均匀。

129. 定子绕组互成120°，通过三相交流电后能产生旋转磁场。（√）

130. 离心泵输送液体主要是靠叶轮的高速旋转来完成的。（√）

131. 离心泵是由叶轮、密封环、轴承装置构成的。（×）

正确答案： 离心泵是由叶轮、密封环、平衡装置、轴承装置等构成的。

132. 浮头式换热器由管束、管箱、壳体、折流板组成。（√）

133. 冷却器管箱安装挡板的目的是增加管程数使介质在管内依次往返多次，提高管内

介质的流速，有助于强化换热。(√)

134. 冷却器安装折流板可增加壳体介质的流速和湍动程度提高冷却的效率。(√)

135. 冷却器壳程入口处安装防冲板是为了防止液体直接冲刷冷却器中的管束，避免冲蚀管束和造成震动。(√)

136. 改善调节阀的静态特性，提高阀门位置的线性度是定位器的主要作用。(×)

正确答案： 改善调节阀的静态特性，提高阀门位置的线性度是定位器作用之一。

137. 装置突然停仪表风时，风开阀的阀门处于全开的状态。(×)

正确答案： 装置中突然停仪表风时，风开阀的阀门处于全关的状态。

138. 生产中，突然停仪表风时，风关阀的阀门处于全开的状态。(√)

139. 真空罐是可凝液体与不凝气体进行分离的场所，可以提高可凝液体与不凝气体的分离效果 。(√)

140. 转盘因为转动使连续相产生强烈的漩涡，使分散相破裂成许多大的液滴。(×)

正确答案： 转盘因为转动使连续相产生强烈的漩涡，使分散相破裂成许多小的液滴，增加分散相的截留量和相际接触面积，有利于传质的进行。

141. 抽提塔分布器可以使糠醛与油品混合接触均匀。(√)

142. 圆筒式加热炉辐射室炉管采用立式排列目的是占地面积小，节省钢材，并有利于提高炉子的容量。(√)

143. 辐射室传热是以辐射传热为主，对流传热为辅。(√)

144. 对流室传热方式主要是以对流传热为主。(√)

145. 控制阀投用前应先将 DCS 改手动控制。(√)

146. DCS 操作系统中 C 表示控制。(√)

147. 机泵串联使用，可获得更大的扬程。(√)

148. 机泵并联的作用是获得较大的扬程。(×)

正确答案： 机泵并联的作用就是在同一扬程下，获得较大的流量。

149. 漏斗过滤是润滑油“三级过滤”中第三级过滤。(×)

正确答案： 注油器加油过滤是润滑油“三级过滤”中第三级过滤。

150. 润滑油出现乳化现象并不影响其正常使用。(×)

正确答案： 润滑油出现乳化则已变质，不能继续使用，应立即更换。

151. 日常生产中备用泵盘车是为了避免离心泵轴弯曲。(√)

152. 机泵预热时，应打开泵进出口压力表手阀，密切注意压力变化情况。(×)

正确答案： 机泵预热时，应关进口压力表手阀以防压力过高憋坏压力表。

153. 为了防止蒸汽往复泵开泵时产生水击或泵缸涨裂，开泵前先用蒸汽进行暖缸。(√)

154. 机泵冷却水的作用是冷却和密封。(√)

155. 机械密封是一种只能用于机泵、压缩机等旋转式流体机械的密封装置。(×)

正确答案： 机械密封能用于齿轮箱、阀门等的密封。

156. 在检修过程中，为防止易燃、易爆介质串入施工区域引起爆炸、火灾、中毒、烫伤，危及人身安全，损坏设备必须采用堵盲板的方法。(√)

157. 安全阀的作用是当容器、管道超压时能完全释放所有介质，从而起到防止设备憋压作用。(×)

正确答案：安全阀的作用是当容器、管道超压时安全阀打开，低于定压时关闭，故不能完全排空。

158. 燃烧器按燃料的种类可分为气体燃烧器、液体燃烧器。（×）

正确答案：燃烧器按燃料的种类可分为气体燃烧器、液体燃烧器和油－气联合燃烧器。

159. 为清除加热炉炉管结垢，而采用了清灰剂。（√）

160. 糠醛精制加热炉炉管扩径是为了提高炉管糠醛的汽化率。（√）

161. 加热炉吹灰器能有效地提高炉管的传热效果，提高加热炉热效率。（√）

162. 加热炉设有防爆门，当炉膛发生爆炸时可以完全避免炉体破坏。（×）

正确答案：加热炉设有防爆门并不能完全避免当炉膛发生爆炸后炉体不受破坏。

163. 氧化锆的作用是测量烟气中的氧含量确保加热炉燃烧正常。（√）

164. 加热炉炉底球型看火门的作用是检查燃烧器燃烧情况和检查辐射室炉管弯曲程度及炉顶衬里情况。（√）

165. 当阀芯脱落后，开关手轮能调节流量。（×）

正确答案：闸阀掉头后，开关手轮不能调节流量。

166. 换热器管箱泄漏时，管箱与筒体之间大法兰处滴油，严重时漏油成串冒油烟。（√）

167. 水溶液罐水位升高说明了汽提塔顶冷却器泄漏严重。（×）

正确答案：汽提塔顶冷却器泄漏严重是水溶液罐水位升高的原因之一。

168. 糠醛消耗过大是糠醛冷却器泄漏所造成的。（×）

正确答案：糠醛冷却器泄漏是糠醛消耗过大的原因之一。

169. 瓦斯带油时，瓦斯分液罐液面迅速上升，加热炉炉膛温度升高，炉膛火焰发暗氧含量降低，严重时炉膛产生正压火焰外喷。（√）

170. 加热炉烧瓦斯火嘴结焦时，火嘴喷嘴堵塞，火焰过短烧火盆；烧油时，火嘴喷嘴堵塞淌油，火焰过短烧火盆。（√）

171. 加热炉火嘴燃烧不完全，火焰发飘发红，炉膛有烟，严重时烟囱有烟。（√）

172. 加热炉炉膛产生正压时，火嘴火焰扑火盆火焰外喷，加热炉火嘴燃烧不完全，炉膛温度降低氧含量降低，严重时火嘴发生窒息造成加热炉闪爆。（√）

173. 由于汽包液面过低就造成了加热炉中流入口温度降低。（×）

正确答案：由于汽包液面过低就造成了加热炉中流入口温度升高。

174. 发汽汽包液面控制过高，会造成发汽带水。（√）

175. 发汽系统带水容易造成加热炉上对流室打汽锤。（√）

176. 醛水分离罐发生乳化，醛、水、油分层不好。（√）

177. 糠醛水溶液分离罐水位高，水格液面指示高，严重时油格带水。（√）

178. 压力表指示超出表量程范围说明压力表指示失灵。（√）

179. 当控制阀伐卡死，在DCS控制系统设定控制阀给定值时，现场控制阀不动作。（√）

180. 对有毒气体泄漏的报警必须详细说明泄漏时间、范围和方向等具体事宜。（√）

181. 发生火灾首先拨打119报警，讲清自己的姓名和电话号码；讲清起火单位和详细地址；讲清起火部位，什么物质着火，着火程度；讲清消防通道，然后到十字路口接消防车。（√）

182. 如发现 H_2S 中毒，必须佩戴适当的防毒面具等，进入毒区将中毒者迅速撤离有毒现场移至空气新鲜的地方给予吸氧并立即送往医院治疗。（√）

183. 发现闸板阀门阀柄脱落后应将与阀门连接的管道介质处理净，及时联系更换阀门。 (√)

184. 贯通试压前要放净系统和管线的存水，防止水击。 (√)

185. 换热器管箱漏油后应联系保运将管箱法兰紧好，如果紧固后仍漏，将换热器停用，将换热器介质抽净并吹扫干净后检修。 (√)

186. 抽余液汽提塔顶冷却器泄漏时，应将装置降量后将漏的冷却器停用检修。 (√)

187. 糠醛冷却器泄漏时应立即投用备用的糠醛冷却器，将泄漏的冷却器停用，将壳程糠醛抽净后，联系检修。 (√)

188. 瓦斯带油时，应迅速打开分液罐底部切液阀，将瓦斯残液切到残液罐中。 (√)

189. 加热炉火嘴结焦应将火嘴瓦斯阀门关闭，将火嘴拆下清焦。 (√)

190. 加热炉烧油时雾化蒸汽量过小，使火嘴燃烧不完全时应将燃料油量加大提高雾化效果。 (×)

正确答案：雾化蒸汽量过小，使火嘴燃烧不完全时应将雾化蒸汽量加大提高雾化效果。

191. 由于对流室积灰结垢严重，使炉膛出现正压，就应及时采取吹灰措施。 (√)

192. 汽包液控阀失灵造成液面过低时，应将汽包液控阀改侧线控制，同时联系仪表修控制阀。 (√)

193. 汽包水位过高，会导致蒸汽带水，所以必须严格控制汽包水位。 (√)

194. 汽包内的防冲网破损，造成发汽系统带水，应及时将汽包停用进行检修。 (√)

195. 如果乳化时间太长仍不好转，可在醛水分离罐中加入电解质食盐。 (√)

196. 汽提塔顶冷却器泄漏造成糠醛水分离罐水位高时应及时将冷却器停用检修。 (√)

197. 水溶液汽提塔顶温高时，应适当降低水溶液汽提塔的吹汽量。 (√)

198. 抽余液汽提塔顶温过高时应加大塔顶一层回流量。 (√)

199. 精液汽提塔顶温度过低时，应降低塔顶一层回流量。 (√)

200. 糠醛干燥塔顶温度高时，应增加塔顶一层回流量。 (√)

201. 糠醛干燥塔顶温度低时，应增加塔顶一层回流量。 (×)

正确答案：糠醛干燥塔顶温度低时，应降低塔顶一层回流量。

单选题

1. 润滑油的理想组分为(B)。

A. 少环短侧链的烃类　　B. 少环长侧链的烃类

C. 多环短侧链的烃类　　D. 多环长侧链的烃类

2. 糠醛精制的目的是将润滑油馏分中的(D)除去。

A. 烷烃　　B. 环烷烃

C. 少环长侧链的烃类

D. 多环短侧链的芳烃和环烷烃、硫和氮的化合物

3. 蒸发是利用各组分的(D)不同。

A. 临界溶解温度　　B. 溶解度

C. 组成　　D. 沸点

4. 装置开工前贯通试压的目的是检验检修后设备、管线(A)。

A. 密封性和机械强度　　B. 连接是否正确

C. 是否畅通　　D. 安装是否符合要求

5. 溶剂精制中开车必备的工具是(B)。

A. 活扳　　B. F 扳手　　C. 眼睛扳　　D. 管钳子

6. 溶剂精制中加热炉使用的燃料油是(C)。

A. 汽油　　B. 柴油　　C. 重油　　D. 石脑油

7. 100℃时水的蒸汽压是(A)。

A. 1 个大气压　　B. 小于 1 个大气压

C. 大于 1 个大气压　　D. 1MPa

8. 溶剂精制正序加工的润滑油原料是由原油经过(A)装置制取所得的。

A. 常减压蒸馏　　B. 酮苯脱蜡

C. 常减压蒸馏、酮苯脱蜡　　D. 丙烷脱沥青

9. 溶剂精制装置开工通常采用(B)原料。

A. 黏度比较小的含蜡油　　B. 黏度比较小的去蜡油

C. 黏度比较大的含蜡油　　D. 黏度比较大的去蜡油

10. 溶剂精制油品采样时，通常采(C)杯。

A. 小半　　B. 半　　C. 大半　　D. 满

11. 加热炉烟道气采样地点一般选在加热炉（ C ）。

A. 炉膛底部处　　B. 炉膛中部处

C. 辐射室出口处　　D. 加热炉烟囱处

12. 干粉灭火器的使用时将灭火机（ A ）晃动多次。

A. 倒置　　B. 上下　　C. 左右　　D. 无关

13. 下列防毒面具中(D)适用于任何场合和环境。

A. 带面罩的防毒服　　B. 3# 滤毒罐

C. 4# 滤毒罐　　D. 空气呼吸器

14. 使用消防蒸汽带时要注意(A)。

A. 蒸汽带的质量　　B. 蒸汽带的长短

C. 磨损　　D. 接头

15. 加热炉点火前应将烟道挡板开度调至(A)位置。

A. 全开　　B. 2/3　　C. 1/2　　D. 1/3

16. 装置开工醛水分离罐进料口液封主要为了(A)。

A. 增加进料口压降　　B. 防止糠醛带水

C. 防止糠醛挥发　　D. 抽真空时确保系统真空度

17. 目前溶剂精制常用的溶剂有(B)种。

A. 2　　B. 3　　C. 4　　D. 5

18. 糠醛的密度为(C)。

A. $0.8\times10^3 kg/m^3$　　B. $1.0\times10^3 kg/m^3$

C. $1.159\times10^3 kg/m^3$　　D. $1.65\times10^3 kg/m^3$

19. 溶剂精制装置开工原料热循环的目的是(C)。

A. 装置脱水　　B. 建立原料循环

C. 提高装置的系统温度　　D. 回收系统糠醛

20. 蒸汽往复泵开泵阀门开启的依次顺序是(C)。

A. 泵蒸汽的出口阀、蒸汽的入口阀，泵出口阀、入口阀

B. 泵蒸汽的入口阀、蒸汽的出口阀，泵出口阀、入口阀

C. 泵出口阀、入口阀，泵蒸汽的出口阀、蒸汽的入口阀

D. 泵出口阀、入口阀，泵蒸汽的入口阀、蒸汽的出口阀

21. 离心泵开启时阀门开关顺序为(A)。

A. 入口阀、出口阀　　B. 出口阀、入口阀

C. 出、入口阀同时开　　D. 无关

22. 冷却器投用时开阀的依次顺序是(A)。

A. 管程出、入口阀，壳程出、入口阀

B. 壳程出、入口阀，管程出、入口阀

C. 壳程入、出口阀，管程入、出口阀

D. 管程入、出口阀，壳程入、出口阀

23. 换热器投用时开阀的依次顺序是(D)。

A. 管程入出口阀门、壳程入出口阀

B. 壳程入出口阀、管程入出口阀

C. 壳程出入口阀、管程出入口阀

D. 管程出入口阀、壳程出入口阀

24. 加热炉点火前炉膛吹蒸汽的目的是(A)。

A. 吹赶炉膛内残余的瓦斯

B. 吹赶炉膛内残余的一氧化碳

C. 吹赶炉膛内的空气

D. 提高炉膛温度

25. 开工时加热炉点火嘴时，必须在(C)s 时间内点燃。

A. 3　　B. 5　　C. 8　　D. 10

26. 开工中加热炉升温速度，炉膛温度不大于(B)℃/h。

A. 40　　B. 70　　C. 90　　D. 100

27. 溶剂精制装置抽真空的目的是(D)。

A. 降低油品的沸点　　B. 提高油品的沸点

C. 提高糠醛的沸点　　D. 降低糠醛的沸点

28. 溶剂精制装置抽真空的目的是(D)。

A. 降低油品的沸点　　B. 提高油品的沸点

C. 提高糠醛的沸点　　D. 降低糠醛的沸点

29. 装置脱水完全，(D)。

A. 系统真空度升高　　B. 系统真空度降低

C. 系统真空度不变化　　D. 与系统真空度无关

30. 溶剂精制转精、废液循环时，炉出口温度(C)。

A. 应低于指标　　B. 应达到指标　　C. 应高于指标　　D. 与指标无关

31. 装置汽提塔吹蒸汽的目的是(B)。

A. 降低油品的沸点　　B. 提高油品的沸点

C. 提高糠醛的沸点　　D. 降低糠醛的沸点

32. 装置发汽汽包装水一般要求应在液面计的(B)位置。

A. 1/2 以下　　B. 1/2～2/3　　C. 2/3 以上　　D. 装满

33. 汽包液面是通过(C)来控制的。

A. 发汽量大小　　B. 发汽压力大小

C. 液面控制阀　　D. 发汽温度

34. 汽包出口补汽的作用是为了(C)。

A. 防止汽包带水　　B. 提高发汽质量

C. 确保各塔的吹汽量　　D. 减少发汽量

35. 发汽压力达到(B)MPa 时，将发汽系统投用。

A. 0.1　　B. 0.2　　C. 0.3　　D. 0.5

36. 开工转精、废液循环后当抽余液汽提塔顶温度高于(C)℃时以上时，抽余液汽提塔将一层回流投用。

A. 60　　B. 80　　C. 100　　D. 150

37. 当糠醛干燥塔顶温高于(C)℃，投用糠醛干燥塔一层回流。

A. 60　　B. 80　　C. 100　　D. 120

38. 转精、废液循环后当抽提塔底温高于指标后将抽提塔底循环投用。抽提塔投用塔底循环的条件是(A)。

A. 塔底温度高于指标　　B. 塔底温度低于指标

C. 与塔底指标无关　　D. 塔顶温度高于指标

39. 抽余油的外放条件是(A)。

A. 精制油各项质量指标合格　　B. 精制油含醛定性无

C. 精制油比色合格　　D. 检查抽余油不含醛

40. 检查离心泵电机运转及轴承温度，轴承温度应不超过 (A)℃。

A. 65　　B. 70　　C. 75　　D. 80

41. 温度升高糠醛的选择性(B)。

A. 提高　　B. 变差　　C. 不变　　D. 无法确定

42. 温度升高糠醛的溶解能力就(A)。

A. 增大　　B. 减弱　　C. 不变　　D. 无法确定

43. 糠醛精制过程中，要求糠醛的纯度应大于(B)。

A. 95%　　B. 96%　　C. 98.5%　　D. 99%

44. 在常压下，糠醛与水的共沸物中含醛为(A)。

A. 35%　　B. 65%　　C. 45%　　D. 55%

45. 糠醛与水形成共沸物，在常压下的沸点为(D)℃。

A. 94.45　　B. 95.45　　C. 96.45　　D. 97.45

46. 原料脱气塔顶抽真空，塔底吹蒸汽是为了在(A)的温度下将油品中微量的氧除去。

A. 较低　　B. 不变　　C. 较高　　D. 无关

47. 原料脱气塔脱气的目的是(D)。
A. 防止糠醛带水　　B. 除去油品中的水分
C. 除去油品中微量的硫　　D. 除去油品中微量的氧

48. 脱气塔顶温用（ C ）来调节。
A. 进料温度　　B. 塔底温度　　C. 塔底吹汽量　　D. 塔底液面

49. 脱气塔液面是由(B)控制的。
A. 塔底泵出口阀　　B. 塔进料控制阀
C. 原料泵出口阀　　D. 原料进塔温度

50. 抽提塔顶的温度是根据(D)来确定的。
A. 共沸物的沸点　　B. 原料的沸点
C. 糠醛的沸点　　D. 油品的临界溶解温度

51. 抽提塔顶温用(A ）来调节的。
A. 糠醛冷却器三通阀　　B. 糠醛冷却器出口温度
C. 糠醛流控阀　　D. 干燥塔底温度

52. 抽提塔顶温度是用(B)来控制的。
A. 原料进塔温度　　B. 糠醛进塔温度
C. 糠醛进塔量　　D. 原料进塔量

53. 塔压力用精液炉两组进料量来控制的抽提塔降低界面时，应(A)。
A. 提高塔底抽出液量　　B. 提高精液炉两组进料流量
C. 降低精液炉两组进料流量　　D. 降低塔底抽出液量

54. 抽提塔顶温度升高，抽提塔界面(A)。
A. 下降　　B. 上升　　C. 不变　　D. 无法确定

55. 抽提塔保持温度梯度的作用是(B)。
A. 提高精制油质量
B. 保证精制油质量的同时提高收率
C. 提高抽出油收率
D. 提高塔底温度

56. 抽提塔底循环的作用是(D)。
A. 提高精制油质量　　B. 提高抽出液质量
C. 提高塔顶温度　　D. 提高抽提塔的分离效果

57. 塔界面用塔底废液量来控制的抽提塔压力是用(B)来控制的。
A. 循环量　　B. 精液炉两组进料量
C. 塔底废液量　　D. 溶剂量

58. 抽提塔的溶剂比是根据(A)来确定的。
A. 原料的性质　　B. 加工量大小
C. 产品的收率　　D. 装置能耗水平

59. 在生产中(B)，溶剂比增加。
A. 同时提高原料、糠醛进塔量　　B. 提高进塔糠醛量
C. 提高进塔原料量　　D. 同时降低原料、糠醛进塔量

60. 抽提塔的抽提方式为(D)。
A. 一次抽提　　B. 二次抽提
C. 多次顺流抽提　　D. 多次逆流抽提

61. 抽余液汽提塔顶温度是由(A)来控制的。
A. 塔顶一层回流量　　B. 进料温度
C. 进料量　　D. 塔底吹汽量

62. 抽余液汽提塔进料温度是由(A)来控制的。
A. 炉出口温度　　B. 一层回流量
C. 塔底温度　　D. 吹汽量

63. 抽余液塔塔底液面用(C)来控制调节。
A. 塔底泵出口阀　　B. 塔顶一层回流量
C. 塔底液面控制阀　　D. 塔进料量

64. 一次蒸发塔进料温度由(B)来控制的。
A. 抽出液炉出口温度
B. 抽出液炉上对流出口温度和抽出液与醛气的换热温度
C. 抽出液炉上对流出口温度
D. 抽出液与醛气的换热温度

65. 一次蒸发塔的进料温度提高，塔顶压力(C)。
A. 降低　　B. 不变　　C. 提高　　D. 无关

66. 抽出液系统采用两效蒸发的一次蒸发塔的液面是由(A)控制调节的。
A. 炉下对流两组进料量大小　　B. 炉上对流进料量大小
C. 一次蒸发塔塔底泵出口阀　　D. 抽提塔底流量

67. 抽出液系统采用两效蒸发的二次蒸发塔进料温度由(D)温度来控制的。
A. 上对流出口　　B. 废液炉炉膛
C. 精液炉出口　　D. 废液炉辐射室出口

68. 回收系统采用两效蒸发时，二次蒸发塔压力是由(C)来调节的。
A. 塔顶温控阀　　B. 塔底液控阀
C. 塔顶压控阀　　D. 进料温度

69. 回收系统采用两效蒸发时，二次蒸发塔的液面由(B)来调节的。
A. 塔顶温控阀　　B. 塔底液控阀
C. 塔顶压控阀　　D. 进料温度

70. 三次蒸发塔进料温度由(B)来调节。
A. 精液炉出口温度　　B. 废液炉下对流出口温度
C. 废液与醛气的换热温度　　D. 塔液面高低

71. 高压蒸发塔的压力用(C)调节方法。
A. 塔顶温控阀　　B. 塔底液控阀
C. 塔顶压控阀　　D. 进料温度

72. 高压蒸发塔的液面用(B)来调节。
A. 塔顶温控阀　　B. 塔底液控阀

C. 塔顶压控阀　　D. 进料温度

73. 抽出液汽提塔的液面是由(C)来控制的。

A. 进料量　　B. 塔底泵出口阀

C. 塔底控制阀　　D. 塔顶真空度

74. 抽出液汽提塔的进料温度是由(A)来控制的。

A. 高压蒸发塔进料温度　　B. 抽出液汽提塔底温度

C. 塔底吹汽量　　D. 抽出油循环量

75. 抽出液汽提塔底循环的作用是(A)。

A. 提高塔底温度　　B. 提高塔顶温度

C. 提高塔底液面　　D. 提高进料温度

76. 糠醛干燥塔顶温度是根据(C)来确定的。

A. 糠醛的沸点　　B. 油品的临界溶解温度

C. 共沸物的恒沸点　　D. 水的沸点

77. 糠醛干燥塔顶温度是由(A)来控制的。

A. 塔顶一层回流量　　B. 七层温度

C. 进料温度　　D. 进料量

78. 糠醛干燥塔的液面是通过(A)来控制的。

A. 一层回流量　　B. 七层温度

C. 塔底流控阀　　D. 塔底泵出口阀

79. 水溶液汽提塔顶温度是根据(C)确定的。

A. 水的沸点　　B. 醛的沸点

C. 共沸物的沸点　　D. 油品的沸点

80. 水溶液汽提塔顶温度用(D) 来控制和调节的。

A. 吹汽量　　B. 进料温度

C. 塔底温度　　D. 塔底液面

81. 水溶液汽提塔吹汽量过大，塔顶温度(C)。

A. 降低　　B. 不变　　C. 升高　　D. 无关

82. 糠醛干燥塔塔顶一层回流过大，醛水溶液分离罐湿醛液位(A)。

A. 下降　　B. 不变　　C. 上升　　D. 无关

83. 醛水分离罐的水位是由(A)控制的。

A. 水溶液汽提塔进料量　　B. 水溶液汽提塔底液面

C. 水溶液汽提塔顶温度　　D. 醛水分离湿醛液位

84. 正常生产中，醛水分离罐的温度应控制在(B)℃。

A. 20　　B. 40　　C. 50　　D. 60

85. 正常生产中，汽包液面低时，汽包液面控制阀开度(C)。

A. 降低　　B. 不变　　C. 增加　　D. 无关

86. 加热炉烟道挡板开度降低，炉膛负压(A)。

A. 降低　　B. 不变

C. 升高　　D. 与开度无关

87. 加热炉火嘴燃烧不完全时，应将火嘴风门(C)。

A. 关小　　B. 不变

C. 开大　　D. 与开度无关

88. 加热炉的供风的形式主要有(B)种。

A. 1　　B. 2　　C. 3　　D. 4

89. 加热炉安装阻火器的作用是(C)。

A. 降低瓦斯压力　　B. 减少瓦斯带液

C. 防止瓦斯回火　　D. 稳定瓦斯流量

90. 瓦斯稳压罐的作用是(C)。

A. 降低瓦斯压力　　B. 提高瓦斯温度

C. 稳定瓦斯压力　　D. 防止瓦斯回火

91. 瓦斯加热器将瓦斯加热的温度一般控制在(C)℃。

A. 40～50　　B. 50～60　　C. 80～90　　D. 100～110

92. 加热炉空气预热器的作用是(A)。

A. 提高进炉空气温度　　B. 降低进炉空气温度

C. 防止瓦斯带液　　D. 降低进炉空气量

93. 加热炉烟囱的主要作用有(B)。

A. 有利于安全

B. 产生抽力、减少地面污染

C. 减少烟气的露点腐蚀

D. 减少地面污染

94. 精液炉出口温度是由(C)来控制的。

A. 废液炉进料量　　B. 精液炉含醛量

C. 精液炉温控阀　　D. 炉膛温度

95. 废液加热炉出口温度是由(C)来控制的。

A. 抽提塔底抽出液量　　B. 废液炉进料量

C. 废液加热炉温控阀　　D. 炉膛温度

96. 加热炉烧油时对火嘴火焰的要求是(C)。

A. 火焰呈白色　　B. 火焰呈红色

C. 火焰呈杏黄色　　D. 火焰发暗

97. 加热炉正常燃烧时要求炉膛温度不能超过(D)℃。

A. 600　　B. 650　　C. 700　　D. 750

98. 加热炉雾化蒸汽是利用蒸汽的(C)作用使燃料油成雾状喷出，与空气充分的混合达到燃烧完全的目的。

A. 加热　　B. 加压　　C. 冲击和搅拌　　D. 稀释

99. 加热炉燃烧完全，就必须要有充足的(C)。

A. 时间　　B. 二氧化碳　　C. 空气量　　D. 温度

100. 加热炉炉膛正常操作的压力控制在(B)下操作。

A. 正压　　B. 负压　　C. 高压　　D. 无关

101. 糠醛装置打碱是为了(A)。

A. 降低系统的酸度　　B. 提高系统的酸度

C. 提高糠醛质量　　D. 降低装置能耗

102. 糠醛装置的 pH 值应控制在(C)。

A. 4～6.0　　B. 5～6.5　　C. 7.0　　D. 8～10

103. 精液液回收系统含醛量在(A)。

A. 10%～15%　　B. 65%　　C. 35%　　D. 85%～90%

104. 停工时醛水分离罐湿醛的液位要控制在(B)。

A. 高液位　　B. 低液位　　C. 无关　　D. 无液位

105. 停工过程中原料降量的速度为(A)$m^3/10min$。

A. 1　　B. 2　　C. 3　　D. 4

106. 停工过程中改原料循环的目的是 (C)。

A. 回收水溶液　　B. 降低炉出口温度

C. 回收系统糠醛　　D. 提高炉出口温度

107. 停工中当高压蒸发塔压力低于 (B)MPa 时，启动塔底泵。

A. 0.1　　B. 0.05　　C. 0.01　　D. 0

108. 停工在发汽压力低于(B)MPa 时停止并网。

A. 0.01　　B. 0.2　　C. 0.1　　D. 0.05

109. 在停工期间，当发汽系统的发汽量(C)时，汽包停止进水。

A. 高　　B. 正常　　C. 过低　　D. 无法确定

110. 停工期间，当汽包发汽压力(B) 0.2MPa 时汽包出口补汽。

A. 高于　　B. 低于　　C. 等于　　D. 无法确定

111. 停工时，转原料循环后 4～6h 后确认精废液系统不含醛后加热炉开始(A)。

A. 降温　　B. 熄火　　C. 停止进料　　D. 无法确定

112. 停工加热炉降温时炉出口温度(A)℃/h。

A. ≤40　　B. ≥40　　C. ≤70　　D. ≥70

113. 停工精液炉开始(A)时，将精液汽提塔停止吹汽。

A. 降温　　B. 熄火　　C. 停止进料　　D. 无关

114. 停工转原料循环后抽出液炉开始(A)时，将抽出液汽提塔停止吹汽。

A. 降温　　B. 熄火　　C. 停止进料　　D. 无关

115. 停工原料循环当精液汽提塔顶温低于(B) ℃时，停止精液汽提塔一层回流。

A. 80　　B. 100　　C. 120　　D. 无法确定

116. 停工当糠醛干燥塔顶温(B)共沸物沸点时，停止打一层回流。

A. 高于　　B. 低于　　C. 等于　　D. 无关

117. 停工时，当加热炉出口温度低于(C)℃时，加热炉开始熄火。

A. 80　　B. 100　　C. 150　　D. 200

118. 停工烧瓦斯时，当加热炉(C)后，将瓦斯总阀关闭，装置瓦斯管线内瓦斯扫入炉膛烧净后关闭瓦斯阀门。

A. 降温前　　B. 降温时　　C. 熄火前　　D. 无关

119. 装置停工时，当(C)停止原料循环。

A. 加热炉熄火前　　B. 加热炉熄火时

C. 加热炉熄火后　　D. 无关

120. 蒸汽泵停泵时先关闭(B)。

A. 出口蒸汽阀　　B. 入口蒸汽阀

C. 泵入口阀　　D. 泵出口阀

121. 离心泵停泵时应先关闭(D)。

A. 电机电门　　B. 无关

C. 泵的入口阀　　D. 泵的出口阀

122. 冷却器冷、热流的停用的顺序是(B)。

A. 先停冷流　　B. 先停热流

C. 同时停冷、热流　　D. 无关

123. 换热器冷、热流的停用的顺序是(A)。

A. 先停冷流　　B. 先停热流

C. 同时停冷、热流　　D. 无关

124. 停工管线吹扫时，应将(C)改副线。

A. 换热器　　B. 冷却器

C. 齿轮流量计　　D. 无关

125. 单向阀的作用是(D)。

A. 控制流量　　B. 控制压力

C. 防止泄漏　　D. 防止液体倒流

126. 投用安全阀前要检查(A)。

A. 安全阀的铅封是否完好　　B. 安全阀密封是否严密

C. 容器是否泄露　　D. 安全阀定压是否符合要求

127. 疏水器的作用是(D)。

A. 自动控制蒸汽流量　　B. 自动控制蒸汽压力

C. 自动控制冷凝水流量　　D. 自动阻汽排水

128. 投用压力表前要检查压力表指针是否在(D)位置。

A. 最大量程　　B. 无关

C. 1 个标准大气压　　D. 零

129. 疏水器是由阀体、阀座、阀盖以及(D)组成的。

A. 阀片、阀帽　　B. 阀帽、过滤网

C. 过滤网、阀片　　D. 阀片、阀帽、过滤网

130. 玻璃板液位计是根据(B)的原理，测量液位。

A. 浮力　　B. U 形管　　C. 节流　　D. 都不是

131. 蒸汽往复泵活塞在每一个循环中从一个端点移动到另一个端点的距离称为(C)。

A. 回程　　B. 扬程　　C. 冲程　　D. 路程

132. 电机的主要工作部分是(B)。

A. 定子和风扇　　B. 定子和转子

C. 定子和叶轮　　　　　　　　D. 转子和叶轮

133. 离心泵的叶轮结构分类主要有(D)。

A. 闭式、开式　　　　　　　　B. 开式、半开式

C. 闭式、半开式　　　　　　　D. 闭式、开式、半开式

134. 离心泵的主要构造有泵体、泵轴、泵盖、托架和(D)。

A. 叶轮、密封环

B. 叶轮、密封、环轴承装置

C. 叶轮、轴承装置、平衡装置

D. 叶轮、密封环、平衡装置、轴承装置

135. 浮头式换热器是由(D)构成的。

A. 管束、壳体、阀门

B. 管束、管箱、壳体

C. 折流板、管束、壳体、阀门

D. 管束、管箱、壳体、折流板

136. 冷却器采用多管程的目的是(B)介质的流速。

A. 降低管内　　B. 提高管内　　C. 降低壳程　　D. 提高壳程

137. 冷却器壳程折流板的作用有(B)。

A. 流体速度减小　　　　　　　B. 防止流体短路

C. 使湍动程度减小　　　　　　D. 降低冷却效率

138. 冷却器壳程进料防冲板的作用是(A)。

A. 防止液体直接冲刷管束　　　B. 提高流速

C. 增加冷却面积　　　　　　　D. 提高冷却效果

139. 阀门定位器的作用是(A)。

A. 使阀门动作反向　　　　　　B. 使阀门动作正向

C. 增加调节信号的传递滞后　　D. 降低调节阀的流量特性

140. 风开式气动调节阀，信号增加，阀门开度(A)。

A. 增加　　B. 降低　　C. 不变　　D. 无法确定

141. 风关式气动调节阀，信号增加，阀门开度(B)。

A. 增加　　B. 降低　　C. 不变　　D. 无法确定

142. 真空罐的作用是(B)。

A. 储存抽真空介质

B. 提高可凝液体与不凝气体分离效果

C. 降低真空系统的温度

D. 提高系统真空度

143. 转盘运转是带动(D)一起转动。

A. 连续相　　　　　　　　　　B. 分散相

C. 无法确定　　　　　　　　　D. 连续相和分散相

144. 抽提塔主要起喷淋作用的是(B)。

A. 转盘　　B. 分布器　　C. 支撑架　　D. 溢流板

145. 圆筒式加热炉辐射室炉管主要采用(B)排列。

A. 水平管　　B. 立式

C. 水平管和立式管混合　　D. 环行管

146. 加热炉辐射室主要是以(A)将热量传给油品。

A. 辐射传热　　B. 对流传热　　C. 传导传热　　D. 都不是

147. 加热炉对流室的作用主要是以(B)将热量传给对流管内油品。

A. 辐射传热　　B. 对流传热　　C. 传导传热　　D. 都不是

148. 正常操作中，投用控制阀的步骤应是在手动控制下(C)。

A. 打开后阀、再缓慢打开前阀

B. 关闭侧线阀、缓慢打开前阀

C. 打开后阀、再缓慢打开前阀，同时缓慢关闭侧线阀

D. 关闭侧线阀、缓慢打开前阀、再打开后阀

149. DCS 仪表中表示流量的符号是(C)。

A. P　　B. I　　C. F　　D. T

150. 机泵串联的作用是(A)。

A. 提高泵的扬程　　B. 提高泵的功率

C. 提高泵的流量　　D. 提高泵的电流

151. 离心泵并联的目的是获得较大的(D)。

A. 能量　　B. 轴功率　　C. 效率　　D. 流量

152. 润滑油“三级过滤”中第一级过滤是指(D)。

A. 漏斗过滤　　B. 注油器加油过滤

C. 小油桶放油过滤　　D. 油桶放油过滤

153. 运行中机泵润滑油(C)，应及时更换。

A. 出现乳化　　B. 润滑油液位低

C. 机泵挡油环出现甩油　　D. 都不是

154. 日常生产中备用泵盘车是为了避免离心泵(A)。

A. 轴弯曲　　B. 泵缸凝　　C. 温度过高　　D. 密封泄露

155. 备用泵开始预热时应间隔(B)min 盘车一次。

A. 10　　B. 30　　C. 60　　D. 90

156. 蒸汽暖缸的目的是(A)。

A. 防止泵缸产生水击　　B. 防止泵缸腐蚀

C. 防止泵缸憋压　　D. 防止开泵时抽空

157. 机泵冷却水的作用是(C)。

A. 润滑　　B. 冷却　　C. 密封　　D. 冷却和密封

158. 机械密封的主要作用是防止高压液体从泵泄漏外及(C)进入泵内。

A. 封油　　B. 蒸汽　　C. 空气　　D. 输送介质

159. 装置堵盲板采用的是(C)。

A. 石棉把锦板盲板　　B. 白铁皮盲板

C. 铁制盲板　　D. 都不是

160. 安全阀是安装在受压容器及管道上的一种(C)装置。
A. 防止泄漏　B. 超温保护　C. 压力保护　D. 控制流量

161. 加热炉的燃烧器按通风的方式分有(A)燃烧器。
A. 自然通风和强制通风　B. 强制通风
C. 自然通风　D. 无法确定

162. 加热炉加清灰剂的作用是(D) 的积灰。
A. 清除炉膛　B. 清除炉管内
C. 清除辐射室炉管外壁　D. 清除辐射室和对流室炉管外壁

163. 加热炉炉管采用扩径的作用是(B)。
A. 降低管内介质的流速　B. 提高管内糠醛的汽化率
C. 提高炉出口温度　D. 降低管内介质流速

164. 生产中加热炉吹灰的目的就是吹扫 (B)的积灰。
A. 辐射室的炉管表面　B. 对流室的管外表面
C. 辐射室的炉管内表面　D. 对流室的管内表面

165. 加热炉设有防爆门可以(B) 当炉膛发生爆炸后炉体破坏。
A. 避免　B. 减轻　C. 预防　D. 加重

166. 加热炉氧化锆的作用就是检测烟气中的(B)。
A. 一氧化碳的含量　B. 氧的含量
C. 二氧化碳的含量　D. 氮的含量

167. 加热炉炉底球型看火门的作用是检查(C)情况。
A. 燃烧器火盆　B. 检查炉下部衬里
C. 检查炉顶衬里　D. 检查炉膛温度

168. 当阀芯脱落后，阀后工艺管线及设备承受的压力(A)。
A. 降低　B. 不变　C. 上升　D. 无法判断

169. 蒸汽管线产生水击的现象是(B)。
A. 蒸汽管泄漏　B. 蒸汽管线内有冷凝水
C. 蒸汽压力降低　D. 无法判断

170. 换热器管箱漏油时，(A)。
A. 管箱与筒体之间大法兰处滴油　B. 管程油品串入壳程内
C. 管壳程压力升高　D. 管壳程压力降低

171. 汽提塔顶冷却器内漏，水溶液罐水位(A)。
A. 上升　B. 下降　C. 不变　D. 无关

172. 糠醛冷却器内漏(B)。
A. 壳程糠醛带水
B. 冷却水排水带糠醛
C. 冷却器管箱与壳体大法兰漏糠醛
D. 糠醛带油

173. 瓦斯带油，瓦斯分液罐液面(B)。
A. 降低　B. 不变　C. 上升　D. 无法确定

174. 加热炉火嘴结焦时，火嘴火焰(D)。

A. 增高　B. 不变　C. 变短　D. 无关

175. 加热炉火嘴燃烧不完全时，烟囱(B)。

A. 冒大股黑烟　B. 冒间断小股黑烟

C. 冒白烟　D. 不冒烟

176. 加热炉炉膛产生正压时，炉膛温度(C)。

A. 升高　B. 不变　C. 降低　D. 无法确定

177. 汽包液面过低，造成干燥塔温度(C)。

A. 降低　B. 不变　C. 上升　D. 无法确定

178. 发汽汽包液面过高，抽出液炉中对流入口温度(A)。

A. 降低　B. 不变　C. 升高　D. 无关

179. 装置发汽系统带水将造成炉上对流室出口温度明显的(A)。

A. 降低　B. 不变　C. 升高　D. 无法确定

180. 醛水分离罐乳化，糠醛含水量(C)。

A. 降低　B. 不变　C. 增加　D. 无关

181. 糠醛水溶液分离罐水位高时，醛水分离罐水格液面指示(A)。

A. 满格　B. 偏高　C. 中间　D. 低

182. 压力表存在偏差的判定方法是(B)。

A. 压力指示一、二次，表指示不同　B. 压力表指示归“零”位

C. 压力表指示超出表量程　D. 压力表指示不变化

183. 当控制阀伐卡死时，而调节给定值时现场控制阀(A)。

A. 不动作　B. 动作滞后　C. 动作　D. 无关

184. 发现有毒气体泄漏要及时拨打(B)报警，说出具体位置、介质泄漏及伤亡情况。

A. 110　B. 119　C. 120　D. 114

185. 发生火灾时应及时拨打火警电话(B)报警。

A. 110　B. 119　C. 120　D. 114

186. H_2S 中毒时应立即呼叫或报告，电话为(C)。

A. 110 和 119　B. 110 和 120　C. 120 和 119　D. 120

187. 普通闸板阀门阀柄脱落应(B)阀门。

A. 及时修理　B. 及时更换

C. 继续使用　D. 都不是

188. 用蒸汽吹扫管线发生水击时，要将蒸汽阀(A)待切水完全后方可继续吹扫。

A. 关小　B. 开大　C. 关闭　D. 无关

189. 换热器管箱泄漏严重无法紧固时应(A)。

A. 将换热器停用修理　B. 降量生产

C. 降低换热器温度　D. 无关

190. 精、废液汽提塔顶冷却器内泄漏后应(B)。

A. 降低精、废液汽提塔顶温度　B. 降量后将泄漏冷却器停用检修

C. 降量生产　　D. 降低精、废液汽提塔的吹气量

191. 糠醛冷却器内漏应(C)。

A. 降量　　B. 将糠醛冷却器停用

C. 切换备用糠醛冷却器　　D. 降量同时降低溶剂比

192. 高压瓦斯带油造成瓦斯分液罐液位高时，应在(A)切油。

A. 瓦斯分液罐底部导淋处　　B. 加热炉温控阀导淋处

C. 加热炉火嘴软管处　　D. 加热炉炉膛处

193. 加热炉火嘴结焦时，应将加热炉火嘴(C)。

A. 瓦斯阀开大　　B. 停用

C. 停清扫后投用　　D. 无法确定

194. 加热炉烧油时雾化蒸汽量过小，使火嘴燃烧不完全时应(B)。

A. 将燃料油量加大　　B. 将雾化蒸汽量加大

C. 将燃料油量和雾化蒸汽量加大　　D. 无关

195. 加热炉超负荷造成火嘴燃烧不完全，应(C)。

A. 适当开大烟囱挡板　　B. 适当关小烟囱挡板

C. 减低加热炉负荷　　D. 降低炉出口温度

196. 汽包液控阀失灵造成液面过低时，应(B)。

A. 将汽包液面控制给定提高　　B. 将液控阀改侧线控制

C. 联系提高汽包上水压力　　D. 将汽包供水改新鲜水

197. 汽包液控阀失灵造成液面高时，应(B)。

A. 将汽包液面控制给定降低　　B. 将液控阀改侧线控制

C. 降低汽包上水压力　　D. 将汽包液面控制给定提高

198. 汽包内的防冲网破损，造成发汽系统带水时，应(C)。

A. 降低汽包液面　　B. 提高汽包液面

C. 将汽包停用检修　　D. 无关

199. 为避免糠醛水溶液罐乳化要将温度控制在(D)℃左右。

A. 70　　B. 60　　C. 50　　D. 40

200. 糠醛水溶液分离罐水位高应(C)水溶液汽提塔的处理量。

A. 降低　　B. 不变　　C. 提高　　D. 无关

201. 精液汽提塔顶温度过高时，应(D)。

A. 降低抽余液炉出口温度　　B. 降低吹汽量

C. 提高塔顶真空度　　D. 提高塔顶一层回流量

202. 精液汽提塔顶温度低采取的措施有(B)。

A. 降低吹汽量　　B. 降低塔顶一层回流量

C. 加大回流量　　D. 降低精液炉出口温度

203. 糠醛干燥塔顶温度过高时，塔顶一层回流量(C)。

A. 降低　　B. 不变　　C. 增加　　D. 无关

204. 糠醛干燥塔顶温度低时，塔顶一层回流量(A)。

A. 降低　　B. 不变

C. 增加　　D. 无关

四、技能操作鉴定要素细目表

鉴定范围						鉴定点	
一级		二级		三级		代码	名称
代码	名称	代码	名称	代码	名称		
A	技能要求	A	工艺操作	A	开车准备	001	安全防护器材的使用
						002	加热炉点火前的准备工作
				B	正常操作	001	机泵日常巡检内容
						002	抽提塔温度的控制操作
						003	装置控制阀的停用
						004	装置加热炉备用阻火器的切换
						005	装置加热炉烟道气采样的操作
						006	装置油品采样的操作
						007	装置正常操作时溶剂比调节
				C	开车操作	001	装置加热炉点火前炉膛吹蒸汽的操作
						002	装置开工精液汽提塔吹蒸汽的操作
						003	装置开工精液汽提塔投用一层回流的操作
						004	装置开工糠醛干燥塔投用一层回流的操作
						005	开工发汽汽包装水的操作
						006	离心泵的开泵操作
						007	蒸汽往复泵的开泵操作
						008	开工精油外放的操作
						009	开工废油外放的操作
				D	停车操作	001	装置停工离心泵的停泵操作
						002	装置停工往复泵的停泵操作
		B	设备使用与维护	A	使用设备	001	玻璃板液面计的投用操作
						002	装置安全阀的切换操作
						003	压力表的安装与投用的操作
						004	装置过滤器的投用与切换操作
				B	维护设备	001	离心泵润滑油更换的操作
						002	蒸汽泵开泵前汽缸预热和暖缸的操作
						003	更换阀门盘根填料的操作
						004	离心泵轴承箱润滑油质量检查的操作
		C	事故判断与处理	A	判断事故	001	压力表失灵的判断
						002	糠醛冷却器漏的判定

五、技能操作试题

试题1：装置安全器具的使用(现场模拟)

（考核时间：15min）

序号	考核内容	考核要点	配分	评分标准	检测结果	扣分	得分	备注
1	准备工作	穿戴劳保用品	3	未穿戴整齐扣3分				
		工具、用具准备	2	工具选择不正确扣2分				
2	操作程序	检查滤毒罐面罩、导气管	25	未检查面罩，或导气管泄漏扣15分				
3		滤毒罐、面罩、导气管三部分正确连接	15	各部件不会连接扣15分				
4		打开罐底部胶塞；佩戴好面罩	15	未按规定佩戴扣15分				
5		用手堵住气体入口，做深呼吸，如吸不动，说明气密良好	20	未检查气密扣20分				
6		滤毒罐正确放入背包内	15	滤毒罐放置不对扣15分				
7	使用工具	正确使用工具	2	工具使用不正确扣2分				
		正确维护工具	3	工具乱摆乱放扣3分				
8	安全及其他	按国家法规或企业规定		违规一次总分扣5分；严重违规停止操作			—	
		在规定时间内完成操作		每超时1min总分扣5分，超时3min停止操作			—	
		合　计	100					

试题2：装置加热炉点火前的准备(现场模拟)

（考核时间：15min）

序号	考核内容	考核要点	配分	评分标准	检测结果	扣分	得分	备注
1	准备工作	穿戴劳保用品	3	未穿戴整齐扣3分				
		工具、用具准备	2	工具选择不正确扣2分				
2	操作程序	检查炉内衬里、炉管支架	10	未检查衬里、炉管支架扣5分				
3		检查炉人孔、保温情况	10	未检查炉人孔、保温情况扣5分				
4		检查三门一板情况	10	未检查三门一板扣5分				
5		检查防爆门、看火窗开关	10	未检查扣10分				
6		检查瓦斯火嘴、软管连接	10	未检查燃烧器安装扣5分				
7		检查阻火器情况	10	未检查阻火器扣5分				
8		检查瓦斯流程	20	未检查流程扣20分				
9		检查点火用具	10	未检查点火用具扣5分				
10	使用工具	正确使用工具	2	工具使用不正确扣2分				
		正确维护工具	3	工具乱摆乱放扣3分				

续表

序号	考核内容	考核要点	配分	评分标准	检测结果	扣分	得分	备注
11	安全及其他	按国家法规或企业规定		违规一次总分扣5分；严重违规停止操作			—	
		在规定时间内完成操作		每超时1min总分扣5分，超时3min停止操作			—	
		合　计	100					

试题3：装置机泵日常巡检的内容(现场模拟)

(考核时间：15min)

序号	考核内容	考核要点	配分	评分标准	检测结果	扣分	得分	备注
1	准备工作	穿戴劳保用品	3	未穿戴整齐扣3分				
		工具、用具准备	2	工具选择不正确扣2分				
2	操作程序	检查各连接部位紧固与否	10	未检查各部位紧固扣10分				
3		检查润滑情况	10	未检查润滑情况扣10分				
4		检查格兰密封泄漏	10	未检查格兰密封泄漏扣10分				
5		检查泵轴承温度及振动	10	未检查泵轴承温度、振动扣10分				
6		检查电机轴承温度、杂音	10	未检查轴承温度扣10分				
7		检查冷却水情况	10	未检查冷却水情况扣10分				
8		检查泵进出口压力、温度	10	未检查压力、温度扣10分				
9		检查电机的电流	10	未检查电机的电流扣10分				
10		检查备用泵盘车，暖缸	10	未检查盘车，暖缸扣10分				
11	使用工具	正确使用工具	2	工具使用不正确扣2分				
		正确维护工具	3	工具乱摆乱放扣3分				
12	安全及其他	按国家法规或企业规定		违规一次总分扣5分；严重违规停止操作			—	
		在规定时间内完成操作		每超时1min总分扣5分，超时3min停止操作			—	
		合　计	100					

试题4：装置抽提塔温度控制的操作(现场模拟)

(考核时间：15min)

序号	考核内容	考核要点	配分	评分标准	检测结果	扣分	得分	备注
1	准备工作	穿戴劳保用品	3	未穿戴整齐扣3分				
		工具、用具准备	2	工具选择不正确扣2分				
2	操作程序	顶温控制阀位置	10	位置答错扣10分				
3		顶温控制阀流向、介质	10	流向、介质不清楚扣10分				

续表

序号	考核内容	考核要点	配分	评分标准	检测结果	扣分	得分	备注
4		顶温控制阀的调节方法	10	调节方法答错扣10分				
5		底温控制阀位置	20	位置答错扣20分				
6		底温控制阀流向、介质	20	流向、介质不清楚扣20分				
7		底温控制阀的调节方法	20	调节方法答错扣20分				
8	使用工具	正确使用工具	2	工具使用不正确扣2分				
		正确维护工具	3	工具乱摆乱放扣3分				
9	安全及其他	按国家法规或企业规定		违规一次总分扣5分；严重违规停止操作			—	
		在规定时间内完成操作		每超时1min总分扣5分，超时3min停止操作			—	
		合　计	100					

试题5：装置控制阀的停用(现场模拟)

(考核时间：15min)

序号	考核内容	考核要点	配分	评分标准	检测结果	扣分	得分	备注
1	准备工作	穿戴劳保用品	3	未穿戴整齐扣3分				
		工具、用具准备	2	工具选择不正确扣2分				
2	操作程序	联系内操将控制阀停用	10	未联系内操扣10分				
3		将控制阀改手动控制	10	未将控制阀改手动扣10分				
4		根据一次表指示缓慢打开控制阀侧阀同时关闭控制阀前阀直至全部关闭	25	配合不好扣15分，出现流量中断、憋压现象终止考试				
5		操作过程注意参数的变化进行及时调节	20	工艺参数波动视情况扣5～20分				
6		将控制阀后阀关闭	10	未关闭控制阀后阀扣10分				
7		内操根据DCS的指示确认控制阀侧线阀的开度是否适宜	15	内操未根据指示调节侧线阀的开度扣10分				
8	使用工具	正确使用工具	2	工具使用不正确扣2分				
		正确维护工具	3	工具乱摆乱放扣3分				
9	安全及其他	按国家法规或企业规定		违规一次总分扣5分；严重违规停止操作			—	
		在规定时间内完成操作		每超时1min总分扣5分，超时3min停止操作			—	
		合　计	100					

试题 6：装置加热炉阻火器的切换操作(现场模拟)

（考核时间：15min）

序号	考核内容	考核要点	配分	评分标准	检测结果	扣分	得分	备注
1	准备工作	穿戴劳保用品	3	未穿戴整齐扣 3 分				
		工具、用具准备	2	工具选择不正确扣 2 分				
2	操作程序	联系内操切换备用阻火器	10	未通知内操扣 10 分				
3		检查备用阻火器是否完好	10	未检查阻火器完好扣 10 分				
4		打开备用阻火器后阀	10	未打开备用阻火器后阀扣 10 分				
5		打开备用阻火器前阀	10	未打开备用阻火器前阀扣 10 分				
6		关闭使用阻火器前阀	10	未关闭使用阻火器前阀扣 10 分				
7		关闭使用阻火器后阀	10	未关闭使用阻火器后阀扣 10 分				
8		检查阻火器泄漏	15	未检查阻火器泄漏扣 10 分				
9		检查加热炉燃烧及温度情况	15	未检查加热炉燃烧及温度情况扣 10 分				
10	使用工具	正确使用工具	2	工具使用不正确扣 2 分				
		正确维护工具	3	工具乱摆乱放扣 3 分				
11	安全及其他	按国家法规或企业规定		违规一次总分扣 5 分；严重违规停止操作			—	
		在规定时间内完成操作		每超时 1min 总分扣 5 分，超时 3min 停止操作			—	
		合　　计	100					

试题 7：装置加热炉烟道气采样操作(现场模拟)

（考核时间：15min）

序号	考核内容	考核要点	配分	评分标准	检测结果	扣分	得分	备注
1	准备工作	穿戴劳保用品	3	未穿戴整齐扣 3 分				
		工具、用具准备	2	工具选择不正确扣 2 分				
2	操作程序	联系内操准备加热炉烟道气采样	10	未通知内操扣 10 分				
3		检查加热炉看火窗点火孔是否关闭	10	未检查看火窗点孔关闭扣 10 分				
4		检查采样器完好情况	10	未检查采样器完好扣 10 分				
5		将采样器入口接至采样口处，打开采样口阀门排净采样器内空气	20	采样口位置不对扣 10 分				
				未检查密封、未排净管内空气扣 10 分				
6		将采样球胆插入采样器出口采样后将采样球胆拿下将球胆内空气置换净	20	置换不彻底扣 20 分，不做置换终止考试				
7		将采样球胆插入采样器出口采样符合要求后，将球胆取下，将球胆口夹好	10	不按要求处理扣 10 分				

续表

序号	考核内容	考核要点	配分	评分标准	检测结果	扣分	得分	备注
8		将采样口阀关闭，采样器取下收好	10	不按要求处理扣10分				
9	使用工具	正确使用工具	2	工具使用不正确扣2分				
		正确维护工具	3	工具乱摆乱放扣3分				
10	安全及其他	按国家法规或企业规定		违规一次总分扣5分；严重违规停止操作			—	
		在规定时间内完成操作		每超时1min总分扣5分，超时3min停止操作			—	
		合　计	100					

试题8：装置油品采样操作(现场模拟)

(考核时间：15min)

序号	考核内容	考核要点	配分	评分标准	检测结果	扣分	得分	备注
1	准备工作	穿戴劳保用品	3	未穿戴整齐扣3分				
		工具、用具准备	2	工具选择不正确扣2分				
2	操作程序	油品采样口位置正确	10	采样口位置不对扣10分				
3		将采样口导管油品排净	20	未将采样口导管油品排净扣20分				
4		将采样杯涮净	20	未将采样杯涮净扣20分				
5		将采样杯采油样至规定量	20	采样量不够扣20分				
6		关闭采样口导淋阀	20	未关采样口导淋阀扣20分				
7	使用工具	正确使用工具	2	工具使用不正确扣2分				
		正确维护工具	3	工具乱摆乱放扣3分				
8	安全及其他	按国家法规或企业规定		违规一次总分扣5分；严重违规停止操作			—	
		在规定时间内完成操作		每超时1min总分扣5分，超时3min停止操作			—	
		合　计	100					

试题9：装置正常操作时的溶剂比调节(现场模拟)

(考核时间：15min)

序号	考核内容	考核要点	配分	评分标准	检测结果	扣分	得分	备注
1	准备工作	穿戴劳保用品	3	未穿戴整齐扣3分				
		工具、用具准备	2	工具选择不正确扣2分				
2	操作程序	溶剂比的调节方法	20	不会调节扣20分				
3		原料流控阀的位置	10	位置不清楚扣10分				

续表

序号	考核内容	考核要点	配分	评分标准	检测结果	扣分	得分	备注
4		原料流控阀的流向，阀开、关形式	15	流向，控制阀开、关形式不清楚扣10分				
5		糠醛流控阀的位置	10	位置不清楚扣10分				
6		糠醛流控阀的流向，阀开、关形式	15	流向，控制阀开、关形式不清楚扣10分				
7		调节溶剂比的注意事项	20	调节波动过大扣20分				
8	使用工具	正确使用工具	2	工具使用不正确扣2分				
		正确维护工具	3	工具乱摆乱放扣3分				
9	安全及其他	按国家法规或企业规定		违规一次总分扣5分；严重违规停止操作			—	
		在规定时间内完成操作		每超时1min总分扣5分，超时3min停止操作			—	
		合　计	100					

试题10：装置加热炉点火前炉膛吹蒸汽的操作(现场模拟)

(考核时间：15min)

序号	考核内容	考核要点	配分	评分标准	检测结果	扣分	得分	备注
1	准备工作	穿戴劳保用品	3	未穿戴整齐扣3分				
		工具、用具准备	2	工具选择不正确扣2分				
2	操作程序	检查烟道挡板开度情况	10	未检查烟道挡板开度扣10分				
3		检查炉膛吹蒸汽流程	10	未检查炉膛吹蒸汽流程扣10分				
4		将1.0MPa蒸汽切水	10	未将蒸汽切水扣10分				
5		将1.0MPa蒸汽引至炉膛吹汽总阀处	10	蒸汽阀开错扣10分				
6		打开炉膛吹蒸汽总阀	10	阀门开错扣10分				
7		向炉膛吹蒸汽10～15min后确认炉烟囱冒汽后关闭炉膛吹蒸汽阀	20	炉膛未按规定吹蒸汽20分				
8		关闭蒸汽总阀	10	未关闭蒸汽总阀扣10分				
9		注意事项	10	未答注意事项扣10分				
10	使用工具	正确使用工具	2	工具使用不正确扣2分				
		正确维护工具	3	工具乱摆乱放扣3分				
11	安全及其他	按国家法规或企业规定		违规一次总分扣5分；严重违规停止操作			—	
		在规定时间内完成操作		每超时1min总分扣5分，超时3min停止操作			—	
		合　计	100					

试题11：装置开工精液汽提塔吹蒸汽的操作(现场模拟)

(考核时间：15min)

序号	考核内容	考核要点	配分	评分标准	检测结果	扣分	得分	备注
1	准备工作	穿戴劳保用品	3	未穿戴整齐扣3分				
		工具、用具准备	2	工具选择不正确扣2分				
2	操作程序	联系内操准备将精液汽提塔吹蒸汽	15	未联系内操扣15分				
3		检查精液汽提塔吹汽流程	15	未检查吹汽流程扣15分				
4		稍开精液汽提塔汽提蒸汽总阀，检查蒸汽带水情况	20	吹汽造成波动扣5～20分				
5		确认汽提蒸汽不带水，参照一次表将吹汽量整至工艺要求的范围内	20	未按规定吹汽扣20分				
6		注意事项	20	未回答注意事项扣20分				
7	使用工具	正确使用工具	2	工具使用不正确扣2分				
		正确维护工具	3	工具乱摆乱放扣3分				
8	安全及其他	按国家法规或企业规定		违规一次总分扣5分；严重违规停止操作			—	
		在规定时间内完成操作		每超时1min总分扣5分，超时3min停止操作			—	
		合　计	100					

试题12：开工精液汽提塔投用一层回流的操作(现场模拟)

(考核时间：15min)

序号	考核内容	考核要点	配分	评分标准	检测结果	扣分	得分	备注
1	准备工作	穿戴劳保用品	3	未穿戴整齐扣3分				
		工具、用具准备	2	工具选择不正确扣2分				
2	操作程序	联系内操根据精液汽提塔顶温投用一层回流	15	未联系内操扣15分				
3		检查精液汽提塔一层回流流程	15	未检查精液汽提塔一层回流流程扣15分				
4		将精液汽提塔一层回流，投用	20	未将精液汽提塔一层回流，投用扣20分				
5		检查精液汽提塔一层回流流程泄漏情况	15	未检查精液汽提塔一层回流流程泄漏扣15分				
6		调节精液汽提塔一层回流量	15	未调节一层回流量扣15分				
7		注意事项	10	未回答注意事项扣10分				
8	使用工具	正确使用工具	2	工具使用不正确扣2分				
		正确维护工具	3	工具乱摆乱放扣3分				

续表

序号	考核内容	考核要点	配分	评分标准	检测结果	扣分	得分	备注
9	安全及其他	按国家法规或企业规定		违规一次总分扣5分；严重违规停止操作			—	
		在规定时间内完成操作		每超时1min总分扣5分，超时3min停止操作			—	
		合　计	100					

试题13：装置开工糠醛干燥塔投用一层回流的操作(现场模拟)

(考核时间：15min)

序号	考核内容	考核要点	配分	评分标准	检测结果	扣分	得分	备注
1	准备工作	穿戴劳保用品	3	未穿戴整齐扣3分				
		工具、用具准备	2	工具选择不正确扣2分				
2	操作程序	根据糠醛干燥塔顶温度联系内操投用一层回流	10	未联系内操投用一层回流扣10分				
3		检查糠醛干燥塔一层回流流程	20	未检查糠醛干燥塔一层回流流程扣20分				
4		启动湿醛泵投用一层回流	20	未启动湿醛泵投用一层回流扣20分				
5		检查一层回流流程泄漏情况	20	未检查一层回流流程泄露情况扣20分				
6		调节一层回流量	10	未调节一层回流量扣10分				
7		注意事项	10	未答注意事项扣10分				
8	使用工具	正确使用工具	2	工具使用不正确扣2分				
		正确维护工具	3	工具乱摆乱放扣3分				
9	安全及其他	按国家法规或企业规定		违规一次总分扣5分；严重违规停止操作			—	
		在规定时间内完成操作		每超时1min总分扣5分，超时3min停止操作			—	
		合　计	100					

试题14：开工发汽汽包装水的操作(现场模拟)

(考核时间：15min)

序号	考核内容	考核要点	配分	评分标准	检测结果	扣分	得分	备注
1	准备工作	穿戴劳保用品	3	未穿戴整齐扣3分				
		工具、用具准备	2	工具选择不正确扣2分				
2	操作程序	联系内操将汽包装水	10	未联系内操将汽包装水扣10分				
3		检查软化水至汽包流程	20	未检查流程扣20分				
4		打开汽包进水阀向汽包装水	10	未打开汽包进水阀扣10分				

续表

序号	考核内容	考核要点	配分	评分标准	检测结果	扣分	得分	备注
5		检查软化水流程泄露	20	未检查软化水流程泄露扣20分				
6		汽包装水液面计1/3～1/2液面将进水阀关闭	20	未按规定装水扣20分				
7		注意事项	10	未回答注意事项扣10分				
8	使用工具	正确使用工具	2	工具使用不正确扣2分				
		正确维护工具	3	工具乱摆乱放扣3分				
9	安全及其他	按国家法规或企业规定		违规一次总分扣5分；严重违规停止操作			—	
		在规定时间内完成操作		每超时1min总分扣5分，超时3min停止操作			—	
		合　计	100					

试题15：离心泵的开泵操作(现场模拟)

(考核时间：15min)

序号	考核内容	考核要点	配分	评分标准	检测结果	扣分	得分	备注
1	准备工作	穿戴劳保用品	3	未穿戴整齐扣3分				
		工具、用具准备	2	工具选择不正确扣2分				
2	操作程序	检查地脚螺栓是否松动。附件是否齐全	10	未检查地脚螺栓附件是否松动，附件齐全扣10分				
3		离心泵的盘车	10	未盘车扣10分				
4		检查泵润滑情况	10	未检查泵润滑情况扣10分				
5		将泵出口压力表阀打开	10	未将压力表阀投用扣10分				
6		检查泵出、入口导淋，阀门阀及连同线阀情况	20	未检查泵出、入口导淋阀门开关扣20分				
7		将泵入口阀打开	10	未将泵入口阀打开扣10分				
8		将机泵通冷却水	10	未按规定通水扣10分				
9		启动电机待电流、泵出口压力正常后打开泵出口阀	10	未按规定打开出口阀扣10分				
10	使用工具	正确使用工具	2	工具使用不正确扣2分				
		正确维护工具	3	工具乱摆乱放扣3分				
11	安全及其他	按国家法规或企业规定		违规一次总分扣5分；严重违规停止操作			—	
		在规定时间内完成操作		每超时1min总分扣5分，超时3min停止操作			—	
		合　计	100					

试题16：蒸汽往复泵的开泵操作(现场模拟)

(考核时间：15min)

序号	考核内容	考核要点	配分	评分标准	检测结果	扣分	得分	备注
1	准备工作	穿戴劳保用品	3	未穿戴整齐扣3分				
		工具、用具准备	2	工具选择不正确扣2分				
2	操作程序	检查各部件是否齐全，地脚螺栓是否松动	10	未检查各部件是否齐全，地脚螺栓是否松动扣10分				
3		检查泵润滑情况	10	未检查润滑情况扣10分				
4		将泵出口压力表投用	10	未将泵压力表投用扣10分				
5		检查泵出、入口导淋阀门是开关情况	20	未检查泵出、入口导淋阀门是开关情况扣10分				
6		将泵主、废汽切水、将泵汽缸切水	10	未按规定切水扣10分				
7		将泵出、入口阀打开	10	未将泵出、入口阀打开扣10分				
8		打开泵出口废气阀，缓慢打开主汽阀门将泵调节至要求的回转数	10	未打开泵出口废气阀，缓慢打开主汽阀门将泵调节至要求的回转数扣10分				
9		检查泵出口压力情况	10	未检查泵出口压力情况扣10分				
10	使用工具	正确使用工具	2	工具使用不正确扣2分				
		正确维护工具	3	工具乱摆乱放扣3分				
11	安全及其他	按国家法规或企业规定		违规一次总分扣5分；严重违规停止操作			—	
		在规定时间内完成操作		每超时1min总分扣5分，超时3min停止操作			—	
		合　计	100					

试题17：开工精油外放的操作(现场模拟)

(考核时间：15min)

序号	考核内容	考核要点	配分	评分标准	检测结果	扣分	得分	备注
1	准备工作	穿戴劳保用品	3	未穿戴整齐扣3分				
		工具、用具准备	2	工具选择不正确扣2分				
2	操作程序	联系油品准备精制油储罐、将精制油外放线贯通	10	未联系油品扣10分				
3		引蒸汽或压缩风将精油外放线贯通	20	未将精油外放线贯通扣20分				
4		油品通知见蒸汽或风后停止贯通	10	未停止贯通扣10分				
5		打开精制油外放阀门	20	未打开精制油外放阀门扣20分				
6		关闭精制油循环阀门	10	未关闭精制油循环阀门扣10分				
7		检查精制油外放温度、压力、流量情况	10	未检查精制油外放温度、压力、流量情况扣10分				
8		注意事项	10	未回答注意事项扣10分				

续表

序号	考核内容	考核要点	配分	评分标准	检测结果	扣分	得分	备注
9	使用工具	正确使用工具	2	工具使用不正确扣2分				
		正确维护工具	3	工具乱摆乱放扣3分				
10	安全及其他	按国家法规或企业规定		违规一次总分扣5分；严重违规停止操作			—	
		在规定时间内完成操作		每超时1min总分扣5分，超时3min停止操作			—	
		合　计	100					

试题18：开工废油外放的操作(现场模拟)

(考核时间：15min)

序号	考核内容	考核要点	配分	评分标准	检测结果	扣分	得分	备注
1	准备工作	穿戴劳保用品	3	未穿戴整齐扣3分				
		工具、用具准备	2	工具选择不正确扣2分				
2	操作程序	联系油品准备抽出油储罐、将抽出油外放线贯通	10	未联系油品扣10分				
3		引蒸汽或压缩风将抽出外放线贯通	10	未将抽出外放线贯通扣10分				
4		油品通知见蒸汽或风后停止贯通	10	未停止贯通扣10分				
5		打开抽出油外放阀门	10	未打开抽出油外放阀门扣10分				
6		关闭抽出油循环阀门	10	未关闭抽出油循环阀门扣10分				
7		将抽出外放循环阀关闭	10	未将抽出外放循环阀关闭扣10分				
8		将抽出油循环线用精制油顶好	10	未将抽出油循环线用精制油顶好扣10分				
9		检查抽出油外放温度、压力、流量情况	10	未检查抽出油外放温度、压力、流量情况扣10分				
10		注意事项	10	未注意事项扣10分				
11	使用工具	正确使用工具	2	工具使用不正确扣2分				
		正确维护工具	3	工具乱摆乱放扣3分				
12	安全及其他	按国家法规或企业规定		违规一次总分扣5分；严重违规停止操作			—	
		在规定时间内完成操作		每超时1min总分扣5分，超时3min停止操作			—	
		合　计	100					

试题 19：装置停工离心泵的停泵操作(现场模拟)

(考核时间：15min)

序号	考核内容	考核要点	配分	评分标准	检测结果	扣分	得分	备注
1	准备工作	穿戴劳保用品	3	未穿戴整齐扣 3 分				
		工具、用具准备	2	工具选择不正确扣 2 分				
2	操作程序	联系内操停泵	10	未联系内操停泵扣 10 分				
3		关闭离心泵入口阀	15	未关闭离心泵入口阀扣 15 分				
4		关闭离心泵电门开关	15	未关闭离心泵电门开关扣 15 分				
5		关闭泵出口阀	15	未关闭泵出口阀扣 15 分				
6		关闭泵冷却水阀门	15	未关闭泵冷却水阀扣 15 分				
7		注意事项	20	未答注意事项扣 20 分				
8	使用工具	正确使用工具	2	工具使用不正确扣 2 分				
		正确维护工具	3	工具乱摆乱放扣 3 分				
9	安全及其他	按国家法规或企业规定		违规一次总分扣 5 分；严重违规停止操作			—	
		在规定时间内完成操作		每超时 1min 总分扣 5 分，超时 3min 停止操作			—	
		合　计	100					

试题 20：装置停工蒸汽往复泵的停泵操作(现场模拟)

(考核时间：15min)

序号	考核内容	考核要点	配分	评分标准	检测结果	扣分	得分	备注
1	准备工作	穿戴劳保用品	3	未穿戴整齐扣 3 分				
		工具、用具准备	2	工具选择不正确扣 2 分				
2	操作程序	联系内操停泵	10	未联系内操停泵扣 10 分				
3		关闭蒸汽往复泵主汽阀门	15	未关闭泵主汽阀扣 15 分				
4		关闭蒸汽往复泵出口阀	15	未关闭泵出口阀扣 15 分				
5		关闭蒸汽往复泵入口阀	15	未关闭泵入口阀扣 15 分				
6		关闭蒸汽往复泵废汽阀门	15	未关闭泵废气阀扣 15 分				
7		注意事项	20	未回答注意事项扣 20 分				
8	使用工具	正确使用工具	2	工具使用不正确扣 2 分				
		正确维护工具	3	工具乱摆乱放扣 3 分				
9	安全及其他	按国家法规或企业规定		违规一次总分扣 5 分；严重违规停止操作			—	
		在规定时间内完成操作		每超时 1min 总分扣 5 分，超时 3min 停止操作			—	
		合　计	100					

试题 21：装置玻璃板液面计的投用操作(现场模拟)

(考核时间：15min)

序号	考核内容	考核要点	配分	评分标准	检测结果	扣分	得分	备注
1	准备工作	穿戴劳保用品	3	未穿戴整齐扣 3 分				
		工具、用具准备	2	工具选择不正确扣 2 分				
2	操作程序	检查玻璃板液面计各部件是否齐全，法兰连接是否完好	20	未检查各部件及法兰连接情况扣 20 分				
3		检查液面计阀门、考克是否关闭	20	未检查液面计阀门、考克开关扣 20 分				
4		将液面计与容器连接上部阀门打开	15	未打开液面计与容器连接上部阀门扣 15 分				
5		将液面计与容器连接下部阀门打开	15	未打开液面计与容器连接下部阀门扣 15 分				
6		检查液面计是否好用及泄漏情况	20	未检查液面计是否好用及泄漏情况扣 20 分				
7	使用工具	正确使用工具	2	工具使用不正确扣 2 分				
		正确维护工具	3	工具乱摆乱放扣 3 分				
8	安全及其他	按国家法规或企业规定		违规一次总分扣 5 分；严重违规停止操作			—	
		在规定时间内完成操作		每超时 1min 总分扣 5 分，超时 3min 停止操作			—	
		合　计	100					

试题 22：装置安全阀的切换操作(现场模拟)

(考核时间：15min)

序号	考核内容	考核要点	配分	评分标准	检测结果	扣分	得分	备注
1	准备工作	穿戴劳保用品	3	未穿戴整齐扣 3 分				
		工具、用具准备	2	工具选择不正确扣 2 分				
2	操作程序	检查准备投用的安全阀铅封、法兰连接是否完好	20	未检查安全阀铅封与法兰连接扣 10 分				
3		打开准备投用的安全阀与压力容器连接阀门(打开安全阀与排放线连接阀门)	25	未检查阀门开关扣 10 分				
4		检查投用的安全阀法兰泄漏情况	20	未打开全阀与排放线阀门扣 10 分				
5		确认投用安全阀无泄漏，关闭使用安全阀与压力容器连接阀门(关闭安全阀与排放线连接阀门)	25	未打开安全阀与压力容器连接阀门扣 10 分				
6	使用工具	正确使用工具	2	工具使用不正确扣 2 分				
		正确维护工具	3	工具乱摆乱放扣 3 分				

续表

序号	考核内容	考核要点	配分	评分标准	检测结果	扣分	得分	备注
7	安全及其他	按国家法规或企业规定		违规一次总分扣5分；严重违规停止操作			—	
		在规定时间内完成操作		每超时1min总分扣5分，超时3min停止操作			—	
		合　计	100					

试题23：压力表安装与投用的操作（现场模拟）

（考核时间：15min）

序号	考核内容	考核要点	配分	评分标准	检测结果	扣分	得分	备注
1	准备工作	穿戴劳保用品	3	未穿戴整齐扣3分				
		工具、用具准备	2	工具选择不正确扣2分				
2	操作程序	选择适宜的压力表、垫片	10	选择不当扣10分				
3		关闭压力表导管阀门	20	未关压力表导管阀门终止考试				
4		用扳手先拆松更换的压力表检查导管阀门是否关严	20	未检查导管阀门是否关严扣10分				
5		拆下旧压力表，清洁密封面、更换垫片	10	未清洁密封面、更换垫片扣10分				
6		装上新压力表用扳手紧好	10	未按要求安装新压力表扣10分				
7		将压力表阀门打开	10	未将压力表阀门打开扣10分				
8		检查压力表指示与泄漏情况	10	未检查压力表指示与泄漏情况扣10分				
9	使用工具	正确使用工具	2	工具使用不正确扣2分				
		正确维护工具	3	工具乱摆乱放扣3分				
10	安全及其他	按国家法规或企业规定		违规一次总分扣5分；严重违规停止操作			—	
		在规定时间内完成操作		每超时1min总分扣5分，超时3min停止操作			—	
		合　计	100					

试题24：装置过滤器的投用与切换操作（现场模拟）

（考核时间：15min）

序号	考核内容	考核要点	配分	评分标准	检测结果	扣分	得分	备注
1	准备工作	穿戴劳保用品	3	未穿戴整齐扣3分				
		工具、用具准备	2	工具选择不正确扣2分				
2	操作程序	检查要投用的过滤器法兰连接是否完好	15	未检查过滤器法兰连接完好扣15分				
3		打开要投用过滤器出口阀	15	未打开过滤器出口阀扣15分				

续表

序号	考核内容	考核要点	配分	评分标准	检测结果	扣分	得分	备注
4	检查参数	打开要投用过滤器入口阀	15	未打开过滤器入口阀扣15分				
5		检查投用过滤器的泄漏情况	15	未检查过滤器泄漏扣15分				
6		确认投用过滤器无泄漏，将使用过滤器入口阀关闭	15	未将使用过滤器入口阀关闭扣15分				
7		将使用过滤器出口阀关闭	15	未将使用过滤器出口阀关闭扣15分				
8	使用工具	正确使用工具	2	工具使用不正确扣2分				
		正确维护工具	3	工具乱摆乱放扣3分				
9	安全及其他	按国家法规或企业规定		违规一次总分扣5分；严重违规停止操作			—	
		在规定时间内完成操作		每超时1min总分扣5分，超时3min停止操作			—	
		合　计	100					

试题25：离心泵润滑油更换的操作(现场模拟)

（考核时间：15min）

序号	考核内容	考核要点	配分	评分标准	检测结果	扣分	得分	备注
1	准备工作	穿戴劳保用品	3	未穿戴整齐扣3分				
		工具、用具准备	2	工具选择不正确扣2分				
2	操作程序	打开机泵轴承箱油杯盖及轴承箱底部油箱放油孔堵头，放净油箱存油	20	未按规定放空油箱内油扣20分				
3		将油桶内适宜的润滑油放入小油壶中	10	未将油桶内适宜的润滑油放入小油壶中扣10分				
4		向轴承箱加入经“三级过滤”的适宜的润滑油冲洗	10	未加入经“三级过滤”的适宜的润滑油冲洗扣10分				
5		冲洗轴承箱，检查流出的润滑油无杂质，无水分	20	冲洗轴承箱，未检查流出的润滑油质量扣20分				
6		上好轴承箱底部放油孔堵头	10	未上好轴承箱底部放油孔堵头扣10分				
7		将小油壶内润滑油注入轴承箱内至轴承箱液位指示镜刻度线，将油杯盖盖好	20	未按要求加油扣20分				
8	使用工具	正确使用工具	2	工具使用不正确扣2分				
		正确维护工具	3	工具乱摆乱放扣3分				
9	安全及其他	按国家法规或企业规定		违规一次总分扣5分；严重违规停止操作			—	
		在规定时间内完成操作		每超时1min总分扣5分，超时3min停止操作			—	
		合　计	100					

试题 26：蒸汽往复泵开泵前汽缸预热和暖缸的操作（现场模拟）

（考核时间：15min）

序号	考核内容	考核要点	配分	评分标准	检测结果	扣分	得分	备注
1	准备工作	穿戴劳保用品	3	未穿戴整齐扣 3 分				
		工具、用具准备	2	工具选择不正确扣 2 分				
2	操作程序	将蒸汽泵汽缸底部考克打开	20	未将蒸汽泵汽缸底部考克打开扣 20 分				
3		将蒸汽往复泵废汽出口阀稍开	25	未将蒸汽往复泵废汽出口阀稍开扣 25 分				
4		将蒸汽往复泵汽缸和废汽管内冷凝水切水	25	未将蒸汽往复泵汽缸冷凝水切水扣 25 分				
5		汽缸冷凝水切水见汽后将汽缸考克阀关闭	20	未在汽缸冷凝水切水见汽后将汽缸考克阀关闭扣 20 分				
6	使用工具	正确使用工具	2	工具使用不正确扣 2 分				
		正确维护工具	3	工具乱摆乱放扣 3 分				
7	安全及其他	按国家法规或企业规定		违规一次总分扣 5 分；严重违规停止操作			—	
		在规定时间内完成操作		每超时 1min 总分扣 5 分，超时 3min 停止操作			—	
		合　计	100					

试题 27：更换阀门盘根填料的操作（现场模拟）

（考核时间：15min）

序号	考核内容	考核要点	配分	评分标准	检测结果	扣分	得分	备注
1	准备工作	穿戴劳保用品	3	未穿戴整齐扣 3 分				
		工具、用具准备	2	工具选择不正确扣 2 分				
2	操作程序	拆开盘根压盖螺丝	15	操作不正确扣 15 分				
3		取出旧盘根填料	20	操作不正确扣 20 分				
4		选择合适的盘根填料，将填料两端切口成 45°	20	盘根填料未切成 45°扣 20 分				
5		将填料压入盘根内，压一圈紧一圈，相邻两根填料切口要错开	20	操作不正确扣 20 分				
6		将盘根压盖螺丝紧好	25	操作不正确扣 15 分				
7	使用工具	正确使用工具	2	工具使用不正确扣 2 分				
		正确维护工具	3	工具乱摆乱放扣 3 分				
8	安全及其他	按国家法规或企业规定		违规一次总分扣 5 分；严重违规停止操作			—	
		在规定时间内完成操作		每超时 1min 总分扣 5 分，超时 3min 停止操作			—	
		合　计	100					

试题 28：离心泵轴承箱润滑油质量检查的操作(现场模拟)

(考核时间：15min)

序号	考核内容	考核要点	配分	评分标准	检测结果	扣分	得分	备注
1	准备工作	穿戴劳保用品	3	未穿戴整齐扣3分				
		工具、用具准备	2	工具选择不正确扣2分				
2	操作程序	检查外观检查颜色	25	未检查扣25分				
3		抽样检查是否含水	25	未检查扣25分				
4		抽样检查是否发生乳化	25	未检查扣25分				
5		抽样检查有无杂质	15	未检查扣15分				
6	使用工具	正确使用工具	2	工具使用不正确扣2分				
		正确维护工具	3	工具乱摆乱放扣3分				
7	安全及其他	按国家法规或企业规定		违规一次总分扣5分；严重违规停止操作			—	
		在规定时间内完成操作		每超时1min总分扣5分，超时3min停止操作			—	
		合　计	100					

试题 29：压力表失灵的判断(现场模拟)

(考核时间：15min)

序号	考核内容	考核要点	配分	评分标准	检测结果	扣分	得分	备注
1	准备工作	穿戴劳保用品	3	未穿戴整齐扣3分				
		工具、用具准备	2	工具选择不正确扣2分				
2	操作程序	压力表指示超量程	20	不会判断扣20分				
3		有压力时压力表指示回零	20	不会判断扣20分				
4		压力变化时指示无变化	15	不会判断扣15分				
5		压力表与实际指示偏差过大	15	不会判断扣15分				
6		压力表指针脱落	20	不会判断扣20分				
7	使用工具	正确使用工具	2	工具使用不正确扣2分				
		正确维护工具	3	工具乱摆乱放扣3分				
8	安全及其他	按国家法规或企业规定		违规一次总分扣5分；严重违规停止操作			—	
		在规定时间内完成操作		每超时1min总分扣5分，超时3min停止操作			—	
		合　计	100					

试题30：糠醛冷却器泄漏的判断（现场模拟）

（考核时间：15min）

序号	考核内容	考核要点	配分	评分标准	检测结果	扣分	得分	备注
1	准备工作	穿戴劳保用品	3	未穿戴整齐扣3分				
		工具、用具准备	2	工具选择不正确扣2分				
2	操作程序	糠醛冷却器的位置	20	位置回答错误扣20分				
3		糠醛冷却器泄漏直接判断	25	不会直接判断扣25分				
4		糠醛冷却器泄漏采样	20	不清楚采样位置扣20分				
5		糠醛冷却器泄漏的试剂检测	25	不会用试剂检测泄漏扣25分				
6	使用工具	正确使用工具	2	工具使用不正确扣2分				
		正确维护工具	3	工具乱摆乱放扣3分				
7	安全及其他	按国家法规或企业规定		违规一次总分扣5分；严重违规停止操作			—	
		在规定时间内完成操作		每超时1min总分扣5分，超时3min停止操作			—	
合计			100					

第二部分

中 级 工

一、国家职业标准(中级工工作要求)

职业功能	工作内容	技能要求	相关知识
工艺操作	(一)开车准备	1. 能完成试压、气密、加热炉点火等工作 2. 能引水、蒸汽、燃料、氮气、风进装置 3. 能改通开车流程 4. 能将原料引入装置 5. 能完成系统隔离工作 6. 能完成加热炉点火工作并调节风门、油门、汽门和烟道挡板 7. 能投用空气预热器，开鼓风机、引风机 8. 能确认控制阀阀位 9. 能看懂化验单内容	1. 全装置工艺流程 2. 三废的排放标准 3. 设备、管线的压力等级及气密、试漏标准 4. 系统隔离注意事项 5. 一般工艺、设备联锁知识 6. 空气预热器投用方法
	(二)开车操作	1. 能添加装置溶剂 2. 能更改精制油、废油循环流程 3. 能处理好油、溶剂的平衡	1. 精制油、废油流程 2. 溶剂的性质 3. 萃取原理
	(三)正常操作	1. 能配制与加入常用助剂 2. 能调节产品质量 3. 能运用常规仪表、DCS操作站对工艺控制指标进行调节	常用助剂的性质与作用
	(四)停车操作	1. 能完成降温降量操作 2. 能停大型机泵 3. 能停加热炉 4. 能置换、退净设备、管线内的物料并完成吹扫工作 5. 能停精制油、废油循环流程 6. 能对加热炉的瓦斯系统进行吹扫	1. 停车吹扫注意事项 2. 精制油、废油循环流程 3. 瓦斯系统流程
设备使用与维护	(一)使用设备	1. 能开、停、切换常用机泵等设备 2. 能使用测速、测温等仪器 3. 能完成热油泵的预热及相关工作 4. 能投用塔、罐、反应器、加热炉等设备 5. 能操作压缩机 6. 能完成大型机组润滑油泵的切换操作 7. 能投用水环式真空泵 8. 能投用瓦斯系统 9. 能操作蒸汽发生器	1. 机泵的操作方法 2. 机泵预热要点 3. 测速、测温等仪器使用方法 4. 加热炉操作方法 5. 大型机组润滑油泵切换步骤 6. 压缩机开停机步骤 7. 水环式真空泵结构及操作方法 8. 瓦斯系统流程 9. 蒸汽发生器结构 10. 溶剂高温腐蚀知识
	(二)维护设备	1. 能进行堵漏、拆装盲板等操作 2. 能建立机泵润滑油、密封油油路循环 3. 能对检修前后的机组进行氮气置换 4. 能完成设备的润滑工作 5. 能对塔、罐、反应器、冷换设备、加热炉等进行日常维护保养工作	1. 设备维护保养知识 2. 设备运行、完好标准 3. 润滑油管理制度

续表

<table>
<tr><th>职业功能</th><th>工作内容</th><th>技能要求</th><th>相关知识</th></tr>
<tr><td rowspan="2">事故判断与处理</td><td>(一) 判断事故</td><td>1. 能判断阀门、机泵、加热炉等运行常见故障
2. 能判断反应器、罐、冷换设备等压力容器的泄漏事故
3. 能判断冲塔、窜油等常见故障
4. 能判断着火等事故的原因
5. 能判断一般产品质量事故</td><td>1. 冷换设备等压力容器的结构及使用条件
2. 阀门、机泵常见故障判断方法</td></tr>
<tr><td>(二) 处理事故</td><td>1. 能按指令处理装置停原料、水、电、气、风、蒸汽、燃料等突发事故
2. 能处理加热炉、机泵等常见设备故障
3. 能处理紧急停机、停炉事故
4. 能处理冲塔、窜油等事故
5. 能处理装置一般性着火事故
6. 能处理 CO、H_2S 等中毒事故
7. 能协助处理仪表、电气事故
8. 能处理水环真空泵带液事故
9. 能处理系统真空度低事故
10. 能处理溶剂含水造成的事故</td><td>1. CO、H_2S 中毒原理及救护知识
2. 紧急停车方案
3. 水环真空泵带液、真空度低事故的处理方法</td></tr>
<tr><td rowspan="2">绘图与计算</td><td>(一) 绘图</td><td>1. 能绘制装置工艺流程图
2. 能识读设备结构简图</td><td>设备简图知识</td></tr>
<tr><td>(二) 计算</td><td>1. 能计算溶剂、分子筛、化工原材料的加入量
2. 能计算溶剂比、筛油比、收率、空速、回流比等
3. 能完成班组经济核算</td><td>1. 溶剂比、筛油比、收率、空速、回流比等概念
2. 溶剂、分子筛、化工原材料的加入量的计算方法
3. 班组经济核算方法</td></tr>
</table>

二、理论知识鉴定要素细目表

行业通用理论知识鉴定要素细目表

<table>
<tr><th colspan="6">鉴定范围</th><th colspan="3">鉴定点</th></tr>
<tr><th colspan="2">一级</th><th colspan="2">二级</th><th colspan="2">三级</th><th rowspan="2">代码</th><th rowspan="2">名称</th><th rowspan="2">重要程度</th></tr>
<tr><th>代码</th><th>名称</th><th>代码</th><th>名称</th><th>代码</th><th>名称</th></tr>
<tr><td rowspan="11">A</td><td rowspan="11">基本要求</td><td rowspan="11">B</td><td rowspan="11">基础知识</td><td rowspan="2">A</td><td rowspan="2">记录填写基础知识</td><td>001</td><td>岗位交接班记录的填写要求</td><td>X</td></tr>
<tr><td>002</td><td>关键设备巡检记录的填写要求</td><td>X</td></tr>
<tr><td rowspan="4">B</td><td rowspan="4">识图基础知识</td><td>001</td><td>正投影的特点</td><td>X</td></tr>
<tr><td>002</td><td>三视图的特点</td><td>X</td></tr>
<tr><td>003</td><td>三视图的作图方法</td><td>X</td></tr>
<tr><td>004</td><td>零件图的作用</td><td>X</td></tr>
<tr><td rowspan="5">C</td><td rowspan="5">安全环保基础知识</td><td>001</td><td>石化行业安全检查的内容</td><td>X</td></tr>
<tr><td>002</td><td>尘毒物质危害人体的主要因素</td><td>X</td></tr>
<tr><td>003</td><td>化工污染的控制方法</td><td>X</td></tr>
<tr><td>004</td><td>清洁生产的理论基础</td><td>X</td></tr>
<tr><td>005</td><td>清洁生产审计的目的</td><td>X</td></tr>
</table>

续表

鉴定范围						鉴定点		
一级		二级		三级		代码	名称	重要程度
代码	名称	代码	名称	代码	名称			
						006	灭火的机理	X
						007	ISO 14001 标准的特点	X
						008	ISO 14001 环境因素识别的状态、时态和类型	X
						009	ISO 14001 环境因素识别的步骤	X
						010	ISO 14001 识别环境因素的方法	X
						011	HSE 审核的概念	X
						012	HSE 审核的目的	X
						013	HSE 危害的概念	X
						014	废水治理的常识	X
						015	废气治理的常识	X
						016	废渣处理的常识	X
						017	防冻防凝的知识	X
						018	夏季四防的知识	X
						019	职业病的概念	X
						020	职业病的种类	X
						021	石化行业事故的分类	X
						022	石化行业事故分级的规定	X
						023	HSE 不符合的概念	X
						024	HSE 事故的定义	X
				D	质量基础知识	001	标准化的意义	X
						002	质量认证的概念	X
						003	全面质量管理的特点	X
						004	ISO 9000 质量管理体系基础的内容	X
						005	质量管理 PDCA 动态循环的意义	X
						006	ISO 9000 族标准的核心标准	X
						007	ISO 9000 族标准“质量”的意义	X
						008	ISO 9001 标准的八项管理原则	X
				E	计算机基础知识	001	Word 文字处理软件基础知识	X
						002	Word 表格处理知识	X
						003	Excel 工作表的建立	X
						004	Excel 的排版	X
				F	法律常识	001	合同的形式	X
						002	合同法关于无效合同的规定	X

职业通用理论知识鉴定要素细目表(《润滑油、脂生产工》)

鉴定范围						鉴定点		
一级		二级		三级		代码	名称	重要程度
代码	名称	代码	名称	代码	名称			
A	基本要求	B	基础知识	G	无机化学	001	二氧化硫的性质	Y
						002	硫化氢的性质	X
						003	溶液物质的量的浓度的概念	X
						004	溶解度的概念	X
						005	饱和溶液的概念	Y
				H	有机化学	001	苯的结构知识	X
						002	聚合反应机理的概念	Y
						003	烷烃的工业来源	X
						004	简单芳香烃的命名方法	X
				I	石油的组成	001	石油的化学组成	Y
						002	胶质、沥青质的性质	X
						003	石油的分类方法	X
						004	石油的蜡含量分类标准	X
				J	油品基础知识	001	蒸气压的概念	X
						002	恩氏蒸馏的概念	Z
						003	油品的平均相对分子质量	X
						004	运动黏度的定义	X
						005	黏温性质指标的分类	X
						006	浊点的定义	X
						007	爆炸极限的概念	X
						008	残碳的概念	X
						009	倾点的定义	X
				K	石油炼制	001	精馏的概念	X
						002	回流比的概念	X
						003	理论塔板的概念	X
						004	液泛的概念	X
						005	汽相夹带的概念	X
						006	润滑油使用用途的分类	X
						007	润滑的状态	X
						008	润滑油脱蜡的目的	X
						009	蜡的种类	X
						010	熔点的概念	Y

续表

鉴定范围						鉴定点		
一级		二级		三级		代码	名称	重要程度
代码	名称	代码	名称	代码	名称			
				L	化工生产	001	液柱静压强计算	X
						002	雷诺准数的意义	X
						003	热负荷的概念	Y
						004	多效蒸发的概念	X
				M	炼油机械与设备	001	过滤机工作原理	X
						002	板框式过滤机工作原理	Z
						003	往复泵工作原理	X
						004	闸阀的结构	X
						005	蒸汽管线垫片的选用材质	X
						006	密封填料的规格	X
						007	常见密封的种类	X
						008	机械密封的工作原理	X
						009	加热炉“三门一板”的概念	X
						010	真空泵的工作原理	X
						011	螺杆泵的工作原理	X
						012	列管式换热器的常见类型	X
						013	常见塔类设备分类	Y
						014	压力容器分类方法	X
				N	计量	001	法定计量单位的主要特征	Z
						002	石化企业的计量方式	Y
						003	计量检定的原则	X
						004	A级计量设备的种类	X
						005	B级计量设备的种类	X
						006	C级计量设备的种类	X
						007	物料计量表配备的精度要求	X
						008	新物料计量表投用的步骤	X
				O	仪表、测量	001	产生误差的原因	Y
						002	压力仪表测量原理	X
						003	流量仪表测量原理	X
						004	温度仪表测量原理	X
						005	物位仪表测量原理	X
						006	串级控制原理	X
						007	PID参数的意义	X
						008	常用测温方法	Z
						009	气动阀门的应用	X

续表

鉴定范围						鉴定点		
一级		二级		三级		代码	名称	重要程度
代码	名称	代码	名称	代码	名称			
				P	电工	001	产生电流的基本条件	Y
						002	并联电路电阻的简化计算方法	Y
						003	串联电路电阻的简化计算方法	X
						004	电磁感应的概念	X
						005	电机接地线要求	X
						006	常见电机类型	X
						007	常见电机型号含义	X
						008	跨步电压的概念	X
						009	润滑油装置动力电的种类	X

工种理论知识鉴定要素细目表

鉴定范围						鉴定点		
一级		二级		三级		代码	名称	重要程度
代码	名称	代码	名称	代码	名称			
B	相关知识	A	工艺操作	A	开车准备	001	装置贯通试压流程	X
						002	开工前管线试压的方法	X
						003	装置贯通管线试压的注意事项	X
						004	装置水运的目的	Y
						005	加热炉烘炉的目的	Y
						006	装置开工前引蒸汽的方法	X
						007	装置开工前引瓦斯的方法	X
						008	装置开工前引冷却水的方法	X
						009	常见燃料油的性质	Z
						010	开工前引燃料油的方法	X
				B	开车操作	001	糠醛的化学性质	X
						002	糠醛在水中的溶解度	X
						003	糠醛的主要质量指标	X
						004	建立原料循环的方法	X
						005	加热炉点火前炉膛吹蒸汽的要求	Y
						006	加热炉点火步骤	X
						007	加热炉点火的注意事项	X
						008	真空泵的开泵步骤	X
						009	装置脱水的温度要求	X
						010	精废液循环的方法	X
						011	开工中加热炉上对流出口温差过大的原因	Y

续表

鉴定范围						鉴定点		
一级		二级		三级		代码	名称	重要程度
代码	名称	代码	名称	代码	名称			
						012	精液汽提塔投用汽提蒸汽的条件	X
						013	水溶液汽提塔投用条件	Z
						014	启动糠醛向抽提塔进料的注意事项	X
						015	精废油外放前的操作调节	X
						016	精废油外放后的注意事项	X
				C	正常操作	001	冷换设备巡回检查的内容	X
						002	溶剂精制后对精制油凝固点的影响	X
						003	共沸物回收原理	X
						004	溶剂精制物料平衡的意义	X
						005	溶剂精制糠醛平衡的意义	X
						006	脱气塔真空度低对操作的影响	X
						007	脱气塔温度低对操作的影响	X
						008	脱气塔液面过低对生产的影响	X
						009	抽提塔的温度对产品质量的影响	X
						010	抽提塔的温度对产品收率的影响	X
						011	控制界面的意义	X
						012	界面高低对产品质量的影响	X
						013	抽提塔的溶剂比对产品质量的影响	X
						014	抽提塔的溶剂比对产品收率的影响	X
						015	控制抽提塔温度梯度的意义	X
						016	抽提塔液泛的原因	X
						017	精液汽提塔顶温高对操作的影响	X
						018	精液汽提塔顶温低对操作的影响	X
						019	精液汽提塔液面过高对操作的影响	X
						020	精液汽提塔液面过低对操作的影响	X
						021	精液汽提塔真空度低对操作的影响	X
						022	精液汽提塔顶冷却器温度高的原因	X
						023	精液汽提塔精油含醛的原因	X
						024	精液汽提塔突沸的原因	X
						025	一次蒸发塔液面高低对生产的影响	X
						026	二次蒸发塔液面高低对生产的影响	X
						027	三次蒸发塔液面高低对生产的影响	X
						028	一次蒸发塔温度对生产的影响	X
						029	二次蒸发塔温度对生产的影响	X

续表

鉴定范围						鉴定点		
一级		二级		三级		代码	名称	重要程度
代码	名称	代码	名称	代码	名称			
						030	三次蒸发塔温度对生产的影响	X
						031	废液汽提塔液面高的原因	X
						032	废液汽提塔突沸的原因	X
						033	废液汽提塔顶真空度低的原因	X
						034	废液汽提塔顶冷却器冷不下来的原因	X
						035	废液汽提塔废油含醛不合格的原因	X
						036	废液汽提塔底循环对操作的影响	X
						037	糠醛干燥塔顶温高低对操作的影响	X
						038	糠醛干燥塔液面过低对操作的影响	X
						039	糠醛干燥塔压力大的原因	X
						040	水溶液汽提塔顶冷却器温度高的原因	X
						041	水溶液汽提塔顶温高低对生产的影响	X
						042	水溶液汽提塔顶压力大的原因	X
						043	水溶液汽提塔液面过高对生产的影响	X
						044	水溶液汽提塔底排水含醛的原因	X
						045	乳化液的概念	Z
						046	汽包液面过低对操作的影响	X
						047	糠醛水溶液分离罐水位高的原因	X
						048	加热炉烧油时油汽比控制不好的影响	X
						049	精液加热炉炉温低的原因	X
						050	精液加热炉炉温高的原因	X
						051	废液加热炉炉温低的原因	X
						052	废液加热炉炉温高的原因	X
						053	加热炉火嘴漏油的原因	X
						054	加热炉回火的原因	X
						055	加热炉燃烧不完全的原因	X
						056	加热炉炉膛产生正压的原因	X
						057	加热炉炉膛发暗的原因	X
						058	烟气中氧含量大的原因	X
						059	烟气中一氧化碳含量高的原因	X
						060	加热炉烟囱冒黑烟的原因	X
						061	加热炉炉膛负压高低对生产的影响	X
						062	加热炉负压与烟道挡板开度的关系	X
						063	汽包进水压力过低对操作的影响	X
						064	装置原料切换原则	X
						065	精液回收与废液回收不同的原因	X
						066	精油过滤器堵对操作的影响	X

续表

鉴定范围						鉴定点		
一级		二级		三级		代码	名称	重要程度
代码	名称	代码	名称	代码	名称			
				D	停车操作	001	抽提塔安全线的作用	X
						002	停工转原料循环的方法	X
						003	真空泵的停泵步骤	X
						004	加热炉降温的注意事项	X
						005	加热炉烧焦原理	X
		B	设备使用与维护	A	使用设备	001	装置发汽汽包丝网分离器的作用	Z
						002	脱气塔顶防冲网的作用	Z
						003	可燃气体报警器使用知识	Y
						004	蒸汽往复泵的型号	Y
						005	蒸汽泵的工作原理	Y
						006	蒸汽往复泵的性能	Z
						007	电机的主要性能指标	Z
						008	离心泵型号代表的意义	Y
						009	离心泵的工作原理	Y
						010	椭圆齿轮流量计不转的原因	X
						011	离心泵的工作点	Z
						012	离心泵启动时关闭出口阀的原因	X
						013	离心泵自动停车的原因	X
						014	冷却器型号代表的意义	Y
						015	冷却器的切换步骤	X
						016	浮头式换热器的特点	Z
						017	离心泵的主要参数	Y
						018	机泵冷却的条件	Y
						019	气开、气关阀的选择条件	X
						020	抽提塔的结构	Y
						021	精液汽提塔的结构	Y
						022	抽提塔栅板的作用	Z
						023	发汽汽包的结构	Y
						024	加热炉上对流钉头管的作用	Y
						025	加热炉火嘴安装的要求	Y
						026	冷却器管程发生短路的原因	X
						027	离心泵轴承温度高的原因	X
						028	离心泵震动的原因	X
						029	离心泵超电流的原因	X

续表

鉴定范围						鉴定点		
一级		二级		三级		代码	名称	重要程度
代码	名称	代码	名称	代码	名称			
						030	离心泵流量小的原因	X
						031	离心泵泵体过热或转不动的原因	X
						032	离心泵密封漏的原因	X
						033	蒸汽泵出口压力上升的原因	X
						034	蒸汽泵停走或开不动的原因	X
						035	蒸汽泵有响声或震动的原因	X
						036	蒸汽泵出口压力不稳的原因	X
						037	离心泵抽空的原因	X
						038	蒸汽泵活塞杆过热的原因	X
						039	蒸汽泵格兰漏油、漏汽的原因	X
						040	糠醛装置抽真空采用的主要设备	Y
						041	工业管道的压力等级分类	Z
						042	串级控制的概念	Y
						043	汽包水下孔板的作用	Z
						044	加热炉外壁温度的要求	Z
						045	DCS 各控制符号的意义	Y
				B	维护设备	001	塔检修人孔打开的顺序	Y
						002	停工蒸塔的目的	Y
						003	机泵盘车的规定内容	Y
						004	离心泵的日常维护内容	Y
						005	蒸汽往复泵的日常维护内容	Y
						006	加热炉日常巡检注意事项	X
						007	糠醛精制氮气密封的作用	Y
						008	原料过滤器的作用	
		C	事故判断与处理	A	事故判断	001	糠醛干燥塔底糠醛带水的现象	X
						002	原料泵抽空的现象	X
						003	离心泵超负荷的现象	X
						004	蒸汽往复泵抽空的现象	X
						005	加热炉火嘴回火的现象	X
						006	脱气塔底泵抽空的现象	X
						007	精液汽提塔冲塔的现象	X
				B	事故处理	001	原料泵抽空的处理方法	X
						002	离心泵超负荷的处理方法	X
						003	离心泵轴承温度超温的处理方法	X

续表

鉴定范围						鉴定点		
一级		二级		三级		代码	名称	重要程度
代码	名称	代码	名称	代码	名称			
						004	离心泵盘不动车的处理方法	X
						005	蒸汽往复泵抽空的处理方法	X
						006	加热炉火嘴回火的处理方法	X
						007	加热炉火嘴缩火的处理方法	X
						008	脱气塔底泵抽空的处理方法	X
						009	精液汽提塔精油含醛的处理方法	X
						010	废液汽提塔精油含醛的处理方法	X
						011	水溶液汽提塔含醛的处理方法	X
						012	加热炉烟囱冒黑烟的处理方法	X
		D	绘图与计算	A	绘图	001	绘图方法	X
						002	设备简图知识	X

三、理论知识试题

行业通用理论知识试题

判断题

1. 交接班记录需要领导审阅签字。 (√)

2. 设备巡检包括设备停机过程中的检查。 (√)

3. 投影线都相互平行的投影称为中心投影。 (×)

正确答案：投影线都相互平行的投影称为平行投影。

4. 在三视图中，能够反映物体上下、左右位置关系的视图为俯视图。 (×)

正确答案：在三视图中，能够反映物体上下、左右位置关系的视图为主视图。

5. 画三视图时，左视图和俯视图的关系是长对正。 (×)

正确答案：画三视图时，左视图和俯视图的关系是宽相等。

6. 零件图的作用是读零件图与装配图关系。 (×)

正确答案：零件图的作用是直接指导制造零件和检验零件的图样。

7. 零件图是直接指导制造零件和检验零件的图样。 (√)

8. 综合性季度检查中，安全生产不仅是重要内容，还实行一票否决权。 (√)

9. 尘毒物质对人体的危害与个人体质因素无关。 (×)

正确答案：尘毒物质对人体的危害与个人年龄、身体健康状况等因素有关。

10. 因为环境有自净能力，所以轻度污染物可以直接排放。 (×)

正确答案：虽然环境有自净能力，轻度污染物也不可以直接排放。

11. 目前清洁生产审计中应用的理论主要是物料平衡和能量守恒原理。 (√)

12. 清洁生产审计的目的是：通过清洁生产审计判定生产过程中不合理的废物流和物、能耗部位，进而分析其原因，提出削减它的可行方案并组织实施，从而减少废弃物的产生和

排放，达到实现本轮清洁生产目标。（√）

13. 根据燃烧三要素，采取除掉可燃物、隔绝氧气(助燃物)、将可燃物冷却至燃点以下等措施均可灭火。（√）

14. 在 HSE 管理体系中，评审是高层管理者对安全、环境与健康管理体系的适应性及其执行情况进行正式评审。（√）

15. 第二方审核是直属企业作为受审方，由取得相应资格的单位进行 HSE 体系审核。（×）

正确答案：第三方审核是直属企业作为受审方，由取得相应资格的单位进行 HSE 体系审核。

16. 含汞、铬、铅等的工业废水不能用化学沉淀法治理。（×）

正确答案：含汞、铬、铅等的工业废水可以用化学沉淀法治理。

17. 一级除尘又叫机械除尘。（√）

18. 废渣处理首先考虑综合利用的途径。（√）

19. 陆地填筑法可避免造成火灾或爆炸。（×）

正确答案：陆地填筑法有可能造成火灾或爆炸。

20. 在防冻防凝工作中，严禁用高压蒸汽取暖、严防高压蒸汽窜入低压系统。（√）

21. 对已冻结的铸铁管线、阀门等可以用高温蒸汽迅速解冻。（×）

正确答案：对已冻结的铸铁管线、阀门等不得急剧加热，只允许温水或少量蒸汽缓慢解冻，以防骤然受热损坏。

22. 进入夏季，工业园区应对所有地沟、排水设施进行检查，清除排水障碍。备足防汛物资，遇到险情时能满足需求。（√）

23. 从事办公室工作的人员不会形成职业病。（×）

正确答案：从事办公室工作的人员也会形成相应的职业病。

24. 职业中毒不属于职业病。（×）

正确答案：职业中毒属于职业病之一。

25. 急慢性中毒皆属于人身事故。（×）

正确答案：急性中毒属于人身事故。

26. 在 HSE 管理体系中，一般不符合项是指能使体系运行出现系统性失效或区域性失效的问题。（×）

正确答案：在 HSE 管理体系中，一般不符合项是指个别的、偶然的、孤立的、性质轻微的问题或者是不影响体系有效性的局部问题。

27. HSE 管理体系规定，公司应建立事故报告、调查和处理管理程序，所制定的管理程序应保证能及时地调查、确认事故(未遂事故)发生的根本原因。（√）

28. 标准化的重要意义是提高产品、过程或服务的质量，防止贸易壁垒，并促进技术合作。（×）

正确答案：标准化的重要意义是改进产品、过程或服务的适用性，防止贸易壁垒，并促进技术合作。

29. 企业应当具备法人的资格或是法人的一部分，才可以申请质量体系认证。（√）

30. 全面质量管理的核心是强调提高产品质量。（×）

正确答案：全面质量管理的核心是强调提高工作质量。

31. 生产制造过程的质量管理是全面质量管理的中心环节。（√）

32. 质量管理体系是指在质量方面指挥和控制组织的管理体系，它是组织若干管理体系的一个。（√）

33. PDCA 循环是全面质量管理的科学方法，可用于企业各个方面、各个环节的质量管理活动。（√）

34. ISO 9004:2000 标准是“指南”，可供组织作为内部审核的依据，也可用于认证和合同目的。（×）

正确答案：ISO 9004:2000 标准提供了超出 ISO 9001 要求的指南和建议，不用于认证或合同的目的。

35. ISO 9000 族标准中，质量仅指产品质量。（√）

36. ISO 9000 族标准质量管理八项原则是一个组织在质量管理方面的总体原则。（√）

37. 计算机应用软件 Word 字处理软件不仅可以进行文字处理，还可以插入图片、声音等，但不能输入数学公式。（×）

正确答案：Word 字处理软件不仅可以进行文字处理，还可以插入图片、声音等，也能输入数学公式。

38. 在应用软件 Word 表格操作中选定整个表格后，按格式工具栏上的左、右、居中对齐等按钮则单元格中的文字内容进行左、右、居中对齐。（×）

正确答案：选定整个表格后，按格式工具栏上的左、右、居中对齐等按钮则单元格中的文字内容不会进行左、右、居中对齐，整个工作表整体在页面中进行左、右、居中对齐。

39. 在应用软件 Word 表格操作中利用表格工作栏还可对表格内容进行垂直对齐。（√）

40. 在计算机应用软件 Excel 中选中不连续单元格的功能键是 Alt。（×）

正确答案：在计算机应用软件 Excel 中选中不连续单元格的功能键是 Ctrl。

41. 在计算机应用软件 Excel 中清除合并居中的格式可以通过键盘的删除(Delete)键来实现。（×）

正确答案：在计算机应用软件 Excel 中清除合并居中的格式可以通过编辑菜单中的清除格式来实现。

42. 在计算机应用软件 Excel 中的打印可实现放大或缩小比例打印。（√）

43. 不动产的买卖合同一般采用登记形式。（√）

44. 在实践中，口头形式是当事人最为普遍采用的一种合同约定形式。（×）

正确答案：在实践中，书面形式是当事人最为普遍采用的一种合同约定形式。

单选题

1. 不允许在岗位交接班记录中出现(C)。

A. 凭旧换新　　B. 划改内容　　C. 撕页重写　　D. 双方签字

2. 投影线都通过中心的投影称为(A)投影法。

A. 中心　　B. 平行　　C. 斜　　D. 正

3. 在工程制图中应用较多的投影法是(D)投影法。

A. 中心　　B. 平行　　C. 斜　　D. 正

4. 剖视图的剖切符号为断开的(D)线。

A. 细实　　B. 点划　　C. 虚　　D. 粗实

5. 在三视图中，反映物体前后、左右位置关系的视图为(B)。

A. 主视图　　B. 俯视图

C. 左视图　　D. 在三个视图中都有可能

6. 在三视图中，反映物体前后、上下位置关系的视图为(C)。

A. 主视图　　B. 俯视图

C. 左视图　　D. 在三个视图中都有可能

7. 画三视图时，主视图和俯视图的关系是(A)。

A. 长对正　　B. 高平齐　　C. 宽相等　　D. 无关系

8. 零件图的主要作用之一是(B)。

A. 指导读零件的结构　　B. 直接指导制造零件

C. 读零件图与装配图关系　　D. 读零件之间的配合情况

9. 毒物的沸点是(C)。

A. 越低毒性越小　　B. 越高毒性越大

C. 越低毒性越大　　D. 与毒性无关

10. 污染物的回收方法包括(D)。

A. 蒸发　　B. 干燥　　C. 排放　　D. 吸收

11. 清洁生产涵盖有深厚的理论基础，但其实质是(A)。

A. 最优化理论　　B. 测量学基本理论

C. 环境经济学基本理论　　D. 资源经济学基本理论

12. 液体有机物的燃烧可以采用(C)灭火。

A. 水　　B. 沙土　　C. 泡沫　　D. 以上均可

13. ISO 14001 标准其主要特点有强调(D)、强调法律、法规的符合性、强调系统化管理、强调文件化、强调相关方的观点。

A. 污染预防　　B. 持续改进

C. 末端治理　　D. 污染预防、持续改进

14. 在 ISO 14001 标准体系中，为了确保环境因素评价的准确性，在识别环境因素时应考虑的三种状态是(C)。

A. 开车、停机和检修状态　　B. 连续、间歇和半连续状态

C. 正常、异常和紧急状态　　D. 上升、下降和停止状态

15. 公司 HSE 管理体系的审核分为内部审核、(C)。

A. 第一方审核　　B. 第二方审核

C. 第三方审核　　D. 第四方审核

16. HSE 评审的目的是检验 HSE 管理体系的适宜性、(B)和有效性。

A. 充分性　　B. 公平性　　C. 权威性　　D. 必要性

17. 废水治理的方法有物理法、(A)法和生物化学法等。

A. 化学　　B. 过滤　　C. 沉淀　　D. 结晶

18. 可直接用碱液吸收处理的废气是(A)。

A. 二氧化硫　　B. 甲烷　　C. 氨气　　D. 一氧化氮

19. 废渣的处理大致采用(D)、固化、陆地填筑等方法。

A. 溶解　B. 吸收　C. 粉碎　D. 焚烧

20. 为了作好防冻防凝工作，停用的设备、管线与生产系统连接处要加好(B)，并把积水排放吹扫干净。

A. 阀门　B. 盲板　C. 法兰　D. 保温层

21. “夏季四防”包括防暑降温、防汛、(A)、防倒塌。

A. 防雷电　B. 防霉变　C. 防跌滑　D. 防干旱

22. 属于石化行业职业病的是(B)。

A. 近视　B. 尘肺病　C. 肩周炎　D. 哮喘

23. 与化工生产密切相关的职业病是(B)。

A. 耳聋　B. 职业性皮肤病　C. 关节炎　D. 眼炎

24. 在 HSE 管理体系中，(A)是指组织在职业健康安全绩效方面所达到的目的。

A. 目标　B. 事件　C. 不合格　D. 不符合

25. 在 HSE 管理体系中，(B)是指与组织的职业健康安全绩效有关的或受其职业健康安全绩效影响的个人或团体。

A. 目标　B. 相关方　C. 事件　D. 不符合

26. 在 HSE 管理体系中，造成死亡、职业病、伤害、财产损失或环境破坏的事件称为(C)。

A. 灾害　B. 毁坏　C. 事故　D. 不符合

27. 标准化的重要意义是改进产品、过程或服务的(C)，防止贸易壁垒，并促进技术合作。

A. 品质　B. 性能　C. 适用性　D. 功能性

28. 产品质量认证活动是(D)开展的活动。

A. 生产方　B. 购买方

C. 生产和购买双方　D. 独立于生产方和购买方之外的第三方机构

29. 全面质量管理强调以(B)质量为重点的观点。

A. 产品　B. 工作　C. 服务　D. 工程

30. 质量管理体系要求企业除应有(A)上的保证能力以外，还应有资源上的保证能力。

A. 管理　B. 质量计划

C. 质量政策与程序　D. 质量文件

31. 企业的质量方针是由(D)决策的。

A. 全体员工　B. 基层管理人员

C. 中层管理人员　D. 最高管理层人员

32. PDCA 循环的四个阶段八个步骤的第四个步骤是(B)。

A. 总结　B. 拟订对策并实施

C. 分析问题原因　D. 效果的确认

33. ISO 9001 和 ISO 9004 的区别在于(D)。

A. 采用以过程为基础的质量管理体系模式

B. 建立在质量管理八项原则的基础之上

C. 强调与其他管理标准的相容性

D. 用于审核和认证

34. 下列各项中属于产品固有特性的是(B)。

A. 价格　　B. 噪音　　C. 保修期　　D. 礼貌

35. PDCA 循环是实施 ISO 9000 族标准(B)原则的方法。

A. 系统管理　　B. 持续改进　　C. 过程方法　　D. 以事实为决策依据

36. 在计算机应用软件 Word 中，不能进行的字体格式设置是(C)。

A. 文字的缩放　　B. 文字的下划线　　C. 文字的旋转　　D. 文字的颜色

37. 计算机应用软件 Word 的菜单中，经常有一些命令是灰色的，这表示(B)。

A. 应用程序本身有故障　　B. 这些命令在当前状态不起作用

C. 系统运行故障　　D. 这些命令在当前状态下有特殊的效果

38. 在计算机应用软件 Word 中，可用于计算表格中某一数值列平均值的函数是(C)。

A. Abs(　)　　B. Count(　)　　C. Average(　)　　D. Total(　)

39. 在计算机应用软件 Excel 工作表中，可按需拆分窗口，一张工作表最多拆分为(B)个窗口。

A.3　　B.4　　C.5　　D. 任意多

40. 在计算机应用软件 Excel 中如图所示页面中的斜杠是通过(B)菜单中单元格里的边框来实现。

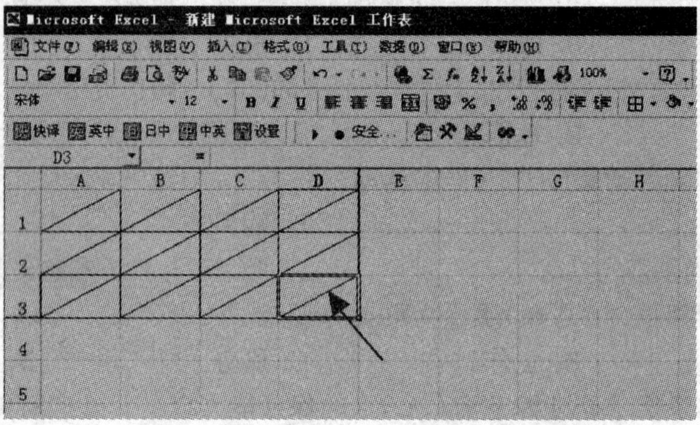

A. 编辑　　B. 格式　　C. 工具　　D. 窗口

41. 当事人采用合同书形式订立合同的，自双方当事人(C)时合同成立。

A. 制作合同书　　B. 表示受合同约束

C. 签字或者盖章　　D. 达成一致意见

42. 下列各种合同中，必须采取书面形式的是(D)合同。

A. 保管　　B. 买卖　　C. 租赁　　D. 技术转让

多选题

1. 设备巡检时域分为(A，B，C，D)等检查。

A. 设备运行期间　　B. 设备停机过程中

C. 设备停运期间　　D. 设备开机过程中

2. 在三视图中，能够反映物体前后位置关系的视图为(B，C)。

A. 主视图　　B. 俯视图

C. 左视图　　D. 在三个视图中都有可能

3. 在三视图中，能够反映物体上下位置关系的视图为(A，C)。

A. 主视图　　B. 俯视图

C. 左视图　　D. 在三个视图中都有可能

4. 在三视图中，与高度有关的视图是(A，C)。

A. 主视图　　B. 俯视图　　C. 左视图　　D. 三个视图都有关系

5. 在三视图中，与宽度有关的视图是(B，C)。

A. 主视图　　B. 俯视图　　C. 左视图　　D. 三个视图都有关系

6. 零件图的主要作用是(A，C)。

A. 直接指导制造零件　　B. 指导读零件的结构

C. 检验零件的图样　　D. 读零件图与装配图关系

7. 安全检查中的"月查"由车间领导组织职能人员进行月安全检查，查领导、查思想、(A，B，D)。

A. 查隐患　　B. 查纪律　　C. 查产量　　D. 查制度

8. 尘毒物质对人体的危害与工作环境的(A，B，C)等条件有关。

A. 温度　　B. 湿度　　C. 气压　　D. 高度

9. 改革生产工艺是控制化工污染的主要方法，包括(A，B，C)等。

A. 改革工艺　　B. 改变流程

C. 选用新型催化剂　　D. 更新设备

10. 着火点较大时，有利于灭火措施的是(A，C，D)。

A. 抑制反应量　　B. 用衣服、扫帚等扑打着火点

C. 减少可燃物浓度　　D. 减少氧气浓度

11. 在 ISO 14001 标准体系中，为了确保环境因素评价的准确性，在识别环境因素时应考虑土地污染、对社区的影响、原材料与自然资源的使用、其他地方性环境问题外，还应考虑(A，B，C)问题。

A. 大气排放　　B. 水体排放　　C. 废物管理　　D. 材料的利用

12. 在 ISO 14001 标准体系中，环境因素识别的步骤包括(A，B，D)。

A. 划分和选择组织过程　　B. 确定选定过程中存在的环境因素

C. 初始环境评审　　D. 明确每一环境因素对应的环境影响

13. 在 ISO 14001 标准体系中，识别环境因素的方法除问卷调查、专家咨询、现场观察和面谈、头脑风暴、查阅文件及记录、测量、水平对比、纵向对比等方法外，还有(A，B，C)方法。

A. 过程分析法　　B. 物料衡算

C. 产品生命周期　　D. 最优化理论

14. 在 HSE 管理体系中，审核是判别管理活动和有关的过程(A，B)，并系统地验证企业实施安全、环境与健康方针和战略目标的过程。

A. 是否符合计划安排　　B. 是否得到有效实施

C. 是否已经完成　　D. 是否符合标准

15. HSE 管理体系中，危害主要包括(A，B，C，D)等方面。

A. 物的不安全状态　　B. 人的不安全行为

C. 有害的作业环境　　D. 安全管理缺陷

16. 工业废水的生物处理法包括(B，D)法。

A. 过滤　　B. 好氧　　C. 结晶　　D. 厌氧

17. 对气态污染物的治理主要采取(B，C)法。

A. 蒸馏　　B. 吸附　　C. 吸收　　D. 过滤

18. 可用于废渣处理方法的是(A，B，C)。

A. 陆地填筑　　B. 固化　　C. 焚烧　　D. 粉碎

19. 为了做好防冻防凝工作，应注意(A，B，C)。

A. 加强报告制度　　B. 加强巡检力度

C. 有情况向上级或领导汇报　　D. 独立解决问题

20. 不属于夏季四防范畴的是(A，B，D)。

A. 防滑　　B. 防冰雹　　C. 防雷电　　D. 防干旱

21. HSE 管理体系规定，事故的报告、(A，B，C)、事故的调查、责任划分、处理等程序应按国家的有关规定执行。

A. 事故的分类　　B. 事故的等级　　C. 损失计算　　D. 事故的赔偿

22. 标准化的重要意义可概括为(A，B，C，D)。

A. 改进产品、过程或服务的适用性　　B. 防止贸易壁垒，促进技术合作

C. 在一定范围内获得最佳秩序　　D. 有一个或多个特定目的，以适应某种需要

23. 企业质量体系认证(A，C，D)。

A. 是一种独立的认证制度

B. 依据的标准是产品标准

C. 依据的标准是质量管理标准

D. 是第三方对企业的质量保证和质量管理能力依据标准所做的综合评价

24. 产品的质量特性包括(A，B，C，D)。

A. 性能　　B. 寿命　　C. 可靠性　　D. 安全性

25. PDCA 循环中，处置阶段的主要任务是(B，D)。

A. 明确目标并制订实现目标的行动方案

B. 总结成功经验

C. 对计划实施过程进行各种检查

D. 对质量问题进行原因分析，采取措施予以纠正

26. 下列哪些标准应用了以过程为基础的质量管理体系模式的结构(B，C)。

A. ISO 9000:2000《质量管理体系基础和术语》

B. ISO 9001:2000《质量管理体系要求》

C. ISO 9004:2000《质量管理体系业绩改进指南》

D. ISO 19011:2002《质量和环境管理体系审核指南》

27. ISO 9000 族标准中，质量具有(B，C)性等性质。

A. 适用　　B. 广义　　C. 相对　　D. 标准

28. 在计算机应用软件 Word 的“页面设置”对话框中，可以设置的选项为(B，C，D)。

A. 字体　　B. 位置　　C. 纸型　　D. 纸张大小

29. 在计算机应用软件 Word 表格中，关于数据排序的叙述，不正确的是(A，B，C)。

A. 表格中数据的排序只能按升序进行　B. 表格中数据的排序只能按降序进行

C. 表格中数据的排序依据只能是行　D. 表格中数据的排序依据可以是列

30. 在计算机应用软件 Excel 工作表中，选定某单元格，单击“编辑”菜单下的“删除”选项，可能完成的操作是(A，B，C)。

A. 删除该行　B. 右侧单元格左移

C. 删除该列　D. 左侧单元格右移

31. 在 Excel 工作簿中，对工作表可以进行的打印设置是(A，B，D)。

A. 打印区域　B. 打印标题　C. 打印讲义　D. 打印顺序

32. 合同可以以(A，B，C，D)形式存在。

A. 口头　B. 批准　C. 登记　D. 公正

33. 下列说法中属于无效合同特征的有(A，B，C，D)。

A. 无效合同自合同被确认无效时起无效

B. 对无效合同要进行国家干预

C. 无效合同具有不得履行性

D. 无效合同的违法性

职业通用理论知识试题(《润滑油、脂生产工》)

判断题

1. 二氧化硫对人体有害，能引起慢性中毒，车间规定二氧化硫不得超过 $20mg/m^3$。(√)

2. 二氧化硫在空气中遇水形成的“酸雨”，严重破坏生态和自然环境。(√)

3. 硫化氢能溶于水，其水溶液的稳定性较强。(×)

正确答案：硫化氢能溶于水，其水溶液的稳定性较差。

4. 1mL 0.1mol/L 硫酸溶液比 100mL 的 0.1mol/L 硫酸溶液的浓度小。(×)

正确答案：1mL 0.1mol/L 硫酸溶液和 100mL 的 0.1mol/L 硫酸溶液的浓度相同。

5. 98g 纯硫酸溶解于 1L 水中，氢原子的物质的量浓度是 1mol/L。(×)

正确答案：98g 纯硫酸溶解于 1L 水中，氢原子的物质的量浓度是 2mol/L。

6. 20℃时，把 10g 食盐溶解在 100g 水里，所以 20℃时食盐在水中的溶解度是 10g。(×)

正确答案：20℃时，把 10g 食盐溶解在 100g 水里，但不一定形成饱和溶液，所以 20℃时食盐在水中的溶解度不一定是 10g。

7. 40℃时，25g 水中溶解 16g 硝酸钾就达到饱和，该温度下硝酸钾的溶解度是 64g。(√)

8. 饱和溶液一定是浓溶液。(×)

正确答案：饱和溶液不一定是浓溶液。

9. 苯分子中碳碳键既不是烷烃分子中碳碳单键的键长，也不是烯烃分子中碳碳双键的键长，而是一种特殊的价键。(√)

10. 聚合物是由单体合成为相对分子质量较高的化合物。(√)

11. 物质的溶解度都是随温度的升高而增加。(×)

正确答案：不一定，如石灰水升高温度其溶解度变小。

12. 工业中烷烃的主要来源是石油裂解气。 (√)

13. 二甲苯的同分异构体有三种，分别是邻二甲苯、间二甲苯、对二甲苯。 (√)

14. 胶质和沥青质的含量越多，石油的颜色就越深。 (√)

15. 由于石油里面含有不同数量的硫化物，因此石油有不同的气味。 (√)

16. 胶状沥青状物质目前是根据胶状沥青状物质在各种溶剂中的不同的溶解度来区分的。 (√)

17. 原油的分类方法常用的有化学分类法和商品分类法。 (√)

18. 原油的石蜡主要存在于柴油和轻质润滑油馏分中。 (√)

19. 通常把原油中蜡的质量含量高于 5%的称为高蜡原油。 (×)

正确答案： 通常把原油中蜡的质量含量高于 10%的称为高蜡原油。

20. 液体的蒸气压愈高，表明其愈易气化。 (√)

21. 恩氏蒸馏属于渐次气化蒸馏。 (√)

22. 结构族组成分类法属于原油分类法中的商品分类法。 (×)

正确答案： 结构族分类方法属于化学分类方法。

23. 石油中的胶质以胶体状态存在于石油中。 (×)

正确答案： 石油中的胶质与石油形成真溶液。

24. 油品的相对分子质量随石油馏分沸程的升高而增大。 (√)

25. 对于油品评价，应用最广泛的是重均相对分子质量。 (×)

正确答案： 对于油品评价，应用的最广泛的是数均相对分子质量。

26. 运动黏度是恩氏黏度与相同温度和压力下的该液体的相对分子质量之比。 (×)

正确答案： 运动黏度是动力学黏度与相同温度和压力下的该液体的密度之比。

27. 润滑油黏度随温度变化而变化的性质称为润滑油的粘温特性。 (√)

28. 浊点是重质油品的质量控制指标。 (×)

正确答案： 浊点是轻质油品的质量控制指标。

29. 油蒸气和空气形成的混合物，其浓度在该油品爆炸极限以外，不会发生闪爆。 (√)

30. 残炭多说明油品不易氧化生胶或生成积炭。 (×)

正确答案： 残炭多说明油品容易氧化生胶或生成积炭。

31. 精馏过程是一个单纯的传热过程。 (×)

正确答案： 精馏过程是一个传热传质过程。

32. 精馏的特点是在提供总回流的前提下，使混合物中的各组分因挥发度不同而有效地分离。 (√)

33. 当其他条件不变时，回流比减小，理论塔板数也相应减少。 (×)

正确答案： 当其他条件不变时，回流比减小，理论塔板数增加。

34. 发生液泛现象时，两板间液体相连，全塔操作被破坏，分馏效果下降。 (√)

35. 雾沫夹带时雾沫的生成可增大气液两相的传质面积，所以操作时应控制多产生雾沫夹带。 (×)

正确答案： 雾沫夹带时雾沫的生成可增大气液两相的传质面积，但过量的雾沫夹带会造成液相在塔板间的返混，导致塔板效率严重下降。

36. 润滑油的种类中内燃机油产量最大，其次是工业润滑油。(√)

37. 边界润滑是在机械的边上进行润滑。(×)

正确答案： 边界润滑是形成一层很薄的油膜而不能维持液体的动压润滑的一种状态。

38. 润滑油中的正构烷烃呈溶解状态，温度降低时会析出蜡，影响润滑油的低温流动性，所以必须脱蜡。(√)

39. 从减压渣油中分离出来的呈细微结晶形的蜡是石蜡。(×)

正确答案： 从减压渣油中分离出来的呈细微结晶形的蜡是微晶蜡，旧称地蜡。

40. 石蜡的品种一般是按其针入度来划分。(×)

正确答案： 石蜡的品种一般是按其熔点来划分。

41. 1 大气压 = 760mm 汞柱 = 10.33m 水柱 (√)

42. 流体在直管内流动，雷诺数 $Re \geqslant 4000$ 时，流动状态属于湍流。(√)

43. 在流速、管径不变的前提下，流体的黏度越大，其雷诺数越大。(×)

正确答案： 在流速、管径不变的前提下，流体的黏度越大，其雷诺数越小。

44. 热负荷是单位时间内两流体间传热的传热量。(√)

45. 热负荷大小与传热流体的焓差无关。(×)

正确答案： 热负荷大小与传热流体的焓差有关。

46. 在蒸发操作中，蒸发属于热量传递过程，但又有别于一般的传热过程。(√)

47. 最佳效数要通过经济权衡决定，而单位生产能力的总费用为最低时的效数即为最佳效数。(√)

48. 工业上，常用于处理含颗粒含量较高的悬浮液的过滤方式是滤纸过滤。(×)

正确答案： 工业上，常用于处理含颗粒含量较高的悬浮液的过滤方式是滤饼过滤。

49. 板框过滤机的优点是结构紧凑，过滤面积大。可以广泛应用于各种悬浮液的过滤。(√)

50. 板框式过滤机生产效率高，劳动强度小。(×)

正确答案： 板框式过滤机生产效率低，劳动强度大。

51. 往复泵是依靠泵内工作容积周期性变化来提高液体压力的泵。(√)

52. 往复泵活塞往复运动一次叫做活塞的行程。(×)

正确答案： 往复泵活塞从泵缸左端点运行到右端点的距离叫做活塞的行程。

53. 根据阀杆螺纹的位置，闸阀也分成明杆闸阀和暗杆闸阀。(√)

54. 复合密封垫和金属密封垫适用于蒸汽管线。(√)

55. 垫片密封按垫片受力情况可以分为强制型密封、自紧式密封及半自紧式密封三种。(√)

56. 垫片密封和普通机械密封属于非接触式密封。(×)

正确答案： 垫片密封和普通机械密封属于接触式密封。

57. 接触式机械密封是依靠密封室中液体压力和压紧元件的压力，使动环压紧在静环端面上，并在两环形端面上产生适当的贴紧力和保持一层极薄的液体膜，而达到密封的

目的。（√）

58. 加热炉在燃料过程中，火焰发白、硬，火焰跳起，主要原因是雾化剂量小。（×）

正确答案： 加热炉在燃料过程中，火焰发白、硬，火焰跳起，主要原因是蒸汽量、空气量大。

59. 加热炉进炉空气量的多少，可以通过风门和烟道挡板来调节。（√）

60. 往复式真空泵是一种干式泵，常用于抽吸有毒或易爆炸气体。（×）

正确答案： 往复式真空泵是一种干式泵，常用于抽吸不含固体颗粒的无腐蚀性气体。

61. 滑片真空泵的工作原理是利用活塞在汽缸内往复运动造成的工作容积变化吸入和压缩气体。（×）

正确答案： 滑片真空泵的工作原理是依靠其泵壳内的偏心转子在旋转过程中，转子的径向滑槽中的滑板与泵壳形成的容积周期性变化来吸入和排出气体的。

62. 螺杆泵较齿轮泵的效率低，特别适用于输送低黏度介质。（×）

正确答案： 螺杆泵较齿轮泵的效率高，特别适用于输送高黏度介质。

63. 螺杆泵是依靠螺杆旋转产生的离心力而输送液体的泵，故属叶片式泵。（×）

正确答案： 螺杆泵是依靠螺杆旋转将封闭容积内的液体进行挤压而提高压力的泵，故属容积式泵。

64. 按照换热设备的结构可分为两类：管式换热设备和翅片式换热设备。（×）

正确答案： 按照换热设备的结构可分为两类：管式换热设备和板式换热设备。

65. 管式换热设备的传热面由管子构成，即冷热流体之间有管壁作间壁，如管壳式、套管式、蛇管式、翅管式等换热器。（√）

66. 塔设备按操作压力分为常压塔和减压塔。（×）

正确答案： 塔设备按操作压力分为加压塔、常压塔和减压塔。

67. 塔设备按单元操作分为精馏塔、吸收塔、解吸塔、和萃取塔。（×）

正确答案： 塔设备按单元操作分为精馏塔、吸收塔、解析塔、萃取塔、反应塔和干燥塔等。

68. 塔设备按塔的内件结构分为板式塔和填料塔两大类。（√）

69. 常温容器是指温度高于－20℃至200℃条件下工作的容器。（√）

70. 螺杆泵属于容积式泵。（√）

71. 压力容器按承受的压力可分为内压容器与外压容器。（√）

72. 压力容器按安装方式可分为固定式容器和移动式容器。（√）

73. 法定计量单位是由企业规定的计量单位。（×）

正确答案： 法定计量单位是由国家以法令形式规定允许使用的计量单位。

74. 目前，我国不能使用流量计的计量方式作石油及其产品计量。（×）

正确答案： 流量计的计量方式是我国石油及其产品计量方式之一。

75. 强制检定可以不按国家检定系统表和检定规程进行。（×）

正确答案： 强制检定必须按国家检定系统表和检定规程进行。

76. 能按照检定规程进行检定的设备才是计量检测设备。（×）

正确答案：计量检测设备是单独地或连同辅助设备一起用以直接或间接确定被测对象量值的器具(又称计量器具)。

77. 用于统一量值的标准物质属于B级管理计量检测设备。 (×)

正确答案：用于统一量值的标准物质属于A级管理计量检测设备。

78. 精密测试中精度较高的计量器具、使用频繁量值易变的计量器具，属于A级管理计量器具的范围。 (×)

正确答案：精密测试中精度较高的计量器具、使用频繁量值易变的计量器具，属于B级管理计量器具的范围。

79. B级管理计量检测设备必须进行强制检定。 (×)

正确答案：B级管理计量检测设备不一定要进行强制检定，企业可以根据需要适当延长规定检定周期。

80. 对准确度无严格要求的工具类计量检测设备属于B级管理计量检测设备。 (×)

正确答案：对准确度无严格要求的工具类计量检测设备属于C级管理计量检测设备。

81. 生产装置内部用的物料表，可适当降低其配备精度要求。 (√)

82. 对有旁路阀的新物料计量表的投用步骤：先开旁路阀，流体先从旁路管流动一段时间；缓慢开启下游阀；缓慢开启上游阀；缓慢关闭旁路阀。 (×)

正确答案：对有旁路阀的新物料计量表的投用步骤：先开旁路阀，流体先从旁路管流动一段时间；缓慢开启上游阀；缓慢开启下游阀；缓慢关闭旁路阀。

83. 如果仪表不能及时反映被测参数，便要造成误差，这种误差称为相对误差。 (×)

正确答案：如果仪表不能及时反映被测参数，便要造成误差，这种误差称为反应误差。

84. 在测量中，人为因素和设备因素是产生误差的主要根源。 (√)

85. 压力仪表是靠位移的量来测量的。 (√)

86. 转子流量计属于差压式流量计。 (×)

正确答案：转子流量计属于衡压降流量计。

87. 电磁流量计对上游侧的直管要求不严。 (√)

88. 压力式温度计是利用感温液体受热膨胀原理工作的。 (×)

正确答案：压力式温度计是利用气体、液体或蒸汽的体积或压力随温度变化性质设计制成。

89. 在用差压变送器测量液体的液面时，差压计的安装高度可不作规定，只要维护方便就行。 (×)

正确答案：在用差压变送器测量液体的液面时，差压计的安装高度不可高于下面的取压口。

90. 串级控制中，一般情况下主回路常选择PI或PID调节器，副回路常选择P或PI调节器。 (√)

91. 调节器的比例度 δ 越大，则放大倍数 K_c 越小，比例调节作用就越弱，过度过程曲线越平稳，但余差也越大。 (√)

92. 调节器的微分时间 T_d 越大，微分作用越强。 (√)

93. 玻璃温度计是利用气体、液体或蒸汽的体积或压力随温度变化性质设计制成。(×)

正确答案：玻璃温度计是利用感温液体受热膨胀原理工作的。

94. 储罐液位调节系统，当调节阀装在出口管线上时，应选风关式调节阀。(×)

正确答案：储罐液位调节系统，当调节阀装在出口管线上时，应选风开式调节阀。

95. 闭合导体中，有电位差存在时，导体内产生电流。(√)

96. 已知 $R_1 = R_2 = R_3 = 3\Omega$，这三个电阻并联后的总电阻也是 3Ω。(×)

正确答案：三个电阻并联后的总电阻是 1Ω。

97. 已知 $R_1 = R_2 = R_3$，这三个电阻串联接入 220V 的电源，则这三个电阻上的分压是 $U_1 = U_2 = U_3 = \frac{220}{3}V$。(√)

98. 电磁感应的实质是变化的磁场在导体中形成感应电动势。(√)

99. 电气设备外壳接地一般通过接地支线连接到接地干线，再通过接地干线连接到接地体。(√)

100. 鼠笼式电动机属于直流电动机。(×)

正确答案：鼠笼式电动机属于交流电动机。

101. 型号为 YB－250S－4WTH 的电机，可在湿热带地区及户外使用。(√)

102. 型号为 YB 的电动机属于增安型防爆电动机。(×)

正确答案：型号为 YB 的电动机属于隔爆型防爆电动机。

103. 在工程上规定以 0.8m 作为跨步的距离。(√)

104. 炼油厂总电源一般由 220kV 或 110kV 变成 6kV 或 10kV 供装置变电所使用。(√)

105. 炼油厂的照明电源通常是 110V。(×)

正确答案：炼油厂的照明电源通常是 220V。

单选题

1. 二氧化硫具有强烈的(A)气味。

A. 刺激性　　B. 苹果香味　　C. 醋酸　　D. 柠檬

2. 下列关于二氧化硫的叙述，不正确的是(D)。

A. 无色气体　　B. 有毒　　C. 易溶于水　　D. 其水溶液是硫酸

3. 硫化氢的密度比空气(A)。

A. 稍重　　B. 稍轻　　C. 相同　　D. 不能确定

4. 硫化氢是一种有毒的气体，生产现场规定每立方米空气中含量不得超过(A)mg。

A. 10　　B. 20　　C. 1　　D. 5

5. 硫化氢的水溶液称为(B)。

A. 氢氰酸　　B. 氢硫酸　　C. 硫酸　　D. 氢氟酸

6. 65g 硝酸完全溶于水后加水稀释至 1L，其物质的量浓度是(B)。各原子的相对分子质量是(H＝1，O＝16，N＝14)

A. 0.1mol/L　　B. 1mol/L　　C. 0.04mol/L　　D. 0.2mol/L

7. 同物质的量浓度、同体积的下列溶液中，所含溶质的离子数最多的是(D)。

A. 氯化钠溶液　　B. 氯化钙溶液　　C. 硫酸钠溶液　　D. 硫酸铝溶液

8. 一定的温度、压力下，一定体积或质量的饱和溶液（或溶剂）中所含溶质的量称为（ D ）。

A. 溶解性　　B. 水解度　　C. 溶度积　　D. 溶解度

9. 一定温度下，将 Bg 饱和氯化钾溶液蒸干，得到氯化钾晶体 Ag，则该温度下，氯化钾的溶解度是（ D ）g。

A. A　　B. $\frac{100A}{B}$　　C. $100(B-A)$　　D. $\frac{100A}{B-A}$

10. 关于饱和溶液的说法，正确的是（ D ）。

A. 在饱和溶液里，溶解和结晶的过程就停止

B. 饱和溶液一定是浓溶液

C. 同一溶质的饱和溶液的浓度一定大于不饱和溶液的浓度

D. 饱和溶液就是该温度下达到溶解平衡状态的溶液

11. 将高温饱和硝酸钠溶液降温，析出晶体后，经过滤所得滤液是（ B ）。

A. 水　　B. 饱和溶液　　C. 不饱和溶液　　D. 溶剂

12. 芳香族化合物中最简单的化合物是（ A ）。

A. 苯　　B. 甲苯　　C. 乙苯　　D. 甲烷

13. 芳香烃的母体是（ B ）。

A. 乙苯　　B. 苯环　　C. 甲苯　　D. 甲烷

14. 大部分芳香烃化合物都含有（ C ）结构。

A. 乙苯　　B. 烃　　C. 苯环　　D. 甲苯

15. 苯的分子式是（ D ）。

A. C_4H_4　　B. C_6H_{12}　　C. C_6H_{10}　　D. C_6H_6

16. 发生聚合反应的低分子物质称为（ B ）。

A. 个体　　B. 单体　　C. 反应物　　D. 烯烃

17. 聚合反应的实质是在催化剂或引发剂的作用下，使不饱和烃中的（ C ）键打开，按一定的方式把相当数量的不饱和烃分子连接成一个长链烷烃。

A. 碳氢键　　B. 碳碳键　　C. 氢键　　D. 饱和键

18. 在聚合反应 $n CH_2{=}CH_2 \longrightarrow [CH_2{-}CH_2]_n$ 中，n 为（ D ）。

A. 叠度　　B. 聚合系数　　C. 稠度　　D. 聚合度

19. 在反应 CH_3—(苯环) $+ 3H_2 \rightleftharpoons CH_3$—(环己烷) 中，左边的反应物名称是（ C ）。

A. 庚烷　　B. 庚烯　　C. 甲苯　　D. 环庚烷

20. 石油的流动性取决于含（ D ）量的多少。

A. 氢　　B. 烃　　C. 硫　　D. 蜡

21. 石油中重质馏分、胶质和沥青质含量多，则石油的相对密度（ A ）。

A. 大　　B. 小　　C. 无法判定　　D. 不变

22. 石油中结构最复杂、相对分子质量最大的物质是（ A ）。

A. 胶质、沥青质　　B. 烷烃　　C. 芳香烃　　D. 环烷烃

23. 石油中的沥青质是以(D)分散在石油中。

A. 液体状态　　B. 固体状态　　C. 溶解状态　　D. 胶体状态

24. 一般把原油中蜡的质量含量小于(D)称为低蜡原油。

A. 1%　　B. 3%　　C. 5%　　D. 2.5%

25. 我国大庆原油属于(D)。

A. 含硫原油　　B. 高硫原油　　C. 环烷基原油　　D. 石蜡基原油

26. 在某一温度下，一种物质的液相与其上方的气相呈平衡状态时的压力是(A)。

A. 饱和蒸气压　　B. 液压　　C. 大气压　　D. 分压

27. 蒸气压的高低表明了液体中(B)逃离液体汽化或蒸发的能力。

A. 烃类　　B. 分子　　C. 原子　　D. 元素

28. 恩氏蒸馏是测定油品(C)的方法。

A. 烃类组成　　B. 化学组成　　C. 馏分组成　　D. 分子组成

29. 减压馏分油的平均相对分子质量约为(C)。

A. 230 ~ 300　　B. 280 ~ 350　　C. 370 ~ 400　　D. 430 ~ 500

30. 运动黏度是绝对黏度与相同温度下该液体的(A)之比。

A. 密度　　B. 质量　　C. 体积　　D. 分子直径

31. 常用运动黏度的单位有(C)。

A. 泊　　B. 帕·秒　　C. 沲　　D. 泊/秒

32. 油品在试验条件下，因为开始出现微晶粒或水雾而使油品呈现混浊时的最高温度称为(B)。

A. 结晶点　　B. 浊点　　C. 凝固点　　D. 倾点

33. 油品在一定条件下加热，液体表面上的蒸气与周围的空气形成爆炸性的混合气的浓度范围称为(C)。

A. 爆炸浓度　　B. 蒸气范围　　C. 爆炸极限　　D. 爆炸条件

34. 油品表面上的蒸气与周围的空气形成爆炸性的混合气浓度(C)时，可以引起爆燃。

A. 大于爆炸上限　　B. 小于爆炸下限

C. 处于爆炸上限和爆炸下限之间　　D. 处于任一浓度

35. 在一定的试验装置中，将油品在特定的条件下加热，排出气体后，最终所剩的物质，称为(A)。

A. 残炭　　B. 胶质　　C. 沥青质　　D. 焦质

36. 测定油品残炭需要(B)。

A. 较高的气相温度　　B. 与空气隔绝

C. 自然蒸发　　D. 在常温下进行

37. 油品从标准容器中流出的最低温度是(C)。

A. 冰点　　B. 凝点　　C. 倾点　　D. 浊点

38. 相同的试验条件下，油品的倾点比凝点(A)。

A. 高　　B. 低　　C. 相等　　D. 无法确定

39. 蒸馏的高级形式是(A)。

A. 精馏　　B. 蒸发　　C. 升华　　D. 分馏

40. 精馏是将(A)加以分离的化工单元之一。

A. 汽、液混合物　　B. 固、液混合物　　C. 液体混合物　　D. 均相系统

41. 在精馏过程中，塔顶回流量与(C)之比称为回流比。

A. 原料量　　B. 产品量　　C. 塔顶产品量　　D. 塔底产品量

42. 正常情况下，在精馏过程中，当液相回流量增大时，所需塔板数(B)。

A. 增加　　B. 减少　　C. 不变　　D. 无法确定

43. 在精馏操作中，离开(B)的气液两相互成平衡，并且温度相同，塔板上的液相组成也可视为均匀的。

A. 实际塔板　　B. 理论塔板　　C. 板式塔板　　D. 浮阀塔板

44. 在精馏操作中，使气液充分接触而达到相平衡的塔板的数目，称为(B)。

A. 实际塔板数　　B. 理论塔板数　　C. 塔板系数　　D. 精度板数

45. 板式塔当流量过大时，降液管内液面升高，会发生(A)。

A. 液泛　　B. 漏气　　C. 气速超大　　D. 雾沫夹带

46. 上升气流穿过塔板上液层时，将板上液体带入上层塔板的现象称为(A)。

A. 雾沫夹带　　B. 液泛　　C. 液面落差　　D. 漏液

47. 工业润滑油的分类以 40℃时(C)的中心值来分类。

A. 恩氏黏度　　B. 动力黏度　　C. 运动黏度　　D. 赛氏黏度

48. 液体润滑时，摩擦力与(C)无关。

A. 润滑油黏度　　B. 摩擦接触面积

C. 摩擦物体表面状况　　D. 润滑油油膜厚度

49. 当润滑油油膜遭到破坏，在摩擦表面个别部位出现干摩擦，称之为(C)。

A. 液体润滑　　B. 边界润滑　　C. 半液体润滑　　D. 固体膜润滑

50. 摩擦表面间存在着润滑油厚油膜的是(B)状态。

A. 边界润滑　　B. 液体润滑　　C. 半润滑　　D. 干润滑

51. 润滑油加工过程中脱蜡的目的是降低润滑油基础油的(D)。

A. 沸点　　B. 终馏点　　C. 初馏点　　D. 凝固点

52. 从柴油及减压馏分中分离出的结晶较大并呈板状结晶的蜡是(C)。

A. 皂蜡　　B. 微晶蜡　　C. 石蜡　　D. 地蜡

53. 石油中的蜡一般是(C)之间的组分。

A. $C_5 \sim C_{10}$　　B. $C_{10} \sim C_{17}$　　C. $C_{17} \sim C_{35}$　　D. C_{35}以上

54. 规定的条件下，冷却被加热变成液态的石蜡试样，当冷却曲线上第一次出现停滞期的温度称为(A)。

A. 熔点　　B. 融点　　C. 溶点　　D. 液点

55. 对于金刚石来说，其凝固点比熔点 (C)。

A. 高　　B. 低　　C. 相同　　D. 无法确定

56. 石蜡含油量越多，则熔点(B)。

A. 越高　　B. 越低　　C. 不变　　D. 无法确定

57. 流体在单位面积上所受的力，称为流体的(A)。

A. 压强　　B. 压力　　C. 重力　　D. 作用力

58. 20℃时，5m 水柱产生的压强与(B)柱产生的压强相当。($\rho_{水}=1000kg/m^3$，$\rho_{汞}=13.6\times10^3 kg/m^3$)

A. 256mmHg　　B. 368mmHg　　C. 445mmHg　　D. 500mmHg

59. 关于雷诺数，叙述错误的是(B)。

A. 雷诺数是一个无因次数群　　B. 雷诺数可以直接测量

C. 雷诺数与流体的物性有关　　D. 雷诺数用来判断流体的流动类型

60. 某种流体在管路内做定常流动，管径越大，雷诺数 (D)。

A. 越大　　B. 越小　　C. 不变　　D. 无法确定

61. 当雷诺数值小于 2000 时，流体的流动类型属于(C)。

A. 界流　　B. 湍流　　C. 滞流(层流)　　D. 过渡流

62. 换热器传热过程中，流量和定压比热容均为常数，则两流体的出入口温差越大，热负荷(B)。

A. 越小　　B. 越大　　C. 不变　　D. 无法确定

63. 以区别于加热蒸汽，蒸发操作中溶液汽化所生成的蒸气称为(A)。

A. 二次蒸气　　B. 蒸发蒸气　　C. 汽化蒸气　　D. 溶液蒸气

64. 若将蒸发操作中溶液汽化产生的蒸汽直接冷凝，不利用其冷凝热的操作称为(B)。

A. 无利用蒸发　　B. 单效蒸发　　C. 冷凝蒸发　　D. 二次蒸发

65. 假若单效蒸发或多效蒸发装置中所蒸发的水量相等，那么它们所需要的生蒸汽量相比较，多效蒸发要 (A)单效蒸发。

A. 小于　　B. 大于　　C. 相等　　D. 无法比较

66. 关于过滤机工作原理，叙述正确的是(B)。

A. 利用悬浮液自由流过过滤介质，达到固液两相分离。

B. 在外力作用下，使悬浮液中液体流过多孔性过滤介质，固体颗粒被截留，使固液两相分离

C. 在重力作用下，使悬浮液中液体流过多孔性过滤介质，固体颗粒被截留，使固液两相分离

D. 利用重力作用，使悬浮液自由流过过滤介质，达到固液两相分离。

67. 常用于处理含颗粒含量较高的悬浮液的过滤方式是(B)。

A. 重力过滤　　B. 滤饼过滤　　C. 深层过滤　　D. 流化过滤

68. 板框过滤机属于(B)。

A. 重力过滤机　　B. 加压过滤机　　C. 真空过滤机　　D. 离心过滤机

69. 关于板框式过滤机，叙述正确的是(B)。

A. 板框式过滤机属于连续式过滤机

B. 板框过滤机属于间歇式过滤机

C. 板框过滤机依靠重力沉降作为工作的推动力

D. 板框过滤机属于离心过滤机

70. 板框式过滤机的工作原理是(D)。

A. 在压力作用下，悬浮液经过滤板、滤框，实现过滤分离

B. 在压力作用下，悬浮液经过滤板、滤框和洗涤板，实现过滤分离

C. 在压力作用下，悬浮液经过滤板、滤框和滤渣，实现过滤分离

D. 在压力作用下，悬浮液经过滤板、滤框及滤布构成的滤室，实现过滤分离

71. 关于往复泵的工作原理，叙述最正确的是(C)。

A. 往复泵依靠活塞的往复运动进行工作

B. 依靠活塞的往复运动使泵缸吸入、排出液体

C. 依靠活塞的往复运动进行液体的吸入过程和排出过程，完成一个工作循环

D. 活塞往复运动使泵缸与排出、吸入部分形成压力差，来进行液体的吸入和排出

72. 往复泵的一个工作循环是指(D)。

A. 活塞的从泵缸左端到右端的一个过程

B. 活塞从泵缸的一个端点到另一个端点运动，使液体吸入的过程

C. 活塞从泵缸的一个端点到另一个端点运动，使液体排除的过程

D. 活塞往复运动一次，泵缸完成一个吸入和排出过程

73. 闸阀安装阀盖、安放阀座、连接管道的重要零件是(A)。

A. 阀体　　B. 阀杆　　C. 传动装置　　D. 闸板

74. 能传递力矩起着启闭闸板作用的是(B)。

A. 阀体　　B. 阀杆　　C. 支架　　D. 阀盖

75. 可直接把动力传给阀杆或阀杆螺母的是(C)。

A. 阀体　　B. 阀杆　　C. 传动装置　　D. 闸板

76. 对具有氧化性的蒸汽管线，选用(C)。

A. 橡胶垫片　　B. 聚四氟乙烯垫片

C. 软聚氯乙烯垫片　　D. 夹布橡胶垫片

77. 成型填料可以分为(A)。

A. 挤压形和唇形　　B. O形环和唇形　　C. O形环和V形　　D. D形和Y形

78. 对于O形橡胶密封圈 8.75×1.80－G－GB 3452.1—92，叙述正确的是(B)。

A. 内环直径 8.75mm，外环直径 1.80cm，通用O形环

B. 内环直径 8.75mm，圆环截面直径 1.80mm，通用O形环

C. 内环半径 8.75mm，外环半径 1.80cm，通用O形环

D. 外环直径 8.75mm，圆环截面直径 1.80mm，通用O形环

79. 填料函规格选用的原则是(B)。

A. 先由轴运动形式和介质压力决定填料截面积，然后根据轴直径决定填料圈数

B. 先由轴直径决定填料截面积，然后根据轴运动形式和介质压力决定填料圈数

C. 先由轴直径和介质压力决定填料截面积，然后根据轴运动形式决定填料圈数

D. 先由轴直径决定填料圈数，然后根据轴运动形式和介质压力决定填料截面积

80. 对于轴杆往复运动，介质压力大于 10MPa，选择的填料环数应为(A)个。

A. 7～8 或更多　B. 3～4　C. 5～6　D. 6～7

81. 非接触式密封是(D)。

A. 垫片密封和普通机械密封　B. 干气密封和“O”形圈密封

C. 浮环密封和泵耐磨环密封　D. 浮环密封和迷宫密封

82. 机械密封的主密封部位是(B)。

A. 动环与轴贴紧部位　B. 动环与静环互相贴合的端面

C. 静环与轴贴合面　D. 静环与压紧弹簧接触面

83. 常用的接触式机械密封的主要摩擦形式为(D)。

A. 干摩擦　B. 液体摩擦　C. 边界摩擦　D. 混合摩擦

84. 机械密封的辅助密封的主要作用有(B)。

A. 卸载和密封　B. 密封和缓冲　C. 压紧和传动　D. 缓冲和传动

85. 设计机械密封摩擦副的 PV 值应(B)它的许用[PV]值。

A. 等于　B. 小于　C. 大于　D. 无法确定

86. 机械密封端面宽度过小，端面平直度优，单位面积强度(B)。

A. 高　B. 低　C. 不变　D. 无法确定

87. 机械密封由(C)组成。

A. 动环、静环、压紧弹簧和紧固件

B. 动环、静环、压紧弹簧、紧固件、填料

C. 主密封、辅助密封、补偿机构和传动机构

D. 动环、静环、压紧弹簧、紧固件、填料及传动销

88. 管式加热炉在燃烧重质油品时，常采用(D)。

A. 机械雾化　B. 低压空气雾化

C. 高压空气雾化　D. 高压蒸汽雾化

89. 通常所说的管式加热炉的“三门一板”是指(C)。

A. 风门、气门、油门、烟道挡板　B. 风门、气门、油门、风道挡板

C. 油门、风门、雾化蒸汽门、烟道挡板　D. 油门、风门、雾化蒸汽门、风道挡板

90. 常用往复式真空泵的工作循环是指(A)。

A. 汽缸的吸气、压缩、排气　B. 汽缸的压缩、吸气、排气

C. 汽缸的往复运动　D. 汽缸的排气、压缩、吸气

91. 往复式真空泵与活塞式压缩机的区别为(D)。

A. 吸气方式的不同　B. 排气方式的不同

C. 工作循环的不同　D. 气阀结构的不同

92. 从工作原理上来说，螺杆泵属于(B)。

A. 往复式泵　B. 回转式泵　C. 叶片式泵　D. 轴流式泵

93. 对于螺杆泵工作原理，叙述正确的是(B)。

A. 螺杆在电动驱使下，相互正向旋转，啮合空间容积变化，吸入的介质产生轴向运动，排出泵外

B. 螺杆在电动驱使下，相互反向旋转，啮合空间容积变化，吸入的介质产生轴向运动，排出泵外

C. 螺杆在电动驱使下，相互正向旋转，啮合空间容积变化，吸入的介质产生径向运动，排出泵外

D. 螺杆在电动驱使下，相互反向旋转，啮合空间容积变化，吸入的介质产生径向运动，排出泵外

94. 在下列换热器中，不通过管壁传热的换热器是(D)。

A. 浮头式换热器　　B. 固定管板式换热器
C. U 形管式换热器　　D. 板式换热器

95. 一般使用于高温高压的情况下的换热器类型是(C)。

A. 浮头式换热器　　B. 固定管板式换热器
C. U 形管式换热器　　D. 板式换热器

96. 炼油厂中使用得最普遍的换热器是(A)。

A. 管壳式换热器　　B. 套管式换热器
C. 蛇管式换热器　　D. 翅管式换热器

97. 炼油厂中的精馏塔的形式主要是(A)。

A. 板式塔　　B. 填料塔　　C. 湍球塔　　D. 乳化塔

98. 原油初馏装置的常压塔，汽液负荷变化大，各产品馏分质量要求较高，一般应选用(A)。

A. 浮阀塔盘　　B. 泡帽塔盘　　C. 筛板塔盘　　D. 喷射式塔盘

99. 属于分级接触型气液传质设备的是(A)。

A. 板式塔　　B. 填料塔　　C. 湍球塔　　D. 乳化塔

100. 承受内压的压力容器，其最高工作压力是指在正常使用过程中，顶部可能产生的(B)。

A. 最低压力　　B. 最高表压力　　C. 最高绝对压力　　D. 最大压力

101. 盛装介质为非易燃或无毒介质的低压容器为(A)。

A. 一类容器　　B. 二类容器　　C. 三类容器　　D. 四类容器

102. 加压操作在石油化工生产中普遍采用，所采用的塔罐大部分是(D)容器。

A. 高压　　B. 中压　　C. 低压　　D. 压力

103. 法定计量单位(简称法定单位)是以(A)为基础。

A. 国际单位制单位　　B. 基本单位
C. 导出单位　　D. 辅助单位

104. 油罐交接计量、油船、油驳的装卸油计量，一般采用(A)计量方法。

A. 人工检尺　　B. 衡器计量　　C. 流量计　　D. 液位计

105. 液体、气体和蒸汽等流体的管道输送，一般采用(C)计量方法。

A. 人工检尺　B. 衡器计量　C. 流量计　D. 液位计

106. 对于瓶装、桶装石油产品或袋装、盒装固体产品，一般采用(B)计量方法。

A. 人工检尺　B. 衡器计量　C. 流量计　D. 液位计

107. 计量检定必须按照(A)进行。

A. 国家计量检定系统表　B. 管理办法校准方法技术标准

C. 校准方法　D. 技术标准

108. 可以自行延长检定周期的计量器具是(D)。

A. A级管理计量器具　B. 强检设备

C. 安全阀　D. 玻璃管液面计

109. 装置物料计量表检定周期为(C)。

A. 一年一次　B. 半年一次　C. 装置检修期　D. 二年一次

110. 用于统一量值的标准物质属于(A)计量检测设备。

A. A级管理　B. B级管理　C. C级管理　D. 非强制检定

111. 企业用于量值传递的最高标准计量器具，属于(A)管理计量器具的范围。

A. A级　B. B级　C. C级　D. D级

112. 用于贸易结算，安全防护、环境监测、医疗卫生方面属于强制管理的计量器具，属于(A)管理计量器具的范围。

A. A级　B. B级　C. C级　D. D级

113. 用于企业内部经济核算的能源、物料计量器具，属于(B)管理计量器具的范围。

A. A级　B. B级　C. C级　D. D级

114. 生产过程中非关键部位用于监测的计量器具，属于(C)管理计量器具的范围。

A. A级　B. B级　C. C级　D. D级

115. 对计量数据无准确度要求的指示用计量器具，属于(C)级计量器具的范围。

A. A级　B. B级　C. C级　D. D级

116. 用于国内贸易计量，石油及其液体产品计量表配备的精度要求为(B)。

A. ±0.2%(体积)　B. ±0.35%　C. ±1.0%　D. 1.5%

117. 新物料计量表的投用顺序是 (B)。

A. 开旁路阀－开下游阀－开上游阀－关旁路阀

B. 开旁路阀－开上游阀－开下游阀－关旁路阀

C. 开下游阀－开旁路阀－开下游阀－关旁路阀

D. 开上游阀－开旁路阀－开下游阀－关旁路阀

118. 计量仪表(设施)的安装，要依据(D)进行安装。

A. 检定规程　B. 操作规程　C. 管理制度　D. 设计要求

119. 按误差出现的规律，误差可分为(D)。

A. 定值误差，累计误差　B. 绝对误差，相对误差，引用误差

C. 基本误差，附加误差　D. 系统误差，随机误差，疏忽误差

120. 仪表的精确度指的是(D)。

A. 误差　　B. 基本误差

C. 允许误差　　D. 基本误差的最大允许值

121. 关于取压点，说法不正确的是(A)。

A. 为避免导压管堵塞，取压点要求在垂直管道上

B. 测量液体压力时，取压点应在管道下部，使导压管内不积存气体

C. 测量气体压力时，取压点应在管道上部，使导压管内不积存液体

D. 取压点不能处于流速紊乱的地方

122. 下列测量压力的仪表，测量时不受的重力加速度影响的是(A)。

A. 单管压力计　　B. 浮子式压力计

C. 环称式差压计　　D. 弹簧管式压力计

123. 用标准孔板流量计测量原形直管内流体流量时，当截面比 m 值增大时(C)。

A. 压损增大，孔板前后差压变小　　B. 压损增大，孔板前后差压增大

C. 压损变小，孔板前后差压变小　　D. 压损变小，孔板前后差压增大

124. 以下说法错误的是(B)。

A. 电磁流量计是不能测量气体介质流量

B. 电磁流量变送器地线接在公用地线、上下水管道就足够了

C. 电磁流量计的输出电流与介质流量有线性关系

D. 电磁流量变送器和工艺管道紧固在一起，可以不必再接地线

125. 热电偶或补偿导线短路时，显示仪表的示值约为(A)。

A. 短路处的温度值　　B. 室温

C. 最大　　D. 零

126. 热电偶产生热电势的条件是(C)。

A. 两热电极材料相同，两接点温度相同　　B. 两热电极粗细不同，两接点温度相异

C. 两热电极材料相异，两接点温度相异　　D. 两热电极长短不同，两接点温度相异

127. 为了缩短法兰变送器的传输时间，法兰变送器的 (A)。

A. 毛细管尽可能选短　　B. 毛细管尽可能选长一点

C. 毛细管直径尽可能小　　D. 毛细管直径尽可能大一点

128. 扭力管浮筒液位计的浮筒破裂，则仪表指示(B)。

A. 最大　　B. 最小　　C. 不定　　D. 不变

129. 关于串级控制系统，说法不正确的是(C)。

A. 是由主、副两个调节器串接工作　　B. 主调节器的输出作为副调节器的给定值

C. 目的是为了实现对副变量的定值控制　　D. 副调节器的输出去操纵调节阀

130. 在 PID 调节中，比例作用是依据(A)来动作的，在系统中起着稳定被调参数的作用。

A. 偏差的大小　　B. 偏差变化速度

C. 余差　　D. 余差变化速度

131. 在 PID 调节中，积分作用是依据(C)来动作的。

A. 偏差的大小　　B. 偏差变化速度

C. 余差　　D. 余差变化速度

132. 热电偶或补偿导线短路时，显示仪表的示值约为(A)。

A. 短路处的温度值　　B. 室温

C. 最大　　D. 零

133. 热电偶产生热电势的条件是(C)。

A. 两热电极材料相同，两接点温度相同　　B. 两热电极粗细不同，两接点温度相异

C. 两热电极材料相异，两接点温度相异　　D. 两热电极长短不同，两接点温度相异

134. 热电偶的热电特性是由(D)决定的。

A. 热电偶的材料　　B. 热电偶的粗细

C. 热电偶的长短　　D. 热电偶的化学成分和物理性能

135. 应选用风关阀的是(D)。

A. 油水分离器的排水线　　B. 容器的压力的进料调节

C. 蒸馏塔的流出线　　D. 蒸馏塔的回流线

136. 应选用风开阀的是(B)。

A. 加热炉的进料系统　　B. 加热炉的燃料油系统

C. 压缩机旁路调节阀　　D. 压缩机入口调节阀

137. 关于控制阀风开风关选定原则说法正确的是 (A)。

A. 工艺生产的安全要求　　B. 控制闭环的要求

C. 现场安装的要求　　D. 操作的方便性

138. 已知 $R_1 = 10\Omega$，$R_2 = 10\Omega$，把两个电阻并联起来，其总电阻为(D)。

A. $R = 10\Omega$　　B. $R = 20\Omega$　　C. $R = 15\Omega$　　D. $R = 5\Omega$

139. 已知某并联电路 $R_1 = 8\Omega$，$R_2 = 8\Omega$，并联电路的总电流 $I = 18A$，流经 R_2 的电流 I_2 是(B)。

A. 5.4A　　B. 9A　　C. 4.8A　　D. 1.8A

140. 已知 $R_1 = 28\Omega$，$R_2 = 30\Omega$，如果把这两个电阻串联起来，其总电阻为(D)。

A. $R = 28\Omega$　　B. $R = 30\Omega$　　C. $R = 2\Omega$　　D. $R = 58\Omega$

141. 已知 $R_1 = 5\Omega$，$R_2 = 10\Omega$，把 R_1 和 R_2 串联后接入 220 伏电源，R_1 上的分压应为(A)。

A. $U_1 = 73.3V$　　B. $U_1 = 60.3V$　　C. $U_1 = 110V$　　D. $U_1 = 30.3V$

142. 电场和磁场的变化可以互相生成的现象称为(B)。

A. 互感　　B. 电磁感应　　C. 磁感　　D. 电感

143. 电气设备金属外壳应有(D)保护。

A. 防雷接地　　B. 防静电接地

C. 防过电压　　D. 可靠的接地或接零

144. 关于电动机的类型，以下说法错误的是(B)。

A. 按照使用能源分类可分为直流电动机和交流电动机

B. 按照电源电压的分类可分为同步电动机和异步电动机

C. 按照电源相数分类可分为单相电动机和三相电动机

D. 按照是否在含有爆炸性气体场所使用，分为防爆电机和非防爆电机

145. 在生产装置，通常使用的电动机类型是(D)。

A. 直流电动机　　B. 普通非防爆电动机

C. 单相交流密闭型电动机　　D. 三相防爆交流异步或同步电动机

146. 电动机的型号主要表示(D)特性。

A. 电机的容量　　B. 电机的电压

C. 电机的电流　　D. 电机的类型、用途和技术特征

147. 人站在流过电流的大地上加于人的两脚之间的电压是指(C)。

A. 触电电压　　B. 电击电压　　C. 跨步电压　　D. 安全电压

148. 人体能承受的跨步电压约为(D)之间。

A. 110～220V　　B. 6～10kV　　C. 20～35kV　　D. 90～110kV

149. 生产装置低压电机常用的电压等级是(D)。

A. 110V　　B. 220V　　C. 36V　　D. 380V/660V

150. 炼油生产装置高压电机用的电压等级是(C)。

A. 220V　　B. 35kV　　C. 6000V 或 10000V　　D. 380V

多选题

1. 下面关于二氧化硫的用途，说法正确的是(A，B，C)。

A. 制造硫酸　　B. 合成食品防腐剂

C. 纸张的漂白　　D. 硝化剂

2. 硫化氢是一种有毒气体，它会影响人的(B，C)。

A. 视力　　B. 中枢神经　　C. 呼吸系统　　D. 听觉

3. 物质的量的浓度为 1mol/L 的硫酸钠溶液指的是(C，D)。

A. 溶液中含有 1mol 的硫酸钠

B. 1mol 硫酸钠溶于 1L 水中

C. 1L 溶液中含有硫酸钠 142g

D. 将 322g 硫酸钠结晶水合物($Na_2SO_4 \cdot 10H_2O$)完全溶于水后加水稀释至 1L

4. 影响物质溶解度的因素有(A，B，C)。

A. 温度的高低　　B. 溶质或溶剂的种类

C. 压力的大小　　D. 溶质或溶剂的多少

5. 关于苯分子的组成，说法正确的是(A，B)。

A. 有 6 个碳原子　　B. 有 6 个氢原子　　C. 有 4 个碳原子　　D. 有 4 个氢分子

6. 聚合反应一般分为(B，C)。

A. 氯化反应　　B. 加聚反应　　C. 缩聚反应　　D. 氧化反应

7. 烷烃的主要来源是(A，D)。

A. 天然气　　B. 煤焦　　C. 矿石　　D. 石油

8. 原油中的含硫物质包括(B，C)。

A. 呋喃　　B. 亚砜　　C. 噻吩　　D. 吡咯

9. 胶质沥青质除含碳氢外，还含有(A，B，D)元素。
A. 硫　B. 氧　C. 硅　D. 氮
10. 常用的原油分类方法有(A，B)。
A. 商品(工业)分类法　B. 化学分类法
C. 含氮量分类法　D. 金属含量分类法
11. 板框式过滤机的压紧方式有(A，B，D)。
A. 手动　B. 电动　C. 半自动　D. 液压
12. 属于原油化学分类方法的是(B，C，D)。
A. 按密度分类　B. 关键馏分分类方法
C. 特性因数分类方法　D. 结构族组成分类方法
13. 属于原油商品(工业)分类法的是(B，C，D)。
A. 特性因数分类方法　B. 按密度分类法
C. 按含蜡量分类方法　D. 按含硫量分类方法
14. 理想溶液的蒸气压与(A，B，C)有关。
A. 温度　B. 压力　C. 浓度　D. 密度
15. 恩氏蒸馏的主要条件有(A，B，C)。
A. 取 100mL 油品试样　B. 油品温度控制小于等于 20℃
C. 按规定的速度加热　D. 1 大气压下
16. 石油常用的平均相对分子质量有(A，B，C)。
A. 重均相对分子质量　B. 黏均相对分子质量
C. 数均相对分子质量　D. 馏分相对分子质量
17. 油品黏度的表示方法有(A，B，D)。
A. 动力黏度　B. 运动黏度　C. 密度黏度　D. 条件黏度
18. 表示油品粘温特性的指标有(A，D)。
A. 黏度指数　B. 粘重常数　C. 相关指数　D. 黏度比
19. 塔顶回流量的大小，主要根据(C，D)进行调节。
A. 原料量　B. 相对挥发度　C. 产品质量要求　D. 塔顶温度
20. 影响液泛速度的因素有(A，B，C，D)。
A. 塔板间距　B. 塔板结构　C. 液体流量　D. 空塔气速
21. 影响雾沫夹带的最主要因素有(A，B，C)。
A. 空塔气速　B. 塔板间距　C. 进料量　D. 产品质量
22. 齿轮油按用途分为(B，C)。
A. 变压设备齿轮油　B. 工业齿轮油
C. 车辆液压油　D. 船用齿轮油
23. 流体润滑可分为(A，B，D)。
A. 液体动力润滑　B. 液体静力润滑　C. 滚动润滑　D. 气液润滑
24. 目前工业上油品脱蜡的方法主要有(A，B，C，D)。
A. 冷榨脱蜡　B. 分子筛脱蜡　C. 溶剂脱蜡　D. 加氢异构脱蜡
25. 按结晶状态，石油中的蜡可分为(A，D)。
A. 石蜡　B. 液蜡　C. 石油脂　D. 微晶蜡

26. 属于压强的单位是(A，B，C)。

A. 帕斯卡(Pa) B. 巴(bar)

C. 毫米汞柱(mmHg) D. 厘斯(cst)

27. 雷诺数与(A，B，C，D)有关。

A. 管径 B. 流体密度 C. 流体黏度 D. 流速

28. 热负荷与(A，B，D)有关。

A. 流体的流量 B. 流体的平均比热

C. 流体的流速 D. 同种流体出入换热器的温差

29. 常见的多效蒸发的加料方式有(A，B，C)。

A. 并(顺)流加料法 B. 逆流加料法

C. 平流加料法 D. 倒流加料法

30. 过滤的基本方式有(A，B)。

A. 深层过滤 B. 滤饼过滤 C. 重力过滤 D. 流化过滤

31. 往复泵的流量是由(B，D)决定的。

A. 吸入管管径 B. 活塞的往复次数

C. 排出管线压力 D. 泵缸的容积

32. 下面可用于蒸汽管线的垫片有(A，D)。

A. 复合密封垫片 B. 夹布橡胶垫片

C. 耐油橡胶石棉垫片 D. 橡胶石棉垫片

33. 高压蒸汽管线可以选用(A，B，C)。

A. 橡胶石棉垫片 B. 金属平垫片

C. 金属空心 O 形圈 D. 聚四氟乙烯

34. 根据材质不同，常见的软填料有(A，B，C)。

A. 天然纤维 B. 合成纤维 C. 柔性石墨 D. 金属

35. 动密封包括(A，B，D)。

A. 离心密封 B. 旋转密封 C. 浮环密封 D. 螺旋迷宫密封

36. 往复式真空泵不适用于抽吸(A，B，C)。

A. 氯气 B. 氢气 C. 乙炔 D. 氮气

37. 螺杆泵跟齿轮泵相比，则(A，C)。

A. 效率高、噪音小 B. 效率低、噪音大

C. 流量均匀 D. 流量不均匀

38. 下列计量器具中，属于 A 级管理计量器具范围的有(A，B，C)。

A. 企业用于量值传递的最高标准计量器具

B. 用于贸易结算，安全防护、环境监测、医疗卫生方面属于强制管理的计量器具

C. 经政府计量行政部门认证授权的社会公用计量标准器具

D. 有效期管理的标准物质

39. 下列计量器具中，属于 B 级管理计量器具范围的有(A，B，C)。

A. 用于企业内部经济核算的能源、物料计量器具

B. 用于产品质量检验其检验规范中所指定的计量器具

C. 用于生产过程中带控制回路的计量器具

D. 企业用于量值传递的最高标准计量器具

40. 下列计量器具中，属于C级管理计量器具范围的有（A，B，C）。

A. 生产过程中非关键部位用于监测的计量器具

B. 与设备配套不能拆卸的指示仪表，盘装表等计量器具

C. 对计量数据无准确度要求的指示用计量器具

D. 用于企业内部经济核算的能源、物料计量器具

41. 属于差压式测量的有（A，B）。

A. 文丘里管　　B. 孔板　　C. 椭圆流量计　　D. 转子流量计

42. 某调节系统采用比例积分作用调节器，某人用先比例后加积分的试凑法来整定调节器的参数，若比例带的数值已基本合适，在加入积分作用的过程中，则（A，C）。

A. 适当减小比例带　　B. 适当增加比例带

C. 适当增加后再减小比例　　D. 无需改变比例带

43. 产生电流的必须具备的条件有（A，B，D）。

A. 电源　　B. 负载　　C. 开关　　D. 导体

44. 已知 R_1 和 R_2 两电阻组成并联电路，其总电阻计算公式为（C，D）。

A. $R=\frac{R_1}{R_1+R_2}$　　B. $R=\frac{R_1+R_2}{R_2}$　　C. $\frac{1}{R}=\frac{1}{R_1}+\frac{1}{R_2}$　　D. $R=\frac{R_1 \cdot R_1}{R_1+R_2}$

45. 已知 R_1 和 R_2 组成串联电路，并接入220V电源，下列公式中可以正确计算 U_1 和 U_2 的是（C，D）。

A. $U_1=(R_1+R_2)\cdot 220$　　B. $U_2=\frac{R_1\cdot R_2}{R_1+R_2}\cdot 220$

C. $U_1=\frac{220R_1}{R_1+R_2}$　　D. $U_2=\frac{220R_2}{R_1+R_2}$

46. 关于设备接地线的说法，正确的是（A，C，D）。

A. 油罐的接地线主要用于防雷防静电保护

B. 电机的接地线主要用于防过电压保护

C. 管线的接地线主要用于防静电保护

D. 独立避雷针的接地线主要用于接闪器和接地体之间的连接

47. 压力容器按工艺作用可分为：（A，B，C，D）。

A. 分离容器　　B. 换热容器　　C. 反应容器　　D. 储运容器

48. 列入铭牌的电机性能参数有（A，B）。

A. 电机额定转速　　B. 电机额定电流

C. 电机噪音分贝数　　D. 电机效率

49. 关于跨步电压的概念，下面说法正确的是（A，C，D）。

A. 跨步电压也可指雷击时，人在雷电流流经的接地装置附近走路，两脚之间存在的电压

B. 当雷电流流经引下线和接地装置时产生的电压降，称为跨步电压

C. 跨步电压越大，对人体的危险性越大

D. 跨步电压属于高频、脉冲电压，时间极短

工种理论知识试题

判断题

1. 装置检修开工前需要对局部流程进行贯通试压。 （×）

正确答案：装置检修开工前需要对所有流程必须贯通试压。

2. 装置检修后管线必须用蒸汽进行试压并检查管线是否畅通和泄露。 （√）

3. 管线试压时发现问题应边泄压边处理。 （×）

正确答案：管线试压时发现问题，应泄压放空后再进行处理。

4. 冲洗管线和设备是装置开工前进行水运的惟一目的。 （×）

正确答案：冲洗管线和设备是装置开工前进行水运的目的之一。

5. 加热炉烘炉的目的是为了缓慢脱除衬里内部的水分。 （√）

6. 装置引汽时要防止管线打水锤，在蒸汽管线的末端切水，水切净后将蒸汽阀全部开。 （√）

7. 开工引瓦斯时，应转好瓦斯流程，防止引瓦斯时出现泄漏和串入炉膛内。 （√）

8. 引冷却水时，应转好冷却水流程，检查各部导淋开关情况。 （√）

9. 燃料油黏度的大小表示燃料油的黏稠程度。 （√）

10. 糠醛是一种选择性较强而溶解能力较强的溶剂。 （×）

正确答案：糠醛是一种选择性较强而溶解能力较低的溶剂。

11. 糠醛能与水互溶。 （×）

正确答案：糠醛能与水部分互溶。

12. 装置补充糠醛时，纯度应大于98.5%。 （√）

13. 装置原料循环是指未投用抽提塔的循环过程。 （√）

14. 加热炉点火前，应向炉膛吹蒸汽30min以上。 （×）

正确答案：加热炉点火前，应向炉膛吹蒸汽约10～15min。

15. 加热炉点火时应将火嘴风门全开，当火嘴点燃后把风门调到适当的开度。 （×）

正确答案：将火嘴风门调到1/3处，当火嘴点燃后把风门调到适当的开度。

16. 操作人员点火时，面部可以直接对着点火孔。 （×）

正确答案：操作人员点火时，面部勿直接对着点火孔，以防回火伤人。

17. 水环式真空泵投用前，应先关闭泵的出口阀，打开泵的入口阀。 （×）

正确答案：水环式真空泵投用前是先关闭泵的入口阀，打开泵的出口阀。

18. 加热炉出口温度达到150～170℃时，恒温进行脱水。 （×）

正确答案：加热炉出口温度达到100～120℃时，恒温进行脱水。

19. 开工转精废液循环是将抽提塔投用后的循环。 （√）

20. 加热炉上对流两组进料量偏差过大是造成出口温度偏差大的原因之一。 （√）

21. 开工过程中转精废液循环后，精液汽提塔开始吹汽蒸汽提。 （√）

22. 开工过程中，根据醛水分离罐的水位变化情况，决定将水溶液汽提塔投用。 （√）

23. 开工过程中，启动糠醛泵向抽提塔进糠醛时应将防止抽提塔超压。 （√）

24. 转精废液循环后当抽提塔底温度高于指标后，将塔底循环投用。 （√）

25. 精废油外放后及时检查精废油外放压力、流量、温度情况是否正常。 （√）

26. 生产中巡检时，应检查冷、换设备的壳体大法兰、管壳程出、入口法兰及管壳程泄

漏情况。 (√)

27. 润滑油原料经糠醛精制后精制油凝固点升高。 (√)

28. 根据溶液共沸物的特点用双塔回收溶剂的方法叫双塔回收法。 (√)

29. 控制好抽提塔的界面，是保证抽提塔的物料平衡的关键。 (√)

30. 装置糠醛不平衡时，会造成抽提塔界面波动，使产品质量变差。 (√)

31. 脱气塔真空度过低时，会造成脱气效果变差。 (√)

32. 脱气塔温度过低对脱气操作无影响。 (×)

正确答案：脱气塔温度过低会造成脱气塔底带水。

33. 脱气塔液面过低时，会造成塔底泵抽空。 (√)

34. 抽提顶温度升高，产品质量提高。 (×)

正确答案：在正常操作中，抽提顶温度升高，产品质量提高。

35. 在正常操作中，抽提塔底温度升高，精制油收率增加。 (×)

正确答案：在正常操作中，抽提塔底温度升高，精制油收率降低。

36. 界面控制不好，会直接影响精制油的产品质量。 (√)

37. 界面过低时，精制段缩短，产品质量变差。 (√)

38. 在原料和抽提温度不变时，溶剂比变化与精制油质量无关。 (×)

正确答案：在原料和抽提温度不变时，溶剂比增加精制油的质量提高。

39. 在原料和抽提温度不变时，溶剂比增加，精油收率提高。 (×)

正确答案：在原料和抽提温度不变时，溶剂比增加，精油收率降低。

40. 控制好抽提塔的温度梯度是为了减少非理想组分的损失。 (×)

正确答案：控制好抽提塔的温度梯度是为了提高抽提效果，减少理想组分的损失。

41. 当抽提塔顶温度大于或等于油品的临界溶解温度时，会造成抽提塔液泛。 (√)

42. 精液汽提塔顶温度过高，会造成塔顶携带油量增加。 (√)

43. 精液汽提塔顶温度过低，会造成精液汽提塔回收不好。 (√)

44. 精液汽提塔液面过高，对操作无影响。 (×)

正确答案：精液汽提塔液面过高，会造成精液汽提塔顶真空度降低。

45. 精液汽提塔液面过低，对生产无影响。 (×)

正确答案：精液汽提塔液面过低会造成塔底泵抽空。

46. 精液汽提塔顶真空度过低时，对精制油回收无影响。 (×)

正确答案：精液汽提塔顶真空度过低时，会造成精制油含醛。

47. 精液汽提塔顶冷却器出口温度过高的原因是塔底吹汽量过大。 (×)

正确答案：精液汽提塔顶冷却器出口温度过高的原因之一是塔底吹汽量过大。

48. 精液汽提塔进料温度过低是造成精制油含醛的惟一原因。 (×)

正确答案：精液汽提塔进料温度过低是精制油含醛的原因之一。

49. 精液汽提塔吹汽带水，会造成塔内油突沸。 (√)

50. 一次蒸发塔液面过低时，会造成塔底泵抽空。 (√)

51. 二次蒸发塔液面过低时，会造成塔底泵抽空。 (√)

52. 三次蒸发塔液面过低时，废液汽提塔进料量降低。 (√)

53. 二次蒸发塔进料温度过低时，(废液系统采用二效蒸发)废液汽提塔进料含醛量

增大。(√)

54. 三次蒸发塔进料温度过低时，废液汽提闪蒸塔进料含醛量增大。(√)

55. 废液汽提塔底泵抽空，废液汽提塔液面降低。(×)

正确答案：废液汽提塔底泵抽空，废液汽提塔液面升高。

56. 废液汽提塔吹汽带水，会造成塔内油突沸。(√)

57. 废液汽提塔塔底液面过高、会造成塔顶真空度降低。(√)

58. 装置冷却水压力过低，废液汽提塔顶冷却器出口温度升高。(√)

59. 废液汽提塔顶真空度过低，是造成废油含醛的惟一原因。(×)

正确答案：废液汽提塔顶真空度过低，是造成废油含醛的主要原因之一。

60. 废液汽提塔塔底循环量过大时，废液汽提塔液面升高。(√)

61. 糠醛干燥塔顶温度过低，塔底糠醛含水量增加。(√)

62. 糠醛干燥塔液面过低时，会造成塔底泵抽空。(√)

63. 糠醛干燥塔压力大是由于糠醛干燥塔顶回流带水造成的。(×)

正确答案：糠醛干燥塔顶回流带水，是造成糠醛干燥塔压力大的主要原因之一。

64. 冷却器冷却水走短路时，水溶液汽提塔顶冷却器出口温度升高。(√)

65. 水溶液汽提塔顶温度过低时，对水溶液汽提塔的回收无影响。(×)

正确答案：水溶液汽提塔顶温度过低时，会造塔底排水带糠醛。

66. 水溶液汽提塔顶冷却器壳程结焦，塔压力降低。(×)

正确答案：水溶液汽提塔顶冷却器壳程结焦，塔压力升高。

67. 水溶液汽提塔液面过高时，塔顶温度升高。(×)

正确答案：水溶液汽提塔液面过高时，塔顶温度降低。

68. 水溶液汽提塔进料量过大是水溶液汽提塔回收不好的惟一原因。(×)

正确答案：水溶液汽提塔进料量过大是水溶液汽提塔回收不好的主要原因之一。

69. 乳化液是两种部分互溶或完全不溶的液体，其中一种液体以液滴形式悬浮于另一种液体中，形成一种液体被另一种液体所包围的混合物。(√)

70. 汽包液面过低时，高压蒸发塔顶压力升高。(√)

71. 水溶液塔汽提塔吹汽量过大时，水溶液分离罐水位降低。(×)

正确答案：水溶液塔汽提塔吹汽量过大时，水溶液分离罐水位升高。

72. 加热炉烧油时，雾化蒸汽量过小会造成雾化不良。(√)

73. 瓦斯压力过低时，精液加热炉出口温度降低。(√)

74. 精液炉进料量过小时，精液加热炉出口温度降低。(×)

正确答案：精液炉进料量过小时，精液加热炉出口温度升高。

75. 废液炉进料量过大时，废液炉出口温度降低。(√)

76. 瓦斯压力升高时，废液加热炉出口温度降低。(×)

正确答案：瓦斯压力升高时，废液加热炉出口温度升高。

77. 火嘴烧油时，火嘴雾化不好，会造成火嘴淌油。(√)

78. 加热炉烟道挡板突然关死后会造成加热炉回火爆炸。(√)

79. 进入炉空气量过小时，会造成加热炉燃烧不完全。(√)

80. 加热炉超负荷运转时，会造成炉膛产生正压。(√)

81. 加热炉供风不足时，加热炉炉膛发暗。 (√)

82. 加热炉过剩空气系数增加，烟气中氧含量降低。 (×)

正确答案： 加热炉过剩空气系数增加，烟气中氧含量增加。

83. 加热炉燃烧不完全，会造成烟气中含一氧化碳。 (√)

84. 加热炉雾化蒸汽量过小时，会造成加热炉烟囱冒黑烟。 (√)

85. 加热炉炉膛负压过大，炉热效率提高。 (×)

正确答案： 加热炉炉膛负压过大时，炉热效率越低。

86. 加热炉烟道挡板开度越小，炉膛负压越大。 (×)

正确答案： 加热炉烟道挡板开度越小，炉膛负压越小。

87. 汽包进水压力过低，汽包液面降低。 (√)

88. 原料油切换顶油量计算公式正确的是：顶油量 = 设备容量。 (×)

正确答案： 原料油切换顶油量计算公式正确的是：顶油量 = 设备容量 + 安全裕量。

89. 精液系统含醛量比较少，所以采用减压汽提的方法可以将系统糠醛完全回收。(√)

90. 精制油外放过滤器堵塞时，会造成精液汽提塔液面升高。 (√)

91. 抽提塔安全线的作用是当安全阀起跳时，避免精制液跑损。 (√)

92. 停工转原料循环时，精液系统应先打开精液系统开工线阀门，再关闭原料进抽提塔阀门。 (√)

93. 水环式真空泵停泵时，应先将泵入口阀关闭。 (√)

94. 停工当精、废液系统糠醛回收完全后，加热炉开始降温。 (√)

95. 加热炉烧焦是将炉管内的焦子加热到一定的温度后，在高温蒸汽和空气的冲击下使焦子崩裂、粉碎和燃烧。 (√)

96. 汽包内设丝网分离器的作用是过滤杂质。 (×)

正确答案： 汽包内设丝网分离器的作用是防止雾沫夹带、除去蒸汽携带的液滴。

97. 脱气塔顶按装除沫器可以减少脱气塔顶携带。 (√)

98. 检测危险气体比空气轻时，可燃气体报警器要安装在高处。 (√)

99. 2QS－53/1.7 型号中的 53 代表了额定流量为 $53m^3/h$。 (√)

100. 蒸汽往复泵是通过活塞的往复运动把流体不断的吸入和排出。 (√)

101. 蒸汽往复泵的性能参数主要有流量、扬程、功率。 (√)

102. 电机功率的大小是电机的主要性能指标之一。 (√)

103. 离心泵是靠叶轮高速旋转产生离心力将液体甩出和吸入泵内。 (√)

104. 过滤器堵塞，会造成椭圆齿轮流量计停转。 (√)

105. 在同一系统中，泵的特性曲线与管路特性曲线的交点称为泵的工作点。 (√)

106. 离心泵启动时，关闭泵出口阀是使离心泵在启动时轴功率最小，防止电机过载。 (√)

107. 离心泵超负荷运行时，会造成离心泵自动停车。 (√)

108. 冷却器型号 BJS 800－180－25－4Ⅰ中的 B 代表封头管箱。 (√)

109. 冷却器的切换步骤是先停使用中的冷却器，后投备用冷却器。 (×)

正确答案： 冷却器的切换步骤是先投用备用冷却器，后停用使用中的冷却器。

110. 浮头式换热器适用于冷热流体温差较大，介质易腐蚀、结垢的场合。 (√)

111. 扬程是离心泵的主要性能参数之一。(√)

112. 当机泵输送介质的温度大于100℃时，机泵的轴承需要冷却。(√)

113. 装置中塔顶所有的压控阀都设计的是气关阀。(√)

114. 抽提塔分为上、下两段分别为废液沉降段、精制段。(×)

正确答案：抽提塔分为上、中、下三段，上段为精液浓缩段、下段为废液沉降段，上、下段由两固定栅板分开，两栅板间为精制段。

115. 精液汽提塔汽提段直径小的目的是为了增加塔内汽提段的线速度，将精液中的糠醛汽提上去。(√)

116. 抽提塔栅板的作用是起凝聚沉降的作用。(√)

117. 发汽汽包采用卧式罐内有水下孔板、丝网分离器等。(√)

118. 加热炉上对流采用钉头管是为了增加传热面积，提高加热炉的热效率。(√)

119. 加热炉燃烧器安装要保持垂直。(√)

120. 冷却器管程隔板腐蚀漏时，会造成冷却水走短路。(√)

121. 润滑油变质是造成离心泵轴承温度高的惟一原因。(×)

正确答案：润滑油变质是造成离心泵轴承温度高的原因之一。

122. 离心泵超负荷运行时，会造成泵产生振动。(√)

123. 在流量不变的情况下离心泵输送的介质黏度增加，泵的电流也增加。(√)

124. 离心泵叶轮堵塞，会造成了泵流量降低。(√)

125. 离心泵泵缸凝时，对泵盘车无影响。(×)

正确答案：离心泵泵缸凝时，会造成泵盘不动车。

126. 离心泵密封环磨损严重时，会造成泵密封泄漏。(√)

127. 蒸汽泵出口阀门开度过小时，会造成蒸汽泵出口压力升高。(√)

128. 1.0MPa 蒸汽压力过低是造成蒸汽泵停的惟一原因。(×)

正确答案：1.0MPa 蒸汽压力过低是造成蒸汽泵停的主要原因之一。

129. 蒸汽往复泵缸内有异物时，会造成泵有响声或振动。(√)

130. 蒸汽往复泵活塞环在槽内不灵活时，会造成蒸汽泵出口压力不稳定。(√)

131. 塔液面过低，是造成离心泵抽空的惟一原因。(×)

正确答案：塔液面过低，是造成离心泵抽空的原因之一。

132. 蒸汽泵盘根压得太紧，会造成蒸汽泵的汽缸活塞杆过热。(√)

133. 活塞杆表面光滑会造成蒸汽泵的格兰漏油漏汽。(×)

正确答案：活塞杆磨损以及表面粗糙会造成蒸汽泵的格兰漏油漏汽。

134. 水环式真空泵是糠醛装置抽真空采用的惟一设备。(×)

正确答案：水环式真空泵是糠醛装置抽真空采用的主要设备之一。

135. 工业管道按最高工作压力分级时，分为：真空管道、低压管道、中压管道、高压管道。(√)

136. 串级控制系统是由主调节器与副调节器串联工作的。(√)

137. 汽包水下孔板的作用是防止汽、水混合物冲溅。(√)

138. 随着加热炉外壁温度的升高，炉壁散热损失增加。(√)

139. DCS 控制符号的 PV.CV 表示测量信号。(√)

140. 检修时塔打开人孔的次序是自上而下。（√）

141. 停工蒸塔的目的是将塔内的残留气体或液体用蒸汽蒸发出去，确保检修安全。（√）

142. 为防止备用泵泵轴弯曲和卡住必须定期盘车。（√）

143. 离心泵运行时，要定时检查泵出口压力、振动、密封泄露、轴承温度等情况。（√）

144. 蒸汽往复泵运行时，要定时检查泵出口压力、流量、振动、密封泄露等情况。（√）

145. 糠醛精制采用氮气密封是为了防止糠醛氧化结焦。（√）

146. 原料过滤器的作用是过滤原料中的焦子和杂质，避免原料计量表损坏。（√）

147. 糠醛干燥塔带水严重时，会造成糠醛干燥塔顶压力升高。（√）

148. 原料泵抽空时，会造成脱气塔液面降低。（√）

149. 离心泵超负荷运转时，电动机电流增加。（√）

150. 蒸汽往复泵抽空时，泵出口压力降低。（√）

151. 加热炉发生回火时，炉膛会产生正压。（√）

152. 精液汽提塔产生突沸时，会造成塔顶温度下降、真空度上升等。（×）

正确答案：精液汽提塔产生突沸时，会造成塔顶温度升高、真空度下降。

153. 原料罐带水造成原料泵抽空时，应及时联系油品切换原料罐。（√）

154. 离心泵超负荷运转时，应及时降低处理量。（√）

155. 离心泵润滑油变质造成轴承温度高时，应及时添加润滑油。（×）

正确答案：离心泵润滑油变质造成轴承温度高时，应及时更换润滑油。

156. 离心泵轴弯曲严重造成泵盘不动车时，应及时联系更换轴。（√）

157. 蒸汽往复泵进口管线堵造成泵抽空时，应将入口管线用蒸汽进行吹扫确保管线畅通。（√）

158. 加热炉负荷过大造成加热炉回火时，应提高加热炉的负荷。（×）

正确答案：加热炉负荷过大造成加热炉回火时，应降低处理量。

159. 避免加热炉瓦斯带水，是防止加热炉火嘴发生缩火的方法之一。（√）

160. 脱气塔底泵抽空时，应将原料泵直接向抽提塔进料。（√）

161. 精液汽提塔精油含醛时，应立即将精制油转回循环。（√）

162. 控制好水溶液汽提塔塔顶冷却器壳程出口温度，降低塔顶压力就能保证水溶液汽提塔底水回收不含糠醛。（×）

正确答案：控制好水溶液汽提塔塔顶冷却器壳程出口温度，降低塔顶压力是保证水溶液汽提塔底水回收不含糠醛的条件之一。

163. 燃料油火嘴燃烧不好烟囱冒黑烟时，应将雾化蒸汽阀开大。（√）

单选题

1. 原料至精液系统贯通试压冷油循环流程经过的有（ C ）。

A. 抽提塔　　B. 真空罐　　C. 精液开工线　　D. 二次蒸发塔

2. 装置管线试压的方法为（ B ）。

A. 始端通汽，末端阀全开排汽

B. 始端通汽，末端阀门关闭、导淋切水见汽后关闭导淋

C. 末端阀门关闭，始端通汽

D. 无法确定

3. 装置贯通管线试压时，出现泄露应(C)。

A. 带压处理　　B. 应边泄压边处理

C. 泄压放空后再进行处理　　D. 无法确定

4. 加热炉烘炉的主要目的是(A)。

A. 除去炉衬里的水分　　B. 趋赶炉里的蒸汽

C. 趋赶炉内残余瓦斯　　D. 除去炉内的废液

5. 装置引蒸汽时，缓慢打开进装置蒸汽总阀，当(A)将蒸汽总阀开大。

A. 装置蒸汽管线末端导淋排汽后　　B. 蒸汽管线末端导淋排水后

C. 蒸汽管线产生"水锤"时　　D. 无关

6. 开工引瓦斯时，当(B)后，说明引瓦斯工作完成。

A. 装置瓦斯罐压力上升　　B. 瓦斯管线末端导淋排瓦斯

C. 瓦斯管线末端导淋排空气　　D. 无关

7. 开工引冷却水时，应先将(B)。

A. 上水阀打开　　B. 排水阀打开

C. 上水与排水连通阀打开　　D. 无关

8. 燃料油的发热值是指(B)kg 燃料完全燃烧时所放出的热量。

A. 0.5　　B. 1　　C. 2　　D. 3

9. 糠醛的化学性质很不稳定，当温度超过(D)℃时会发生分解。

A. 200　　B. 210　　C. 220　　D. 230

10. 糠醛能与水部分互溶，在 35℃时糠醛在水中的溶解度是(D)。

A. 6.0%　　B. 6.1%　　C. 6.2%　　D. 6.3%

11. 装置补充新鲜糠醛的纯度为 (A)。

A. >98.5%　　B. >96%　　C. <95%　　D. <96%

12. 开工原料冷油循环时脱气塔液面一般控制在(C)液面。

A. 高　　B. 中间　　C. 低　　D. 无法确定

13. 加热炉点火前应向炉膛吹蒸汽约(B)min。

A. 1~2　　B. 10~15　　C. 30~40　　D. 1

14. 加热炉点火时，应将火嘴风门(B)。

A. 全开　　B. 开至 1/3　　C. 全关　　D. 无关

15. 加热炉点火后火嘴灭火时，应(C)。

A. 直接重新点火

B. 关闭火嘴瓦斯阀重新点火

C. 关闭火嘴瓦斯阀将炉膛重新吹汽后重新点火

D. 无关

16. 水环真空泵的开泵时，应(B)。

A. 先打开泵入口阀　　B. 先打开泵出口阀

C. 先打开泵出、入口阀　　D. 无关

17. 炉出口温度达到(C)℃时，装置进行恒温脱水。

A. 50~60　　B. 60~70　　C. 100~120　　D. 90~140

18. 开工转精液循环的阀门开关顺序为(A)。

A. 打开抽提塔顶馏出线阀、打开原料进抽提塔阀、关闭精液开工阀

B. 打开原料进抽提塔阀、打开抽提塔顶馏出线阀、关闭精液开工阀

C. 关闭精液开工阀、打开抽提塔顶馏出线阀、打开原料进抽提塔阀

D. 关闭精液开工阀、打开原料进抽提塔阀、抽提塔顶馏出线阀

19. 开工中加热炉(A)会造成上对流出口两路温度偏差大。

A. 上对流两组进料量偏差大　　B. 上对流两组进料量相等

C. 炉膛温差过大　　D. 无法确定

20. 开工过程中当(C)，精液汽提塔开始汽提。

A. 转原料冷油循环后　　B. 加热炉点火后

C. 转精废液循环后　　D. 精废油外放后

21. 开工过程中当醛水分离罐水格的水位(B)液面计时，将水溶液汽提塔投用。

A. 低于　　B. 在中间　　C. 高于　　D. 无关

22. 启动糠醛泵向抽提塔进料时，要将塔底废液量(C)。

A. 降低　　B. 不变　　C. 增加　　D. 无关

23. 开工精废油外放前，当抽提塔底温度高于指标时应(B)。

A. 降低糠醛进抽提塔温度

B. 降低原料进抽提塔温度或投用抽提塔底循环

C. 提高抽提塔压力

D. 提高抽提塔界面

24. 开工过程中精、废油外放后(B)。

A. 将精废液加热炉出口温度提至指标内　　B. 启动原料泵向脱气塔进料

C. 将精废液汽提塔底吹蒸汽　　D. 将精液汽提塔一层回流投用

25. 原料与糠醛冷却器内漏可以通过(B)检查。

A. 管程入口导淋　　B. 管程出口导淋　　C. 壳程入口导淋　　D. 壳程出口导淋

26. 润滑油原料经溶剂精制后精制油凝固点(C)℃。

A. 降低 2~3　　B. 降低 5~6　　C. 升高 2~3　　D. 升高 5~6

27. 从糠醛水溶液中回收糠醛是利用(C)的特点来实现的。

A. 糠醛的沸点　　B. 水的沸点

C. 糠醛与水形成共沸物　　D. 都不是

28. 关于物料平衡式说法正确的是(A)

(1) 原料油量 + 糠醛量 = 提取液量 + 提余液量

(2) 进塔溶剂量 = 提取液中的溶剂量 + 提余液中的溶剂量

A. 两式都正确　　B. (1)式正确　　C. (2)式错误　　D. 两式都不正确

29. 装置糠醛平衡时，抽提塔界面应维持在(C)位置。

A. 偏高　　B. 偏低　　C. 中间　　D. 无法确定

30. 脱气塔真空度过低时，会造成脱气效果(A)。

A. 变差　　B. 不变　　C. 提高　　D. 无法确定

31. 脱气塔温度过低时，脱气塔底原料含水量(C)。
A. 降低　B. 不变　C. 增加　D. 无法确定
32. 脱气塔液面过低时，会造成脱气塔(A)。
A. 塔底泵抽空　B. 进料泵抽空　C. 塔顶真空度升高　D. 底温降低
33. 在正常操作中，抽提顶温度升高，产品质量(C)。
A. 降低　B. 不变　C. 提高　D. 无法确定
34. 在正常操作中，抽提塔底温度降低，精制油收率(A)。
A. 升高　B. 不变　C. 降低　D. 无法确定
35. 抽提塔如果没有界面，抽提(B)。
A. 效果变差　B. 无法进行　C. 效果变好　D. 无关
36. 界面过低时，精制段缩短，精制深度不够，产品质量(A)。
A. 降低　B. 不变　C. 提高　D. 无关
37. 在原料和抽提温度不变时，溶剂比增加精制油的质量(C)。
A. 降低　B. 不变　C. 提高　D. 无关
38. 在原料和抽提温度不变时，随着溶剂比的增加，精制油的收率(A)。
A. 降低　B. 不变　C. 提高　D. 无关
39. 控制好抽提塔的温度梯度可以在保证精制油质量的情况下，使精制油的收率(C)。
A. 降低　B. 不变　C. 提高　D. 不变
40. 原料温度(A)时，会造成抽提塔液泛。
A. 过低　B. 适宜　C. 过高　D. 无关
41. 精液汽提塔顶温度过高时，会造成塔顶携带油(C)。
A. 减少　B. 不变　C. 增加　D. 无关
42. 精液汽提塔顶温度过低，会造成七层温度(A)。
A. 降低　B. 不变　C. 提高　D. 无关
43. 精液汽提塔液面过高时，会造成塔顶温度(C)。
A. 降低　B. 不变　C. 升高　D. 无关
44. 精液汽提塔液面过低，会造成(B)。
A. 塔底带水　B. 塔底泵抽空　C. 进料温度降低　D. 无法确定
45. 精液汽提塔真空度过低，精制油含醛量(B)。
A. 降低　B. 不变　C. 增加　D. 无关
46. 精液汽提吹汽量过大时，会造成塔顶冷却器出口温度(C)。
A. 降低　B. 不变　C. 升高　D. 无关
47. 精液加热炉出口温度(A)，会造成精液汽提塔底精制油含醛。
A. 过低　B. 在指标内　C. 过高　D. 无关
48. 精液加热炉出口温度过低，精液汽提塔底精制油含醛量(C)。
A. 降低　B. 不变　C. 增加　D. 无关
49. 一次蒸发塔液面过低时，会造成 (C)。
A. 塔顶带油　B. 塔顶压力升高　C. 塔底泵抽空　D. 无法确定

50. 当一次蒸发塔液面过高时，会造成(A，C)。
A. 塔顶带油　B. 塔底泵抽空　C. 塔压力升高　D. 无法确定
51. 当二次蒸发塔液面过高，塔顶压力(C)。
A. 降低　B. 不变　C. 升高　D. 无关
52. 当二次蒸发塔液面过低，蒸发塔顶压力(A)。
A. 降低　B. 不变　C. 升高　D. 无关
53. 一次蒸发塔温度过低时，一次蒸发塔蒸发量(A)。
A. 降低　B. 不变　C. 提高　D. 无关
54. 二次蒸发塔进料温度低时，糠醛蒸发量(A)。
A. 降低　B. 不变　C. 增加　D. 无关
55. 三次蒸发塔进料温度过低，塔顶压力(A)。
A. 降低　B. 不变　C. 增加　D. 无关
56. 废液汽提塔进料量过大塔超负荷时，塔液面(C)。
A. 降低　B. 不变　C. 升高　D. 无关
57. 下列选项中会造成废液汽提塔突沸的是(A)。
A. 塔底吹汽带水　B. 塔底液面过低　C. 吹汽量过小　D. 塔盘结焦
58. 真空系统管线泄露，废液汽提塔顶真空度(A)。
A. 下降　B. 不变　C. 升高　D. 无关
59. 废液汽提塔顶冷却器冷却水走短路时，塔顶冷却器出口温度(C)。
A. 降低　B. 不变　C. 升高　D. 无法确定
60. 废液汽提塔顶真空度过低时，会造成塔底抽出油含糠醛量(C)。
A. 降低　B. 不变　C. 增加　D. 无关
61. 废液汽提塔塔底循环量过大时，塔底温度(C)。
A. 降低　B. 不变　C. 升高　D. 无关
62. 糠醛干燥塔顶温度过高时，塔顶气相糠醛含量(C)。
A. 减少　B. 不变　C. 增加　D. 无关
63. 糠醛干燥塔进料带水时，塔顶塔顶压力(C)。
A. 过低　B. 不变　C. 升高　D. 无关
64. 水溶液汽提塔吹汽量过大，塔顶冷却器出口温度 (C)。
A. 降低　B. 不变　C. 升高　D. 无关
65. 水溶液汽提塔顶温度过高时，塔顶冷却器出口温度(C)。
A. 降低　B. 不变　C. 升高　D. 无法确定
66. 水溶液汽提塔吹汽量过大时，塔顶压力(C)。
A. 降低　B. 不变　C. 升高　D. 无关
67. 水溶液汽提塔液面过高时，塔顶温度(A)。
A. 降低　B. 不变　C. 升高　D. 无关
68. 水溶液汽提塔底吹汽量过小时，会造成(C)。
A. 塔顶温度升高　B. 塔压力升高
C. 塔底排水含糠醛　D. 都不是

69. 乳化液，是由两种(C)液体形成的混合物。

A. 互溶的　　B. 完全不溶的

C. 部分互溶或完全不溶　　D. 都不是

70. 汽包液面过低时，糠醛干燥塔进料温度(C)。

A. 降低　　B. 不变　　C. 升高　　D. 无法确定

71. 水溶液汽提塔进料量过小时，水溶液分离罐水位(C)。

A. 降低　　B. 不变　　C. 升高　　D. 无关

72. 加热炉烧油时，雾化蒸汽量过小，火嘴(B)。

A. 火焰冒火星　　B. 火焰发红　　C. 火焰发白　　D. 都不是

73. 瓦斯压力过低时，精液炉温度出口温度(A)。

A. 降低　　B. 不变　　C. 升高　　D. 无关

74. 瓦斯压力升高时，精液加热炉出口温度(C)。

A. 降低　　B. 不变　　C. 升高　　D. 无关

75. 瓦斯压力过低时，废液加热炉温度出口温度(A)。

A. 降低　　B. 不变　　C. 升高　　D. 无关

76. 瓦斯压力升高时，废液加热炉出口温度(C)。

A. 降低　　B. 不变　　C. 升高　　D. 无关

77. 加热炉雾化蒸汽压力过低时，会造成火嘴(A)。

A. 淌油　　B. 雾化效果好　　C. 燃烧完全　　D. 无法确定

78. 加热炉烟道挡板开度(A)时，会造成加热炉回火。

A. 过小　　B. 适宜　　C. 过大　　D. 无法确定

79. 入炉空气量(A)时，会造成加热炉燃烧不完全。

A. 降低　　B. 不变　　C. 增加　　D. 无关

80. 加热炉烟道挡板开度(A)时，会造成炉膛产生正压。

A. 过小　　B. 适宜　　C. 过大　　D. 无关

81. 加热炉入炉空气量(A)时，加热炉炉膛发暗。

A. 过小　　B. 适宜　　C. 过大　　D. 无关

82. 加热炉炉膛负压过大时，烟气中氧含量(B)。

A. 减小　　B. 增加　　C. 不变　　D. 无法确定

83. 加热炉入炉空气量(A)时，会造成烟气中含一氧化碳。

A. 过小　　B. 适宜　　C. 过大　　D. 无关

84. 加热炉炉膛负压过大时，炉热效率(A)。

A. 降低　　B. 不变　　C. 提高　　D. 无关

85. 加热炉负压与烟囱挡板开度的关系是(A)。

A. 成正比　　B. 成反比　　C. 不变　　D. 无法确定

86. 汽包进水压力过低时，汽包进水量(A)。

A. 降低　　B. 不变　　C. 增加　　D. 无关

87. 油品切换时，精制深度浅的油品切换精制深度要求深的油品应(A)改变操作条件。

A. 立即　　B. 1 小时后　　C. 切换混合产品时　　D. 无法确定

88. 精液系统含醛量比较低约为（A）左右，所以采用减压汽提的方法可以将系统糠醛完全回收。

A. 10%～18%　　B. 82%～90%　　C. 35%　　D. 65%

89. 精制油外放过滤器堵塞时，精制油过滤器压降（C）。

A. 降低　　B. 不变　　C. 增大　　D. 无关

90. 当抽提塔安全阀起跳时，安全线能够及时回收（B）。

A. 抽出液　　B. 精制液　　C. 糠醛　　D. 原料

91. 停工精液系统转原料循环的方法是（A）。

A. 打开精液开工线阀，关闭原料进抽提塔阀门，关闭抽提塔顶阀门

B. 关闭原料进抽提塔阀门，关闭抽提塔顶阀门，打开精液开工线阀

C. 打开精液开工线阀，关闭抽提塔顶阀门，原料进抽提塔阀门

D. 都不是

92. 停工时，当装置（D）将真空泵停止运转。

A. 转原料循环前　　B. 转原料循环后

C. 加热炉开始降温时　　D. 无关

93. 停工加热炉降温应在转原料循环（C）。

A. 前　　B. 后

C. 精、废液系统糠醛回收完全后　　D. 无关

94. 加热炉烧焦是将炉管内的焦子加热到一定的温度后在高温蒸汽和空气的冲击使焦子（B）。

A. 脱离炉管　　B. 崩裂、粉碎和燃烧

C. 燃烧　　D. 无关

95. 汽包内设丝网分离器的作用是（C）。

A. 过滤杂质　　B. 稳定液面

C. 除去蒸汽携带的液滴　　D. 无法确定

96. 脱气塔顶按装除沫器的作用是（C）。

A. 防止塔满　　B. 过滤油品中的杂质

C. 减少脱气塔顶携带　　D. 无法确定

97. 测量液化气的可燃气体报警器要按装在距地面（A）m处。

A. 0.1　　B. 0.3～0.6　　C. 1～2　　D. 3～4

98. 蒸汽往复泵的型号为 2QYR－25－26/12 其中 12 代表（B）。

A. 设计流量　　B. 设计压力　　C. 汽缸数　　D. 无关

99. 蒸汽往复泵是通过活塞的往复运动把流体不断的（B）。

A. 吸入　　B. 吸入和排出　　C. 排出　　D. 无关

100. 蒸汽往复泵的性能参数主要有（D）。

A. 流量、压力、轴功率　　B. 压力、扬程、流量

C. 扬程、功率、效率　　D. 流量、扬程、功率

101. 电机的主要性能指标是（A）。

A. 功率　　B. 电流　　C. 电压　　D. 无法确定

102. 型号为100YI-60A的泵，Y代表(A)。

A. 单吸离心油泵　　B. 额定扬程

C. 叶轮外径第一次车削　　D. 材料介质及适用的温度范围

103. 离心泵是通过叶轮高速旋转，将流体(B)甩出和吸入。

A. 连续而不均匀　　B. 连续而均匀

C. 间歇而不均匀　　D. 间歇而均匀

104. 离心泵的工作点应在(D)附近。

A. 最高流量　　B. 最高扬程　　C. 最高功率　　D. 最高效率

105. 离心泵启动时，关闭出口阀的目的是使离心泵轴功率在(A)时启动。

A. 最小　　B. 正常　　C. 最大　　D. 无关

106. 离心泵(C)运行时，会造成自动停车。

A. 低负荷　　B. 正常负荷　　C. 超负荷　　D. 无关

107. 冷却器 BJS 800-180-25-4 Ⅰ中的B表示(A)。

A. 封头管箱　　B. 平盖管箱　　C. 钩圈式浮头　　D. 无隔板分流

108. 正常生产中，冷却器的切换顺序是(A)。

A. 先投用备用冷却器　　B. 先停使用的冷却器

C. 同时开停　　D. 无关

109. 浮头式换热器适用于(C)。

A. 冷热流体温差较小，壳程压力不高、结垢不严重的场合

B. 冷热流体温差、压力较大，管内介质清洁的场合

C. 冷热流体温差较大，介质易腐蚀结垢的场合

D. 都不是

110. 当机泵输送介质的温度大于(A)℃时，机泵的轴承一般需要冷却。

A. 100　　B. 150　　C. 200　　D. 250

111. 气开、气关阀的选择要(A)。

A. 从安全性考虑　　B. 从节能性考虑

C. 从方便操作考虑　　D. 无关

112. 抽提塔内设(A)塔盘。

A. 转盘　　B. 筛板　　C. 挡板　　D. 浮阀

113. 精液汽提塔底部的直径与汽提段相比要(C)。

A. 小　　B. 一样　　C. 大　　D. 无关

114. 糠醛装置中发汽汽包为(B)。

A. 立式罐　　B. 卧式罐　　C. 球形罐　　D. 无关

115. 对流室采用钉头管可以(B)传热面积。

A. 减小　　B. 增加　　C. 不变　　D. 无法确定

116. 加热炉燃烧器安装时，应(C)。

A. 稍偏向炉中心点　　B. 稍偏离炉中心点

C. 垂直　　D. 无法确定

117. 冷却器管程发生短路的原因是(C)。

A. 冷却器壳程折流板腐蚀严重　　B. 冷却器大法兰漏

C. 冷却器隔板腐蚀漏　　D. 无法确定

118. 离心泵轴承损坏时，会造成离心泵轴承温度(C)。

A. 降低　　B. 不变　　C. 升高　　D. 无关

119. 离心泵泵地脚螺栓松动时，会造成泵(B)。

A. 抽空　　B. 震动　　C. 出口压力增加　　D. 无关

120. 造成离心泵电流增大的原因有(A，C)。

A. 泵中心线偏　　B. 泵抽空　　C. 泵密封过紧　　D. 泵流量降低

121. 离心泵中心线偏时，会造成电流(C)。

A. 降低　　B. 不变　　C. 增加　　D. 无关

122. 离心泵叶轮堵塞时，会造成泵流量(A)。

A. 降低　　B. 不变　　C. 增加　　D. 无关

123. 备用离心泵内介质凝固会造成(B)。

A. 泵缸泄露　　B. 泵盘不动车　　C. 泵轴变形　　D. 无影响

124. 泵轴或密封环磨损严重时，会造成离心泵(B)。

A. 泵体温度降低　　B. 泵密封泄露

C. 出口压力升高　　D. 无关

125. 蒸汽泵出口阀开度减小时，会造成泵出口压力(C)。

A. 降低　　B. 不变　　C. 升高　　D. 无关

126. 1.0MPa 蒸汽压力过低时，会造成蒸汽往复泵(B)。

A. 行程过小　　B. 停运　　C. 活塞杆过热　　D. 无关

127. 蒸汽往复泵泵缸内有异物会造成泵(C)。

A. 抽空　　B. 流量增加　　C. 有响声或振动　　D. 无关

128. 蒸汽往复泵活塞环在槽内不灵活时，会造成蒸汽泵(B)。

A. 行程加快　　B. 出口压力不稳定

C. 流量增加　　D. 无关

129. 离心泵泵缸内油品带水时，会造成泵(C)。

A. 出口压力增加　　B. 泵流量增加

C. 抽空　　D. 无关

130. 蒸汽往复泵的填料盖未压紧或填料不足时，会造成泵(B)。

A. 停运　　B. 格兰漏油漏汽

C. 汽缸活塞杆过热　　D. 泵行程过慢

131. 工业管道按最高工作压力分级时，真空管道的压力范围为(A)。

A. $P<1$ 标准大气压　　B. $0\leqslant P<10$MPa

C. $1.6\leqslant P<10$MPa　　D. $P\geqslant 10$MPa

132. 串级控制系统是通过主调节器的输出作为副调节器的(C)。

A. 输出　　B. 输入　　C. 给定　　D. 无关

133. 汽包水下孔板的作用是(B)。

A. 使水、汽分离　　B. 防止汽、水混合物冲溅

C. 过滤杂质　　D. 无关

134. 为减少加热炉炉壁散热损失，要求炉外壁温度不大于(C)℃。

A. 40　　B. 60　　C. 80　　D. 100

135. 下列选项中，表示测量信号的是(A)。

A. PV.CV　　B. SP.CV　　C. OUT.CV　　D. 无关

136. 塔检修最先打开的人孔是(A)。

A. 塔上部第一个人孔　　B. 塔中间人孔

C. 塔最下部人孔　　D. 无关

137. 离心泵为了防止轴变形弯曲和卡住盘，必须定期盘车 (A)。

A. 180°　　B. 360°　　C. 720°　　D. 1080°

138. 备用或长期停用的蒸汽往复泵应定期在传动机构的各注油点注油，防止(C)。

A. 泵轴弯曲　　B. 盘不动车

C. 活塞杆锈蚀和卡死　　D. 无关

139. 糠醛精制采用氮气密封的作用是(A)。

A. 防止糠醛氧化　　B. 避免糠醛带水

C. 减少糠醛蒸发　　D. 无关

140. 糠醛干燥塔带水时，会造成糠醛干燥塔顶压力 (C)。

A. 降低　　B. 不变　　C. 升高　　D. 无关

141. 原料泵抽空时，脱气塔液面 (A)。

A. 降低　　B. 不变　　C. 升高　　D. 无关

142. 离心泵超负荷运转时，电机电流(C)。

A. 降低　　B. 不变　　C. 升高　　D. 无关

143. 蒸汽往复泵抽空时，出口压力(A)。

A. 降低　　B. 不变　　C. 升高　　D. 无关

144. 加热炉发生回火时，炉膛负压(A)。

A. 降低　　B. 不变　　C. 提高　　D. 无关

145. 脱气塔底泵抽空时，会造成脱气塔液面(C)。

A. 降低　　B. 不变　　C. 升高　　D. 无关

146. 精液汽提塔产生突沸时，会造成塔顶温度(C)。

A. 降低　　B. 不变　　C. 升高　　D. 无关

147. 原料油泵出现故障造成泵抽空时，应及时(C)。

A. 切换原料罐　　B. 提高原料温度

C. 切换备用泵　　D. 将原料泵开大出口阀

148. 当离心泵超负荷运转时，应及时(C)。

A. 将泵出口阀关小　　B. 提高冷却水量

C. 降低处理量　　D. 切换备用泵

149. 离心泵轴承磨损或松动造成离心泵轴承温度高时，应(D)。
A. 加大冷却水量　　B. 添加或更换润滑油
C. 降低处理量　　D. 切换备用泵联系更换轴承

150. 离心泵盘不动车的处理方法是(A)。
A. 检查盘不动车原因及时处理　　B. 启动电机盘车
C. 强行盘车　　D. 无关

151. 入口串汽造成蒸汽往复泵抽空时，应及时(C)。
A. 提高塔液面　　B. 将泵入口阀开大
C. 查明串汽原因及时消除串汽现象　　D. 联系修泵

152. 入炉空气量过小造成加热炉回火时，应将加热炉烟道挡板(C)。
A. 关小　　B. 不变　　C. 开大　　D. 无关

153. 加热炉瓦斯带水造成火嘴缩火时，应(B)。
A. 提高瓦斯温度　　B. 将瓦斯中的水切净
C. 提高进炉瓦斯量　　D. 开大烟道挡板

154. 精液汽提塔精油含醛应立即(C)。
A. 将水溶液汽提塔底排水转循环　　B. 将装置转原料循环
C. 将精制油转回循环　　D. 将抽出油转回循环

155. 废液汽提塔抽出油含醛时，应立即将(D)。
A. 水溶液转循环　　B. 将装置转原料循环
C. 精液转循环　　D. 废油转循环

156. 水溶液汽提塔底排水糠醛时，应将塔底排水(A)。
A. 转水溶液分离罐循环　　B. 停止排放
C. 继续排放　　D. 无关

157. 瓦斯火嘴燃烧不好造成烟囱冒烟时，应(C)。
A. 加大控制雾化蒸汽量　　B. 将烟道挡板关小
C. 将烟道挡板开大　　D. 提高炉进料量

多选题

1. 废液系统冷油循环流程贯通试压从脱气塔底开汽经过的有(A，B，C)。
A. 废液开工线　　B. 废液加热炉下对流
C. 一次蒸发塔　　D. 抽提塔顶

2. 装置贯通管线试压时，应将(A，C)。
A. 流量孔板阀关闭　　B. 管线末端阀打开
C. 流量计停用　　D. 无法确定

3. 装置水运可以(A，B，C，D)。
A. 检查管线是否畅通　　B. 冲洗设备和管线
C. 检查仪表灵敏度　　D. 检查机泵性能

4. 加热炉烘炉的主要目的是(A，B，C)。
A. 使衬里更牢固　　B. 防止衬里产生裂缝或变形
C. 除去炉衬里的水分　　D. 无关

5. 装置引蒸汽的方法有(A，B，C，D)。

A. 联系蒸汽供应部门引蒸汽

B. 转好进装置蒸汽流程

C. 将装置蒸汽导淋阀稍开切水

D. 将进装置蒸汽切水后缓慢打开进装置蒸汽总阀

6. 开工前引瓦斯时，应(A，B，C，D)。

A. 转好瓦斯流程　　B. 打开装置瓦斯总阀

C. 联系瓦斯供应部门　　D. 将装置瓦斯末端排空气

7. 开工前引燃料油的方法是(A，B)。

A. 用蒸汽进行贯通暖线　　B. 引油时要将水切净

C. 检查加热炉烟道挡板开度　　D. 准备好点火棒

8. 建立原料循环的方法是(A，B，C)。

A. 转好原料循环流程

B. 开原料油泵收原料至脱气塔

C. 按照原料循环流程依次启动各塔底泵建立原料循环

D. 投用抽提塔

9. 加热炉点火前向炉膛吹蒸汽时的注意事项有(A，B)。

A. 蒸汽的冷凝水必须切净　　B. 烟囱见汽后方可停吹汽

C. 吹蒸汽时烟道挡板必须全关　　D. 无关

10. 加热炉点火时，应(A，B，C)。

A. 调节好火嘴风门开度　　B. 将点燃火棒放入点火孔内打开火嘴瓦斯阀

C. 火嘴点燃后调节火嘴燃烧情况　　D. 无关

11. 加热炉点火的注意事项是(A，B)。

A. 点火嘴要对称，防止局部过热　　B. 火嘴点燃后要调节瓦斯及风门开度

C. 点火时要将火嘴风门全开　　D. 火嘴点燃后，操作人员可以立即离开

12. 开工转精液循环的方法有(A，B，C)。

A. 打开抽提塔顶馏出线阀　　B. 打开原料进抽提塔阀

C. 关闭精液开工阀　　D. 关闭废液开工阀

13. 开工中加热炉上对流出口两路温差过大的原因有(B，C)。

A. 炉膛温差过大　　B. 上对流两组进料量偏差过大

C. 上对流其中一路炉管未导通　　D. 无关

14. 转精废液循环后，启动糠醛泵向抽提塔进糠醛时要(B，C，D)。

A. 提高炉出口温度　　B. 调节好精、废液量

C. 防止抽提塔超压　　D. 要降低原料循环量

15. 开工精废油外放前将抽提塔的(A，B，C，D)控制在指标内。

A. 界面　　B. 抽提温度　　C. 压力　　D. 溶剂比

16. 开工过程中精、废油外放后要检查(B，C，D)是否正常。

A. 精废油回收　　B. 精废油外送压力

C. 精废油外送流量　　D. 精废油外送温度

17. 巡检对冷却器的检查内容有(A，B，C，D)。

A. 管、壳程出入口法兰泄漏　　B. 壳体法兰泄漏

C. 冷却器内漏　　D. 冷却器冷却效果

18. 装置采用双塔回收原理回收溶剂的有(B，D)。

A. 精、废液汽提塔　　B. 糠醛干燥塔

C. 蒸发塔　　D. 水溶液汽提塔

19. 装置糠醛平衡不好，严重时会造成(A，C，D)。

A. 抽提效果变差　　B. 产品质量提高

C. 糠醛泵抽空　　D. 糠醛干燥塔带水

20. 脱气塔温度过低时，会造成(A，C)。

A. 进料量增加　　B. 脱气塔原料带水

C. 脱气塔底泵抽空　　D. 无法确定

21. 脱气塔液面过高时，会造成脱气塔(A，C)。

A. 顶温升高　　B. 塔底泵抽空

C. 塔顶真空度降低　　D. 无法确定

22. 抽提塔的界面是决定(A，B，C)的主要依据。

A. 抽提时间　　B. 抽提分离效果

C. 糠醛平衡　　D. 都不是

23. 控制好抽提塔温度梯度可以(A，B，C)。

A. 提高精制油的质量　　B. 提高精制油的收率

C. 提高抽提效果　　D. 都不是

24. 下列选项中，会造成抽提塔液泛有(A，B，C，D)。

A. 原料温度过低　　B. 转盘转速过快

C. 抽提塔超负荷　　D. 抽提温度大于或等于油品的临界溶解温度

25. 精液汽提塔顶温度过高，会造成塔顶(A，C，D)。

A. 携带油量增加　　B. 进料温度升高

C. 冷却器出口温度升高　　D. 真空度降低

26. 精液汽提塔顶温度过低，会造成塔(A，B)。

A. 七层温度降低　　B. 底精油含醛

C. 液面降低　　D. 都不是

27. 精液汽提塔液面过高时，会造成(A，B，C)。

A. 塔顶温度升高　　B. 塔顶真空度降低

C. 精液汽提塔塔满　　D. 无法确定

28. 精液汽提塔真空度过低时，会造成精制油(A，C)。

A. 质量不合格　　B. 质量提高　　C. 精制油含醛　　D. 都不是

29. 下列选项中会造成精液汽提塔顶冷却器出口温度升高的有(A，B，C)。

A. 吹汽量过大　　B. 塔顶冷却器冷却水走短路

C. 塔顶温度过高　　D. 无关

30. 下列选项中会造成精液汽提塔精油含醛的有(A，B，C，D)。
A. 塔底吹汽量过小　　B. 精液炉出口温度过低
C. 塔顶真空度过低　　D. 塔顶一层回流过大

31. 二次蒸发塔液面过高，会造成 (A，B)。
A. 塔顶低压醛气带油　　B. 塔顶压力升高
C. 塔底泵抽空　　D. 无法确定

32. 三次蒸发塔液面过高时，会造成 (A，B)。
A. 塔顶低压醛气带油　　B. 塔顶压力升高
C. 塔底泵抽空　　D. 无法确定

33. 一次蒸发塔温度过低时，会造成(A，B，C，D)。
A. 蒸发量降低　　B. 塔液面升高
C. 塔顶压力降低　　D. 塔底废液含醛量增加

34. 二次蒸发塔进料温度过低，会造成(A，B)。
A. 塔顶压力降低　　B. 蒸发量减少　　C. 塔液面降低　　D. 塔顶醛气带油

35. 三次蒸发塔进料温度过低，会造成(A，B，C，D)。
A. 塔液面升高　　B. 塔顶压力降低
C. 塔顶蒸发量降低　　D. 塔底废液含醛量增加

36. 下列选项中会造成废液汽提塔液面高的有(A，B)。
A. 进料量过大塔超负荷　　B. 塔底泵抽空
C. 进料温度高　　D. 都不是

37. 造成废液汽提塔真空度低的原因有(A，B，C，D)。
A. 吹汽量过大　　B. 塔底液面过高
C. 塔超负荷　　D. 塔顶冷却器出口温度过高

38. 下列选项中会造成废液汽提塔顶冷却器冷不下来的有(A，B，C)。
A. 吹汽量过大　　B. 冷却水压力过低
C. 冷却器冷却水走短路　　D. 塔液面过低

39. 下列选项中会造成废液汽提塔底抽出油含醛的有(A，B，D)。
A. 进料温度过低　　B. 进料含醛量过大塔超负荷
C. 塔底液面低　　D. 吹汽量太小

40. 废液汽提塔塔底循环量过大，废液汽提塔(A，C)。
A. 底温升高　　B. 液面降低　　C. 液面升高　　D. 无关

41. 糠醛干燥塔顶温度过高时，会造成 (A，C)。
A. 塔顶气相糠醛含量增加　　B. 塔液面升高
C. 塔顶冷却器出口温度升高　　D. 都不是

42. 糠醛干燥塔液面过低时，会造成(A，C)。
A. 塔底泵抽空　　B. 抽提塔压力上升
C. 抽提塔糠醛进料中断　　D. 塔底糠醛带水

43. 下列选项中会造成糠醛干燥塔压力大的有(A，B，C)。
A. 进料带水　　B. 进料温度过高
C. 塔顶一层回流带水　　D. 都不是

44. 下列选项中造成水溶液汽提塔顶冷却器出口温度高的是(A，B，D)。
A. 塔底吹汽量过大　　B. 装置冷却水压力过低
C. 塔底吹汽量过小　　D. 进料量过大、塔超负荷
45. 下列选项中会造成水溶液汽提塔顶温度高有(A，C)。
A. 塔压力升高　　B. 塔液面降低
C. 塔顶冷却器出口温度升高　　D. 都不是
46. 下列选项中会使水溶液汽提塔顶压力大的是(A，B，C)。
A. 塔底吹汽量过大　　B. 塔顶冷却器出口温度过高
C. 进料量过大塔超负荷　　D. 吹汽量过小
47. 水溶液汽提塔液面过高时，会造成塔底(A，B)。
A. 温度升高　　B. 排水含醛　　C. 排水带油　　D. 都不是
48. 下列选项中会造成水溶液汽提塔底排水含醛的有(A，B，C，D)。
A. 塔底吹汽量过小　　B. 进料量过大、塔超负荷
C. 塔底液面过高　　D. 塔顶温度过低
49. 下列选项中会造成水溶液分离罐水位高的有(A，C，D)。
A. 水溶液汽提塔进料量过小　　B. 水溶液汽提塔进料量过大
C. 精、废液汽提塔顶冷却器泄漏　　D. 水溶液汽提塔吹汽量过大
50. 下列选项中会造成精液加热炉出口温度降低的是(A，B，C)。
A. 瓦斯压力降低　　B. 加热炉进料量过大
C. 加热炉入炉空气量过小　　D. 瓦斯压力增加
51. 下列选项中会造成精液加热炉出口温度高的是(B，C)。
A. 瓦斯压力小　　B. 瓦斯压力大　　C. 进料量过小　　D. 进料量过大
52. 下列选项中会造成废液加热炉出口温度降低的是(A，B)。
A. 瓦斯压力降低　　B. 加热炉进料量过大
C. 进料量过小　　D. 瓦斯压力增加
53. 下列选项中会造成废液加热炉温度高的是(B，C)。
A. 瓦斯压力小　　B. 瓦斯压力大　　C. 进料量过小　　D. 进料量过大
54. 下列选项中会造成加热炉加热炉火嘴淌油的是(A，B，C)。
A. 雾化蒸汽压力过小　　B. 火嘴偏、喷嘴角度和位置不合适
C. 燃料油温度过低　　D. 都不是
55. 下列选项中会造成加热炉回火的是(A，B，C，D)。
A. 瓦斯带大量的油　　B. 燃料油、气大量喷入炉膛
C. 烟道挡板开度过小　　D. 炉子超负荷
56. 下列选项中会造成加热炉燃烧不完全的是(A，B，C，D)。
A. 火嘴雾化不好　　B. 瓦斯带油　　C. 炉膛产生正压　　D. 入炉空气量过小
57. 下列选项中会造成加热炉产生正压的是(A，B，C)。
A. 烟道挡板开度过小　　B. 对流室炉管结垢造成堵塞
C. 加热炉超负荷运行　　D. 无法确定

58. 下列选项中会造成加热炉炉膛发暗的是(A，B，C)。

A. 入炉空气量过小　B. 火嘴燃烧不完全

C. 炉膛产生正压　D. 无法确定

59. 下列选项中会造成烟气中氧含量大的是(A，B，C)。

A. 烟囱挡板开度过大　B. 炉体堵漏不好

C. 火嘴风门开度过大　D. 都不是

60. 下列选项中会造成加热炉烟气中含一氧化碳的是(A，C)。

A. 入炉空气量过小　B. 入炉空气量过大

C. 火嘴燃烧不完全　D. 火嘴燃烧完全

61. 下列选项中会造成加热炉烟囱冒黑烟的是(A，B，C，D)。

A. 入炉空气量不足　B. 炉管烧穿

C. 火嘴雾化不好燃烧不完全　D. 雾化蒸汽压力降低

62. 加热炉炉膛负压过小时，会造成(A，C)。

A. 入炉空气量降低　B. 入炉空气量增加

C. 火嘴燃烧不完全　D. 无法确定

63. 汽包内设丝网分离器脱落，会造成(A，C)。

A. 自发蒸汽带水　B. 液面升高

C. 自发蒸汽温度降低　D. 无关

64. 下列选项中会造成椭圆流量计停转的是(A，B，C)。

A. 流体含固体颗粒使齿轮卡住　B. 过滤器堵塞

C. 椭圆流量计轴承磨损严重　D. 出入口压差过大

65. 下列选项中会造成离心泵自动停车的是(A，B，C，D)。

A. 配电室出现故障　B. 泵超负荷

C. 电机抱轴　D. 填料、密封过紧

66. 离心泵的主要性能参数有(A，B，C，D)。

A. 流量　B. 扬程　C. 功率　D. 效率

67. 抽提塔分为上中下三段，包括(A，B，C)。

A. 精液浓缩段　B. 废液沉降段　C. 精制段　D. 蒸发段

68. 精液汽提塔底部的直径大的作用是(A，B)。

A. 避免泵抽空　B. 有利于蒸发

C. 增加塔内的线速度　D. 无关

69. 抽提塔上、下栅板的作用(B，C)。

A. 减少塔顶带糠醛　B. 减少塔顶带理想组分

C. 减少塔底带理想组分　D. 减少塔底带非理想组分

70. 发汽汽包的结构是内装(A，C)。

A. 水下孔板　B. 折流板　C. 丝网分离器　D. 无关

71. 影响离心泵轴承温度高的原因有(A，B，C，D)。

A. 润滑油过少　B. 润滑油变质

C. 泵与电机轴不同心　D. 轴承坏或松

72. 造成离心泵振动的原因有(A，B，C，D)。

A. 泵地脚螺栓松动　　B. 泵抽空

C. 电机与泵轴偏心　　D. 泵超负荷

73. 造成离心泵流量降低的原因有(A，B，C)。

A. 泵入口阀开度过小　　B. 泵内介质黏度过大

C. 泵叶轮堵塞　　D. 泵出口阀开度过大

74. 离心泵盘不动车的原因有(A，B，D)。

A. 泵内介质凝固　B. 泵轴卡死　C. 泵缸无介质　D. 泵轴弯曲过大

75. 造成离心泵密封漏的原因有(A，B，D)。

A. 中心线偏斜　　B. 轴与轴套磨损严重

C. 叶轮结焦　　D. 密封安装不当

76. 蒸汽泵出口压力大的原因有(B，C)。

A. 泵回转数小　　B. 出口阀开度过小

C. 出口阀阀柄掉　　D. 活塞杆过热

77. 造成蒸汽泵停的原因有(A，C，D)。

A. 1.0MPa 蒸汽压力过低或中断　　B. 泵行程过短

C. 泵摇臂轴脱落　　D. 汽缸活塞环损坏

78. 造成蒸汽泵有响声或振动的原因是(A，B，C，D)。

A. 活塞运行速度过快　　B. 泵缸内进入异物

C. 泵缸套松动　　D. 泵地脚螺栓松动

79. 造成离心泵抽空的原因有(A，B，D)。

A. 泵内油品带水　　B. 泵缸串汽

C. 塔液面过高　　D. 泵叶轮结焦堵塞严重

80. 蒸汽泵的汽缸活塞杆过热的原因有(A，C)。

A. 填料压盖压的过紧　　B. 行程过慢

C. 填料压盖紧偏　　D. 无关

81. 蒸汽往复泵格兰漏油漏汽的原因有(A，C)。

A. 活塞杆磨损严重　　B. 泵行程过慢

C. 填料盖未压紧或填料不足　　D. 泵抽空

82. 糠醛装置抽真空采用的主要设备是(B，C，D)。

A. 蒸汽往复泵　B. 水环式真空泵　C. 蒸汽喷射器　D. 水喷射器

83. 工业管道按最高工作压力分级时，分为(A，B，C，D)。

A. 真空管道　B. 低压管道　C. 中压管道　D. 高压管道

84. 停工蒸塔的目的是(A，B)。

A. 将塔内有害气或可燃气体蒸发出去　B. 将塔内有害气或可燃液体蒸发出去

C. 检查塔泄漏情况　　D. 都不是

85. 离心泵的日常维护内容有(A，B，C，D)。

A. 严格执行润滑制度

B. 定时检查泵出口压力

C. 定时检查泵振动、密封泄漏、轴承温度

D. 定时检查泵各部螺栓是否松动

86. 蒸汽往复泵的日常维护内容有(A，B，C，D)。

A. 定时检查泵出口压力　　B. 定时检查泵流量

C. 定时检查各部件有无松动或脱落　　D. 定时检查密封泄漏

87. 加热炉日常巡检内容的内容有(A，B)。

A. 定时检查火嘴、长明灯燃烧情况　　B. 定时检查炉出入口温度、压力、流量情况

C. 定时检查上对流炉管结垢情况　　D. 定时检查上对流炉管腐蚀情况

88. 原料过滤器的作用是(A，C)。

A. 过滤原料中的焦子和杂质　　B. 过滤原料中的非理想组分

C. 避免原料计量表损坏　　D. 无关

89. 糠醛干燥塔带水严重时，会造成糠醛干燥塔（ B，C ）。

A. 压力降低　　B. 塔底泵抽空　　C. 塔底糠醛带水　　D. 无关

90. 原料泵抽空时，脱气塔（ A，B ）。

A. 进料中断　　B. 液面降低　　C. 液面升高　　D. 无关

91. 离心泵超负荷的现象有(B，C)。

A. 泵出口流量降低　　B. 泵电机电流上升

C. 泵跳闸　　D. 无关

92. 蒸汽往复泵抽空的现象有(A，B，C)。

A. 泵出口流量中断　　B. 泵活塞的往复速度增加

C. 泵出口压力指示降低或回零　　D. 泵出口压力升高

93. 加热炉发生回火时的现象有(A，B)。

A. 炉膛产生正压　　B. 炉膛火焰喷出炉膛

C. 火嘴火焰脱离火嘴　　D. 炉膛负压升高

94. 脱气塔底泵抽空时，会造成(A，B，D)。

A. 抽提塔原料进料中断　　B. 抽提塔底温升高

C. 脱气塔进料中断　　D. 脱气塔液面升高

95. 精液汽提塔产生突沸时，会造成(A，B，C)。

A. 塔底液面降低　　B. 塔顶温度升高

C. 塔顶真空度升高　　D. 塔顶温度降低

96. 原料油泵抽空的处理的方法有(A，C，D)。

A. 原料带水造成泵抽空时及时切换原料罐

B. 泵出现故障抽空时及时切换备用泵

C. 原料泵窜汽造成抽空查明窜汽原因及时消除

D. 无关

97. 离心泵轴承温度高的处理方法有(A，B，C)。

A. 润滑油油位低时及时添加润滑油　　B. 润滑油变质时及时更换润滑油

C. 轴承损坏及时更换轴承　　D. 都不是

98. 加热炉回火的处理方法有(A，C)。
A. 提高烟道挡板的开度　　B. 关小烟道挡板的开度
C. 降低处理量　　D. 提高处理量

99. 脱气塔底泵抽空时的处理方法有(A，B)。
A. 将界面改手动控制　　B. 用原料泵直接向抽提塔进料
C. 将精制油转回循环　　D. 将抽出油转回循环

100. 废液汽提塔抽出油含醛处理方法有(A，C，D)。
A. 提高塔顶真空度　　B. 提高塔进料含糠醛量
C. 提高塔底循环量　　D. 提高进料温度

四、技能操作鉴定要素细目表

鉴定范围						鉴定点	
一级		二级		三级		代码	名称
代码	名称	代码	名称	代码	名称		
A	技能要求	A	工艺操作	A	开车准备	001	装置引瓦斯的操作
						002	装置引冷却水的操作
						003	装置引压缩风的操作
						004	装置引蒸汽的操作
				B	正常操作	001	装置正常生产中精油转循环的操作
						002	装置正常生产中抽出油转循环的操作
						003	装置正常生产原料泵抽空的处理
						004	蒸汽泵抽空的处理
						005	离心泵的切换操作
						006	离心泵切换蒸汽泵的操作
						007	加热炉火嘴风门、烟道挡板调节的操作
				C	开车操作	001	装置开工收原料的操作
						002	装置开工加热炉点火操作
						003	真空泵的开泵步骤
						004	开工原料循环转精废液循环的操作
				D	停车操作	001	停工精废液循环转原料循环的操作
						002	停工停水环真空泵的操作
		B	设备使用与维护	A	使用设备	001	正常生产加热炉火嘴清扫的操作
						002	法兰更换垫片的操作
						003	仪表手动切换到自动的操作
				B	维护设备	001	离心泵日常维护
						002	蒸汽往复泵的日常维护
						003	加热炉吹灰的操作

续表

鉴定范围						鉴定点	
一级		二级		三级		代码	名称
代码	名称	代码	名称	代码	名称		
		C	事故判断与处理	A	判断事故	001	离心泵超负荷的判断
						002	加热炉炉膛产生正压的判断
						003	仪表控制阀失灵的判断
						004	加热炉瓦斯带油的判断
				B	处理事故	001	加热炉炉膛产生正压的处理
						002	水溶液汽提塔回收不好的处理
						003	现场指出废液系统原料循环流程
		D	绘图与计算	A	绘图	001	绘制装置工艺流程图

五、技能操作试题

试题1：装置引瓦斯的操作(现场模拟)

（考核时间：15min）

序号	考核内容	考核要点	配分	评分标准	检测结果	扣分	得分	备注
1	准备工作	穿戴劳保用品	3	未穿戴整齐扣3分				
		工具、用具准备	2	工具选择不正确扣2分				
2	操作程序	联系瓦斯管网准备引瓦斯	10	未联系瓦斯管网引瓦斯扣10分				
3		检查瓦斯管线流程阀门、导淋开关情况	20	未检查瓦斯管线流程阀门、导淋开关情况扣20分				
4		将瓦斯罐液面计、安全阀投用	10	未将液面计、安全阀投用扣10分				
5		联系瓦斯管网将装置瓦斯总阀打开	10	未联系瓦斯管网开瓦斯总阀扣10分				
6		将瓦斯稳压罐排空阀打开、将空气排净后关闭，打开稳压罐出口阀	20	未将瓦斯罐排空气扣10分				
				未打开瓦斯稳压罐出口阀扣10分				
7		将瓦斯稳压罐至加热炉各温火嘴管线中空气排净	10	未排瓦斯管道空气扣10分				
8		检查瓦斯管线、法兰泄漏情况	10	未检查泄漏情况扣10分				
9	使用工具	正确使用工具	2	工具使用不正确扣2分				
		正确维护工具	3	工具乱摆乱放扣3分				

续表

序号	考核内容	考核要点	配分	评分标准	检测结果	扣分	得分	备注
10	安全及其他	按国家法规或企业规定		违规一次总分扣5分；严重违规停止操作			—	
		在规定时间内完成操作		每超时1min总分扣5分，超时3min停止操作			—	
	合　计		100					

试题2：装置引冷却水的操作(现场模拟)

(考核时间：15min)

序号	考核内容	考核要点	配分	评分标准	检测结果	扣分	得分	备注
1	准备工作	穿戴劳保用品	3	未穿戴整齐扣3分				
		工具、用具准备	2	工具选择不正确扣2分				
2	操作程序	联系冷却水管网准备引冷却水	10	未联系冷却水管网准备引冷却水扣10分				
3		检查装置冷却水流程阀门、导淋开关情况	20	未检查冷却水流程阀门、导淋开关情况扣20分				
4		联系冷却水管网将冷却水至装置总阀打开	10	未联系将冷却水至装置总阀打开扣10分				
5		打开装置冷却水进、出口阀门	20	未打开装置冷却水进、出口阀门扣20分				
6		检查冷却水管线泄漏情况	10	未检查泄漏情况扣10分				
7		检查冷却水压力和冷却器通水情况，调节水量	20	未检查海水压力冷却器通水情况，调节水量扣20分				
8	使用工具	正确使用工具	2	工具使用不正确扣2分				
		正确维护工具	3	工具乱摆乱放扣3分				
9	安全及其他	按国家法规或企业规定		违规一次总分扣5分；严重违规停止操作			—	
		在规定时间内完成操作		每超时1min总分扣5分，超时3min停止操作			—	
	合　计		100					

试题3：装置引压缩风的操作(现场模拟)

(考核时间：15min)

序号	考核内容	考核要点	配分	评分标准	检测结果	扣分	得分	备注
1	准备工作	穿戴劳保用品	3	未穿戴整齐扣3分				
		工具、用具准备	2	工具选择不正确扣2分				

续表

序号	考核内容	考核要点	配分	评分标准	检测结果	扣分	得分	备注
2	操作程序	联系引压缩风	10	未联系引压缩风扣10分				
3		检查压缩风管线流程阀门、导淋开关情况	20	未检查管线流程阀门、导淋开关情况扣20分				
4		联系将压缩风管网至装置总阀打开	10	未打开管网至装置总阀扣10分				
5		打开装置压缩风阀	10	未开装置压缩风阀扣10分				
6		将压缩风线末端导淋打开见风后将导淋关闭	10	未检查末端导淋排风情况扣10分				
7		检查压缩风线泄漏情况	20	未检查管线泄漏扣20分				
8		检查压缩风压力情况	10	未检查压力扣10分				
9	使用工具	正确使用工具	2	工具使用不正确扣2分				
		正确维护工具	3	工具乱摆乱放扣3分				
10	安全及其他	按国家法规或企业规定		违规一次总分扣5分；严重违规停止操作			—	
		在规定时间内完成操作		每超时1min总分扣5分，超时3min停止操作			—	
		合　计	100					

试题4：装置引蒸汽的操作(现场模拟)

(考核时间：15min)

序号	考核内容	考核要点	配分	评分标准	检测结果	扣分	得分	备注
1	准备工作	穿戴劳保用品	3	未穿戴整齐扣3分				
		工具、用具准备	2	工具选择不正确扣2分				
2	操作程序	联系蒸汽管网准备引蒸汽	10	未联系准备引蒸汽扣10分				
3		检查蒸汽流程阀门、导淋开关情况	20	未检查蒸汽流程阀门、导淋开关情况扣20分				
4		联系蒸汽管网将管网至装置蒸汽总阀打开	10	未联系将蒸汽管网至装置蒸汽总阀打开扣10分				
5		将装置蒸汽阀稍开，末端导淋打开切水，见汽后将导淋关闭	10	未将蒸气阀稍开切水扣10分				
6		将装置蒸汽阀缓慢打开	10	未将装置蒸汽阀打开扣10分				
7		检查蒸汽管线泄漏情况	20	未检查管线泄漏扣20分				
8		检查蒸汽压力情况	10	未检查蒸汽压力扣10分				

续表

序号	考核内容	考核要点	配分	评分标准	检测结果	扣分	得分	备注
9	使用工具	正确使用工具	2	工具使用不正确扣2分				
		正确维护工具	3	工具乱摆乱放扣3分				
10	安全及其他	按国家法规或企业规定		违规一次总分扣5分；严重违规停止操作			—	
		在规定时间内完成操作		每超时1min总分扣5分，超时3min停止操作			—	
		合　计	100					

试题5：装置正常生产精油转循环的操作(现场模拟)

(考核时间：15min)

序号	考核内容	考核要点	配分	评分标准	检测结果	扣分	得分	备注
1	准备工作	穿戴劳保用品	3	未穿戴整齐扣3分				
		工具、用具准备	2	工具选择不正确扣2分				
2	操作程序	联系油槽将精油转循环	10	未联系油槽将精油转循环扣10分				
3		停脱气系统	20	未停脱气系统扣20分				
4		打开精油循环阀门	10	未打开精油循环阀扣10分				
5		关闭精油外放阀门	10	未关闭精油外放阀扣10分				
6		联系油槽将精油外放线扫净	20	未联系油槽扫线扣20分				
7		根据脱气塔液面情况将原料泵停运	20	未根据脱气塔液面将原料泵停运扣20分				
8	使用工具	正确使用工具	2	工具使用不正确扣2分				
		正确维护工具	3	工具乱摆乱放扣3分				
9	安全及其他	按国家法规或企业规定		违规一次总分扣5分；严重违规停止操作			—	
		在规定时间内完成操作		每超时1min总分扣5分，超时3min停止操作			—	
		合　计	100					

试题6：装置正常生产抽出油转循环的操作(现场模拟)

(考核时间：15min)

序号	考核内容	考核要点	配分	评分标准	检测结果	扣分	得分	备注
1	准备工作	穿戴劳保用品	3	未穿戴整齐扣3分				
		工具、用具准备	2	工具选择不正确扣2分				

续表

序号	考核内容	考核要点	配分	评分标准	检测结果	扣分	得分	备注
2	操作程序	联系油槽将抽出油转循环	10	未联系油槽将抽出油转循环扣10分				
3		停脱气系统	20	未停脱气系统扣20分				
4		打开抽出油循环阀门	10	未打开抽出油循环阀扣10分				
5		关闭抽出油外放阀门	10	未关闭抽出油外放阀扣10分				
6		联系油槽将抽出油外放线扫净	20	未联系油槽扫线扣20分				
7		根据脱气塔液面情况将原料泵停运	20	未根据脱气塔液面将原料泵停运扣20分				
8	使用工具	正确使用工具	2	工具使用不正确扣2分				
		正确维护工具	3	工具乱摆乱放扣3分				
9	安全及其他	按国家法规或企业规定		违规一次总分扣5分；严重违规停止操作			—	
		在规定时间内完成操作		每超时1min总分扣5分，超时3min停止操作			—	
		合　　计	100					

试题7：装置正常生产原料泵抽空的处理（现场模拟）

（考核时间：15min）

序号	考核内容	考核要点	配分	评分标准	检测结果	扣分	得分	备注
1	准备工作	穿戴劳保用品	3	未穿戴整齐扣3分				
		工具、用具准备	2	工具选择不正确扣2分				
2	操作程序	泵出现故障造成抽空，及时切换备用泵	10	不会处理扣10分				
3		原料罐空、原料罐带水，及时联系切换原料罐	10	不会处理扣10分				
4		脱气塔吹汽带水，将吹汽停并查明原因消除带水现象	10	不会处理扣10分				
5		原料泵串汽，查明串气原因消除串汽	10	不会处理扣10分				
6		原料泵入口管线堵，联系油槽扫原料线	20	不会处理扣20分				
7		原料泵入口阀开度不够，开大入口阀	10	不会处理扣10分				
8		原料泵长时间抽空将精、废油转循环	20	未及时处理扣20分				

续表

序号	考核内容	考核要点	配分	评分标准	检测结果	扣分	得分	备注
9	使用工具	正确使用工具	2	工具使用不正确扣2分				
		正确维护工具	3	工具乱摆乱放扣3分				
10	安全及其他	按国家法规或企业规定		违规一次总分扣5分；严重违规停止操作			—	
		在规定时间内完成操作		每超时1min总分扣5分，超时3min停止操作			—	
	合　计		100					

试题8：蒸汽泵抽空的处理(现场模拟)

（考核时间：15min）

序号	考核内容	考核要点	配分	评分标准	检测结果	扣分	得分	备注
1	准备工作	穿戴劳保用品	3	未穿戴整齐扣3分				
		工具、用具准备	2	工具选择不正确扣2分				
2	操作程序	泵出现故障造成抽空，及时切换备用泵或联系修泵	20	不会处理扣20分				
3		液面低，造成泵抽空，提高液面	20	不会处理扣20分				
4		蒸汽泵入口线堵，将泵入口扫线	20	不会处理扣20分				
5		蒸汽泵串汽，查明串气原因消除串汽	15	不会处理扣15分				
6		蒸气泵入口阀开度不够，开大入口阀	15	不会处理扣15分				
7	使用工具	正确使用工具	2	工具使用不正确扣2分				
		正确维护工具	3	工具乱摆乱放扣3分				
8	安全及其他	按国家法规或企业规定		违规一次总分扣5分；严重违规停止操作			—	
		在规定时间内完成操作		每超时1min总分扣5分，超时3min停止操作			—	
	合　计		100					

试题9：离心泵切换的操作(现场模拟)

（考核时间：15min）

序号	考核内容	考核要点	配分	评分标准	检测结果	扣分	得分	备注
1	准备工作	穿戴劳保用品	3	未穿戴整齐扣3分				
		工具、用具准备	2	工具选择不正确扣2分				

续表

序号	考核内容	考核要点	配分	评分标准	检测结果	扣分	得分	备注
2	操作程序	联系内操准备切换泵	10	联系内操切换泵扣10分				
3		开泵前检查各部件是否齐全，地脚螺栓有无松动	10	未检查各部件是否齐全，地脚螺栓有无松动扣10分				
4		检查润滑，盘车	10	未盘车和检查润滑情况扣10分				
5		将出口压力表投用，检查泵出入口、连通阀导淋	10	未检查泵出入口阀、导淋、压力表阀开关扣10分				
6		打开泵入口阀门	10	未开泵入口阀门扣10分				
7		启动电机待电流、泵出口压力正常后打开泵出口阀	10	未按规定开泵扣10分				
8		将机泵通冷却水并调节冷却水量	10	未将冷却水打开并调节扣10分				
9		同时关闭使用泵出口阀，关闭电机电门	10	未按规定停泵扣10分				
10		检查泵运行情况	10	未检查泵运行情况扣10分				
11	使用工具	正确使用工具	2	工具使用不正确扣2分				
		正确维护工具	3	工具乱摆乱放扣3分				
12	安全及其他	按国家法规或企业规定		违规一次总分扣5分；严重违规停止操作			—	
		在规定时间内完成操作		每超时1min总分扣5分，超时3min停止操作			—	
		合　计	100					

试题10：离心泵切换蒸汽泵的操作(现场模拟)

（考核时间：15min）

序号	考核内容	考核要点	配分	评分标准	检测结果	扣分	得分	备注
1	准备工作	穿戴劳保用品	3	未穿戴整齐扣3分				
		工具、用具准备	2	工具选择不正确扣2分				
2	操作程序	开泵前检查各部件是否齐全，地脚螺栓是否松动	10	未检查地脚螺栓有无松动和部件是否齐全扣10分				
3		检查泵润滑情况	10	未检查润滑情况扣10分				
4		检查泵出入口阀、导淋、压力表情况	10	未检查泵出入口阀、导淋、压力表情况扣10分				
5		将泵主、废汽及汽缸切水	10	未将泵切水、暖缸扣10分				
6		将泵出、入口阀打开	15	未将泵出入口阀打开扣15分				

续表

序号	考核内容	考核要点	配分	评分标准	检测结果	扣分	得分	备注
7		打开泵出口废汽阀，打开主汽阀门调节泵的回转数	15	未开泵出口废汽阀，开主汽阀调节泵的回转数扣15分				
8		同时关闭离心泵出口阀，关闭电机电门停冷却水	10	未关闭离心泵出口阀，关闭电门停冷却水扣10分				
9		检查泵运行情况	10	未检查泵运行情况扣10分				
10	使用工具	正确使用工具	2	工具使用不正确扣2分				
		正确维护工具	3	工具乱摆乱放扣3分				
11	安全及其他	按国家法规或企业规定		违规一次总分扣5分；严重违规停止操作			—	
		在规定时间内完成操作		每超时1min总分扣5分，超时3min停止操作			—	
		合　计	100					

试题11：加热炉火嘴风门、烟道挡板调节的操作(现场模拟)

（考核时间：15min）

序号	考核内容	考核要点	配分	评分标准	检测结果	扣分	得分	备注
1	准备工作	穿戴劳保用品	3	未穿戴整齐扣3分				
		工具、用具准备	2	工具选择不正确扣2分				
2	操作程序	加热炉负压过大，应适当关小烟道挡板	25	不会调节扣25分				
3		加热炉负压过小，应适当开大烟道挡板	25	不会调节扣25分				
4		火嘴燃烧不完全，应开大火嘴风门(烧瓦斯)	20	不会调节扣20分				
5		火嘴出现脱火，应关小火嘴风门	20	不会调节扣20分				
6	使用工具	正确使用工具	2	工具使用不正确扣2分				
		正确维护工具	3	工具乱摆乱放扣3分				
7	安全及其他	按国家法规或企业规定		违规一次总分扣5分；严重违规停止操作			—	
		在规定时间内完成操作		每超时1min总分扣5分，超时3min停止操作			—	
		合　计	100					

试题 12：装置开工收原料至脱气塔的操作(现场模拟)

（考核时间：15min）

序号	考核内容	考核要点	配分	评分标准	检测结果	扣分	得分	备注
1	准备工作	穿戴劳保用品	3	未穿戴整齐扣 3 分				
		工具、用具准备	2	工具选择不正确扣 2 分				
2	操作程序	联系调度确认油品品种	10	未联系确认油品扣 10 分				
3		联系油品将原料罐阀打开	10	未将原料罐阀开扣 10 分				
4		转原料进脱气塔流程	20	流程错终止考试				
5		联系将仪表投用机泵待运	10	未联系仪、电、钳扣 10 分				
6		启动原料泵收原料	20	开泵次序错误终止考试				
7		检查脱气塔收油液位	10	未检查脱气塔液面扣 10 分				
8		将原料泵停	10	未按要求停泵扣 10 分				
9	使用工具	正确使用工具	2	工具使用不正确扣 2 分				
		正确维护工具	3	工具乱摆乱放扣 3 分				
10	安全及其他	按国家法规或企业规定		违规一次总分扣 5 分；严重违规停止操作			—	
		在规定时间内完成操作		每超时 1min 总分扣 5 分，超时 3min 停止操作			—	
		合　计	100					

试题 13：装置开工加热炉点火的操作(现场模拟)

（考核时间：15min）

序号	考核内容	考核要点	配分	评分标准	检测结果	扣分	得分	备注
1	准备工作	穿戴劳保用品	3	未穿戴整齐扣 3 分				
		工具、用具准备	2	工具选择不正确扣 2 分				
2	操作程序	检查炉瓦斯流程及火嘴安装和软管连接情况	10	未检查瓦斯流程及火嘴安装和软管连接情况扣 10 分				
3		检查加热炉烟道挡板、风门开关情况	15	未检查加热炉烟道挡板、风门开关情况扣 15 分				
4		将蒸汽切水后，向炉膛吹汽 10～15min	10	未按规定向炉膛吹汽扣 10 分				
5		加热炉烟囱冒蒸汽后将蒸汽总阀关闭	10	未按规定将蒸汽总阀关闭扣 10 分				
6		联系内操准备加热炉点火	10	未联系内操点火扣 10 分				
7		将浸入灯油的点火棒点燃放入点火孔内迅速离开炉	10	未按规定点火扣 10 分				
8		打开瓦斯阀门待火嘴点燃后将点火棒拿出熄灭	10	未将火棒拿出扣 10 分				
9		检查火嘴瓦斯泄露及加热炉燃烧情况	15	未检查瓦斯泄露及加热炉燃烧情况扣 15 分				

续表

序号	考核内容	考核要点	配分	评分标准	检测结果	扣分	得分	备注
10	使用工具	正确使用工具	2	工具使用不正确扣2分				
		正确维护工具	3	工具乱摆乱放扣3分				
11	安全及其他	按国家法规或企业规定		违规一次总分扣5分；严重违规停止操作			—	
		在规定时间内完成操作		每超时1min总分扣5分，超时3min停止操作			—	
		合　计	100					

试题14：真空泵的开泵操作(现场模拟)

（考核时间：15min）

序号	考核内容	考核要点	配分	评分标准	检测结果	扣分	得分	备注
1	准备工作	穿戴劳保用品	3	未穿戴整齐扣3分				
		工具、用具准备	2	工具选择不正确扣2分				
2	操作程序	检查地脚螺栓有无松动，配件是否齐全	10	未检查地脚螺栓有无松动，配件是否齐全扣10分				
3		真空泵的盘车	10	未盘车扣10分				
4		检查润滑、冷却水情况	10	未检查润滑冷却水扣10分				
5		将泵出口真空表投用	10	未投用压力表扣10分				
6		关闭泵入口阀，打开泵出口阀门	20	未关泵入口阀、开出口阀扣20分				
7		启动电机，通冷却水并调节冷却水量	15	启动电机未通水扣15分				
8		当泵入口真空度上来后缓慢打开泵入口阀	15	未按规定开出口阀扣15分				
9	使用工具	正确使用工具	2	工具使用不正确扣2分				
		正确维护工具	3	工具乱摆乱放扣3分				
10	安全及其他	按国家法规或企业规定		违规一次总分扣5分；严重违规停止操作			—	
		在规定时间内完成操作		每超时1min总分扣5分，超时3min停止操作			—	
		合　计	100					

试题15：开工原料循环转精废液循环的操作(现场模拟)

(考核时间：15min)

序号	考核内容	考核要点	配分	评分标准	检测结果	扣分	得分	备注
1	准备工作	穿戴劳保用品	3	未穿戴整齐扣3分				
		工具、用具准备	2	工具选择不正确扣2分				
2	操作程序	联系内操转精废液循环	15	未联系内操转精废液循环扣15分				
3		打开抽提塔顶馏出线阀门	15	未打开抽提塔顶馏出线阀门扣15分				
4		打开原料进抽提塔阀门，同时关闭精液开工线阀门	20	未开原料进抽提塔阀，关闭精液开工线阀门扣20分				
5		打开抽提塔底馏出线阀门，同时关闭废液开工线阀门	20	未开抽提塔底馏出线阀，关闭废液开工线阀门扣20分				
6		启动泵向抽提塔进糠醛	20	未启动泵向抽提塔进糠醛扣20分				
7	使用工具	正确使用工具	2	工具使用不正确扣2分				
		正确维护工具	3	工具乱摆乱放扣3分				
8	安全及其他	按国家法规或企业规定		违规一次总分扣5分；严重违规停止操作			—	
		在规定时间内完成操作		每超时1min总分扣5分，超时3min停止操作			—	
		合　计	100					

试题16：停工精废液循环转原料循环的操作(现场模拟)

(考核时间：15min)

序号	考核内容	考核要点	配分	评分标准	检测结果	扣分	得分	备注
1	准备工作	穿戴劳保用品	3	未穿戴整齐扣3分				
		工具、用具准备	2	工具选择不正确扣2分				
2	操作程序	联系内操准备转原料循环	10	未联系内操准备转原料循环扣10分				
3		将抽提塔底抽出液改泵抽至抽出液系统	10	未将抽提塔底抽出液改泵抽至抽出液系统扣10分				
4		打开精液开工线阀门	10	未打开精液开工线阀门扣10分				
5		关闭原料进抽提塔阀门	10	未关闭原料进抽提塔阀门扣10分				
6		将抽提塔糠醛进料泵停，关闭进塔阀门	10	未将糠醛进料泵停，关闭进塔阀门扣10分				
7		打开抽提塔顶排空阀，当抽提塔抽空后打开废液开工线阀门	10	未打开废液开工线阀门扣10分				
8		关闭抽提塔底馏出线阀门	10	未关闭抽提塔底馏出线阀门扣10分				
9		将抽提塔底泵停	10	未将抽提塔底泵停扣10分				
10		将抽提塔底循环泵停	10	未将塔底循环泵停扣10分				

续表

序号	考核内容	考核要点	配分	评分标准	检测结果	扣分	得分	备注
11	使用工具	正确使用工具	2	工具使用不正确扣2分				
		正确维护工具	3	工具乱摆乱放扣3分				
12	安全及其他	按国家法规或企业规定		违规一次总分扣5分；严重违规停止操作			—	
		在规定时间内完成操作		每超时1min总分扣5分，超时3min停止操作			—	
		合　计	100					

试题17：停工停真空泵的操作(现场模拟)

(考核时间：15min)

序号	考核内容	考核要点	配分	评分标准	检测结果	扣分	得分	备注
1	准备工作	穿戴劳保用品	3	未穿戴整齐扣3分				
		工具、用具准备	2	工具选择不正确扣2分				
2	操作程序	关闭真空泵入口阀	25	未关闭真空泵入口阀扣25分				
3		关闭真空泵进水阀	20	未关闭真空泵进水阀扣20分				
4		关闭真空泵电机电门	20	未关闭真空泵电机电门扣20分				
5		关闭真空泵出口阀	25	未关闭真空泵出口阀扣25分				
6	使用工具	正确使用工具	2	工具使用不正确扣2分				
		正确维护工具	3	工具乱摆乱放扣3分				
7	安全及其他	按国家法规或企业规定		违规一次总分扣5分；严重违规停止操作			—	
		在规定时间内完成操作		每超时1min总分扣5分，超时3min停止操作			—	
		合　计	100					

试题18：正常生产加热炉火嘴清扫的操作(现场模拟)

(考核时间：15min)

序号	考核内容	考核要点	配分	评分标准	检测结果	扣分	得分	备注
1	准备工作	穿戴劳保用品	3	未穿戴整齐扣3分				
		工具、用具准备	2	工具选择不正确扣2分				
2	操作程序	联系内操准备清扫火嘴	10	未联系内操扣10分				
3		关闭需清扫的火嘴、瓦斯阀	10	未关闭需清扫的火嘴、瓦斯阀扣10分				
4		将火嘴与瓦斯管线连接软管接头拆下	10	未将火嘴与瓦斯管线连接软管接头拆下扣10分				

续表

序号	考核内容	考核要点	配分	评分标准	检测结果	扣分	得分	备注
5		将瓦斯火嘴拆下	10	拆瓦斯火嘴方法不对扣10分				
6		将瓦斯火嘴喷嘴结焦清扫干净	10	不会清扫瓦斯火嘴扣10分				
7		将火嘴安装好	10	不会安装火嘴扣10分				
8		将瓦斯与火嘴软管连接好	10	未将瓦斯与火嘴软管连接好扣10分				
9		将瓦斯火嘴点燃后并检查泄漏及燃烧情况	20	将瓦斯火嘴点燃后未检查泄漏及燃烧情况扣20分				
10	使用工具	正确使用工具	2	工具使用不正确扣2分				
		正确维护工具	3	工具乱摆乱放扣3分				
11	安全及其他	按国家法规或企业规定		违规一次总分扣5分；严重违规停止操作			—	
		在规定时间内完成操作		每超时1min总分扣5分，超时3min停止操作			—	
		合　计	100					

试题19：法兰更换垫片的操作(现场模拟)

(考核时间：15min)

序号	考核内容	考核要点	配分	评分标准	检测结果	扣分	得分	备注
1	准备工作	穿戴劳保用品	3	未穿戴整齐扣3分				
		工具、用具准备	2	工具选择不正确扣2分				
2	操作程序	关闭管线阀门，将管内介质放空	20	未关闭管线阀门，未将管内介质放空终止考试				
3		将法兰螺丝拆下，排净管内残留物	20	不按要求操作扣20分				
4		将法兰撬开，取出旧垫片	10	不按要求操作扣10分				
5		清洁法兰表面，装上合适新垫片	20	不按要求操作扣20分				
6		对角把好螺丝	20	不按要求操作扣20分				
7	使用工具	正确使用工具	2	工具使用不正确扣2分				
		正确维护工具	3	工具乱摆乱放扣3分				
8	安全及其他	按国家法规或企业规定		违规一次总分扣5分；严重违规停止操作			—	
		在规定时间内完成操作		每超时1min总分扣5分，超时3min停止操作			—	
		合　计	100					

试题 20：DCS 操作系统手动切换到自动的操作

（考核时间：20min）

序号	考核内容	考核要点	配分	评分标准	检测结果	扣分	得分	备注
1	准备工作	穿戴劳保用品	3	未穿戴整齐扣 3 分				
		工具、用具准备	2	工具选择不正确扣 2 分				
2	操作程序	调出操作画面图	20	不调出操作画面图扣 20 分				
3		调出操作面板图	20	不调出操作面板图扣 20 分				
4		将光标移至 A/M 切换键	25	不知道切换键扣 25 分				
5		按确认键即完成切换	25	不完成切换扣 25 分				
6	使用工具	正确使用工具	2	工具使用不正确扣 2 分				
		正确维护工具	3	工具乱摆乱放扣 3 分				
7	安全及其他	按国家法规或企业规定		违规一次总分扣 5 分；严重违规停止操作			—	
		在规定时间内完成操作		每超时 1min 总分扣 5 分，超时 3min 停止操作			—	
		合　　计	100					

试题 21：离心泵的日常维护（现场模拟）

（考核时间：15min）

序号	考核内容	考核要点	配分	评分标准	检测结果	扣分	得分	备注
1	准备工作	穿戴劳保用品	3	未穿戴整齐扣 3 分				
		工具、用具准备	2	工具选择不正确扣 2 分				
2	操作程序	定时检查各部螺栓是否松动	15	未定时检查各部螺栓是否松动扣 15 分				
3		定时检查润滑、冷却水情况	15	未定时检查润滑、冷却水情况扣 15 分				
4		定时检查电机电流、泵出口压力	15	未定时检查电机电流、泵出口压力扣 15 分				
5		定时检查泵振动、密封泄漏、轴承温度等情况	15	未定时检查泵振动、密封泄漏、轴承温度等情况扣 15 分				
6		定时检查泵附属管线是否畅通	15	未定时检查泵附属管线是否畅通扣 15 分				
7		备用泵定期盘车或暖缸	15	未备用泵定期盘车或暖缸扣 15 分				
8	使用工具	正确使用工具	2	工具使用不正确扣 2 分				
		正确维护工具	3	工具乱摆乱放扣 3 分				

续表

序号	考核内容	考核要点	配分	评分标准	检测结果	扣分	得分	备注
9	安全及其他	按国家法规或企业规定		违规一次总分扣5分；严重违规停止操作			—	
		在规定时间内完成操作		每超时1min总分扣5分，超时3min停止操作			—	
		合　计	100					

试题22：蒸汽往复泵的日常维护(现场模拟)

(考核时间：15min)

序号	考核内容	考核要点	配分	评分标准	检测结果	扣分	得分	备注
1	准备工作	穿戴劳保用品	3	未穿戴整齐扣3分				
		工具、用具准备	2	工具选择不正确扣2分				
2	操作程序	定时检查各部螺栓及部件是否松动	15	未定时检查各部螺栓及部件是否松动扣15分				
3		定时检查润滑情况	15	未定时检查润滑情况扣15分				
4		定时检查泵出口压力、往复次数情况	15	未定时检查泵出口压力、往复次数情况扣15分				
5		定时检查泵振动、密封泄漏等情况	15	未定时检查泵振动、密封泄漏等情况扣15分				
6		定时检查泵附属管线是否畅通	15	未定时检查泵附属管线是否畅通扣15分				
7		备用或停用泵定期注油防止锈蚀或卡死	15	备用或停用泵未定期注油防止锈蚀或卡死扣15分				
8	使用工具	正确使用工具	2	工具使用不正确扣2分				
		正确维护工具	3	工具乱摆乱放扣3分				
9	安全及其他	按国家法规或企业规定		违规一次总分扣5分；严重违规停止操作			—	
		在规定时间内完成操作		每超时1min总分扣5分，超时3min停止操作			—	
		合　计	100					

试题23：加热炉吹灰的操作(现场模拟)

(考核时间：15min)

序号	考核内容	考核要点	配分	评分标准	检测结果	扣分	得分	备注
1	准备工作	穿戴劳保用品	3	未穿戴整齐扣3分				
		工具、用具准备	2	工具选择不正确扣2分				

续表

序号	考核内容	考核要点	配分	评分标准	检测结果	扣分	得分	备注
2	操作程序	联系内操准备加热炉吹灰	10	未联系内操准备吹灰扣10分				
3		将加热炉烟道挡板全开	10	未将加热炉烟道挡板全开扣10分				
4		引压缩风至吹灰器	20	未引压缩风至吹灰器扣20分				
5		将吹灰器仪表控制开关打开吹灰	20	未将吹灰器仪表控制开关打开吹灰扣20分				
6		吹灰完毕后将吹灰器仪表控制开关关闭	10	未将吹灰器仪表控制开关关闭扣10分				
7		关闭压缩风阀	10	未关闭压缩风阀扣10分				
8		将烟道挡板恢复正常	10	未将烟道挡板恢复正常扣10分				
9	使用工具	正确使用工具	2	工具使用不正确扣2分				
		正确维护工具	3	工具乱摆乱放扣3分				
10	安全及其他	按国家法规或企业规定		违规一次总分扣5分；严重违规停止操作			—	
		在规定时间内完成操作		每超时1min总分扣5分，超时3min停止操作			—	
		合　计	100					

试题24：离心泵超负荷的判断(现场模拟)

(考核时间：15min)

序号	考核内容	考核要点	配分	评分标准	检测结果	扣分	得分	备注
1	准备工作	穿戴劳保用品	3	未穿戴整齐扣3分				
		工具、用具准备	2	工具选择不正确扣2分				
2	操作程序	离心泵电流超过额定电流	30	不会判断扣30分				
3		离心泵出口压力升高	30	不会判断扣30分				
4		严重时离心泵电门出现跳闸现象	30	不会判断扣30分				
5	使用工具	正确使用工具	2	工具使用不正确扣2分				
		正确维护工具	3	工具乱摆乱放扣3分				
6	安全及其他	按国家法规或企业规定		违规一次总分扣5分；严重违规停止操作			—	
		在规定时间内完成操作		每超时1min总分扣5分，超时3min停止操作			—	
		合　计	100					

试题 25：加热炉炉膛产生正压的判断(现场模拟)

(考核时间：15min)

序号	考核内容	考核要点	配分	评分标准	检测结果	扣分	得分	备注
1	准备工作	穿戴劳保用品	3	未穿戴整齐扣 3 分				
		工具、用具准备	2	工具选择不正确扣 2 分				
2	操作程序	加热炉负压计指示为正压	15	未答负压计指示为正压扣 10 分				
3		加热炉氧含量表指示下降	15	未答加热炉氧含量表指示下降扣 10 分				
4		加热炉炉膛、出口温度降低	15	未答加热炉炉膛、出口温度降低扣 10 分				
5		加热炉火嘴火焰扑火盆	15	未答加热炉火嘴火焰扑火盆扣 10 分				
6		加热炉炉膛发暗，炉膛火焰有烟	15	未答加热炉炉膛发暗，炉膛火焰有烟扣 10 分				
7		严重时加热炉烟囱冒黑烟，火嘴发生窒息熄灭	15	未答严重时加热炉烟囱冒黑烟，火嘴发生窒息熄灭扣 10 分				
8	使用工具	正确使用工具	2	工具使用不正确扣 2 分				
		正确维护工具	3	工具乱摆乱放扣 3 分				
9	安全及其他	按国家法规或企业规定		违规一次总分扣 5 分；严重违规停止操作			—	
		在规定时间内完成操作		每超时 1min 总分扣 5 分，超时 3min 停止操作			—	
		合　计	100					

试题 26：仪表控制阀失灵的判断(现场模拟)

(考核时间：15min)

序号	考核内容	考核要点	配分	评分标准	检测结果	扣分	得分	备注
1	准备工作	穿戴劳保用品	3	未穿戴整齐扣 3 分				
		工具、用具准备	2	工具选择不正确扣 2 分				
2	操作程序	DCS 自控控制无法控制操作参数	30	不会判断扣 30 分				
3		手控状态调节输出风压操作参数无变化	30	不会判断扣 30 分				
4		DCS 调节时现场检查控制阀，阀不动作	30	不会判断扣 30 分				
5	使用工具	正确使用工具	2	工具使用不正确扣 2 分				
		正确维护工具	3	工具乱摆乱放扣 3 分				

续表

序号	考核内容	考核要点	配分	评分标准	检测结果	扣分	得分	备注
6	安全及其他	按国家法规或企业规定		违规一次总分扣5分；严重违规停止操作			—	
		在规定时间内完成操作		每超时1min总分扣5分，超时3min停止操作			—	
		合　计	100					

试题27：加热炉瓦斯带油的判断(现场模拟)

（考核时间：15min）

序号	考核内容	考核要点	配分	评分标准	检测结果	扣分	得分	备注
1	准备工作	穿戴劳保用品	3	未穿戴整齐扣3分				
		工具、用具准备	2	工具选择不正确扣2分				
2	操作程序	瓦斯分液罐带油液面迅速上升	20	不会判断扣20分				
3		炉温急剧上升	20	不会判断扣20分				
4		加热炉火嘴燃烧不好，炉膛氧含量降低	20	不会判断扣20分				
5		烟囱冒黑烟	10	不会判断扣10分				
6		带油严重时，会造成炉底着火，火嘴熄灭造成回火爆炸	20	不会判断扣20分				
7	使用工具	正确使用工具	2	工具使用不正确扣2分				
		正确维护工具	3	工具乱摆乱放扣3分				
8	安全及其他	按国家法规或企业规定		违规一次总分扣5分；严重违规停止操作			—	
		在规定时间内完成操作		每超时1min总分扣5分，超时3min停止操作			—	
		合　计	100					

试题28：加热炉炉膛产生正压的处理(现场模拟)

（考核时间：15min）

序号	考核内容	考核要点	配分	评分标准	检测结果	扣分	得分	备注
1	准备工作	穿戴劳保用品	3	未穿戴整齐扣3分				
		工具、用具准备	2	工具选择不正确扣2分				
2	操作程序	加热炉烟道挡板开度不够，使加热炉产生正压时，开大烟道挡板	15	不会处理扣15分				

续表

序号	考核内容	考核要点	配分	评分标准	检测结果	扣分	得分	备注
3		加热炉火嘴风门开度小，造成火嘴燃烧不好，产生正压时，开大火嘴风门	15	不会处理扣15分				
4		瓦斯组分变重，造成加热炉燃烧不好，开大烟道挡板和火嘴风门	15	不会处理扣15分				
5		加热炉超负荷造成火嘴燃烧不好产生正压，降低加热炉进料负荷	15	不会处理扣15分				
6		烧油时，雾化不好造成加热炉燃烧不好，开大雾化蒸气	15	不会处理扣15分				
7		对流室炉管结垢堵塞使炉膛产生正压时，降量或停炉检修	15	不会处理扣15分				
8	使用工具	正确使用工具	2	工具使用不正确扣2分				
		正确维护工具	3	工具乱摆乱放扣3分				
9	安全及其他	按国家法规或企业规定		违规一次总分扣5分；严重违规停止操作			—	
		在规定时间内完成操作		每超时1min总分扣5分，超时3min停止操作			—	
		合　计	100					

试题29：水溶液汽提塔回收不好的处理（现场模拟）

（考核时间：15min）

序号	考核内容	考核要点	配分	评分标准	检测结果	扣分	得分	备注
1	准备工作	穿戴劳保用品	3	未穿戴整齐扣3分				
		工具、用具准备	2	工具选择不正确扣2分				
2	操作程序	将塔底水转糠醛水溶液分离罐循环，降低塔的进料量和液面	30	不会处理扣30分				
3		进料含醛量过大，降低进料含醛量	15	不会处理扣15分				
4		塔吹汽量过小，提高塔吹汽量	15	不会处理扣15分				
5		塔顶冷却器温度过高，降低塔顶冷却器出口温度	15	不会处理扣15分				
6		塔盘出现问题造成回收不好，联系修理	15	不会处理扣15分				

续表

序号	考核内容	考核要点	配分	评分标准	检测结果	扣分	得分	备注
7	使用工具	正确使用工具	2	工具使用不正确扣2分				
		正确维护工具	3	工具乱摆乱放扣3分				
8	安全及其他	按国家法规或企业规定		违规一次总分扣5分；严重违规停止操作			—	
		在规定时间内完成操作		每超时1min总分扣5分，超时3min停止操作			—	
		合　　计	100					

试题30：现场指出废液系统原料循环流程(现场模拟)

（考核时间：15min）

序号	考核内容	考核要点	配分	评分标准	检测结果	扣分	得分	备注
1	准备工作	穿戴劳保用品	3	未穿戴整齐扣3分				
		工具、用具准备	2	工具选择不正确扣2分				
2	操作程序	塔齐全	20	不清楚扣20分				
3		加热炉齐全	10	不清楚扣10分				
4		冷却器齐全	10	不清楚扣10分				
5		换热器全	20	不清楚扣20分				
6		机泵齐全	10	不清楚扣10分				
7		控制阀齐全	20	不清楚扣20分				
8	使用工具	正确使用工具	2	工具使用不正确扣2分				
		正确维护工具	3	工具乱摆乱放扣3分				
9	安全及其他	按国家法规或企业规定		违规一次总分扣5分；严重违规停止操作			—	
		在规定时间内完成操作		每超时1min总分扣5分，超时3min停止操作			—	
		合　　计	100					

第三部分

高 级 工

一、国家职业标准(高级工工作要求)

职业功能	工作内容	技 能 要 求	相 关 知 识
工艺操作	(一) 开车准备	1. 能安排开车流程的更改 2. 能完成装置吹扫、试压和气密工作 3. 能确认仪表联锁 4. 能投用和切除工艺联锁	1. 工艺联锁操作法 2. 操作规程 3. 清洁生产基本知识
	(二) 开车操作	1. 能建立原料循环 2. 能建立精制油、废油循环 3. 能根据生产情况确定溶剂比	1. 原料流程 2. 精制油、废油循环流程 3. 原料性质
	(三) 正常操作	1. 能操作常规仪表、DCS 操作站 2. 能根据原料性质的变化调节工艺参数 3. 能根据化验分析结果控制产品质量 4. 能处理各种扰动引起的工艺波动 5. 能投用联锁阀门	1. 产品质量标准 2. 仪表比例(P)、积分(I)、微分(D)知识
	(四) 停车操作	1. 能完成退原料工作 2. 能完成精制油、废油系统停车工作 3. 能完成装置退溶剂工作	1. 溶剂性质 2. 精制油、废油系统流程
设备使用与维护	(一) 使用设备	1. 能对加热炉进行烧焦工作 2. 能判断及处理高、低压换热器内漏	1. 加热炉烧焦规定 2. 高、低压换热器投用规定
	(二) 维护设备	1. 能根据设备运行情况，提出改进建议 2. 能配合验收检修后的动、静设备 3. 能做好设备、管线交出检修前的安全确认工作	1. 设备维护保养制度 2. 关键设备特级维护制度 3. 设备验收知识
事故判断与处理	(一) 判断事故	1. 能根据操作参数和分析数据判断质量事故 2. 能判断大型运转设备的运行故障 3. 能判断各类仪表故障 4. 能判断冷换设备内漏事故 5. 能及时发现事故隐患	1. 影响产品质量因素 2. 大型运转设备结构及故障产生原因 3. 冷换设备结构
	(二) 处理事故	1. 能处理仪表(包括 DCS)故障及联锁引起的事故 2. 能针对装置异常程度提出开、停建议 3. 能处理一般产品质量事故 4. 能提出消除事故隐患的建议 5. 能处理冷换设备内漏引起的事故 6. 能处理一、二次蒸发塔压力大造成的事故 7. 能处理装置溶剂消耗大的事故 8. 能处理加热炉闪爆事故	1. 事故处理预案 2. 报警联锁值 3. 事故等级分类标准 4. 蒸发塔压力大处理方法 5. 加热炉闪爆事故处理方法
绘图与计算	(一) 绘图	1. 能识读仪表联锁图 2. 能绘制设备结构简图 3. 能绘制工艺配管单线图	1. 仪表联锁图知识 2. 工艺配管单线图知识
	(二) 计算	1. 能完成物料平衡计算 2. 能完成简单热量平衡计算 3. 能完成经济核算分析 4. 能查油品数据图	装置的物料平衡、热量平衡的计算方法
培训与指导	培训与指导	1. 能指导初、中级操作人员工作 2. 能协助培训初、中级操作人员	培训的基本知识

二、理论知识鉴定要素细目表

行业通用理论知识鉴定要素细目表

鉴定范围						鉴定点		
一级		二级		三级		代码	名称	重要程度
代码	名称	代码	名称	代码	名称			
A	基本要求	B	基础知识	A	记录填写基础知识	001	班组交接记录的填写要求	X
						002	班组安全活动记录填写要求	X
				B	识图基础知识	001	剖视图知识	X
						002	断面图知识	X
						003	化工设备图表示方法	X
						004	零件图的内容	X
				C	安全环保基础知识	001	清洁生产审计的程序	X
						002	HSE 管理体系文件架构	X
						003	ISO 14001 环境管理体系的组成要素	X
						004	ISO 14000 系列标准的指导思想	X
						005	ISO 14001 环境管理体系的运行模式	X
						006	防尘防毒的技术措施	X
						007	防尘防毒的管理措施	X
						008	国家劳动安全卫生管理体制职责划分的内容	X
						009	ISO 14001 环境管理体系建立的步骤	X
						010	HSE 危害辨识	X
						011	HSE 风险评价的概念	X
						012	HSE 风险评价的目的	X
				D	质量基础知识	001	不合格品的处置途径	X
						002	ISO 9001 族标准质量管理审核的特点	X
						003	ISO 9000 族标准第一、第二、第三方审核的区别	X
						004	质量统计直方图	X
						005	质量统计排列图	X
						006	质量统计因果图	X
						007	质量统计控制图	X
						008	不良产品的分级	X
				E	计算机基础知识	001	Word 绘图	X
						002	Excel 公式与函数的运用	X
						003	Excel 数据的简单分析与管理	X
						004	Excel 简单的图表处理	X

续表

鉴定范围						鉴定点		
一级		二级		三级		代码	名称	重要程度
代码	名称	代码	名称	代码	名称			
B	相关知识	E	管理知识	A	生产管理	001	班组的管理	X
						002	班组的成本核算	X
				B	编写技术文件	001	总结的格式	X
						002	报告的格式	X
						003	请示的格式	X

职业通用理论知识鉴定要素细目表(《润滑油、脂生产工》)

鉴定范围						鉴定点		
一级		二级		三级		代码	名称	重要程度
代码	名称	代码	名称	代码	名称			
A	基本要求	B	基础知识	G	无机化学	001	混合气体的分压定律	Y
						002	化学反应速度的表示方法	X
						003	影响化学反应速度的因素	X
						004	化学平衡移动的概念	Z
						005	溶液摩尔分数的概念	X
						006	物质的量浓度的计算	Y
						007	理想气体状态方程的简单计算	X
				H	有机化学	001	烯烃的加成反应定义	X
						002	烯烃的聚合反应定义	Z
						003	烯烃的氧化反应定义	X
						004	炔烃的加成反应概念	Y
						005	常见芳香烃的性质	X
				I	石油的组成	001	石油的特性因数分类方法	Y
						002	实沸点蒸馏的概念	X
						003	油品平均沸点的概念	Y
				J	油品基础知识	001	馏程的概念	X
						002	油品闪点的测量方法	X
						003	黏度比的定义	Y
						004	条件黏度的分类	X
						005	油品密度与闪点的关系	X
						006	油品密度与自燃点的关系	X
				K	石油炼制	001	润滑油的烃类组成	X
						002	最小回流比的概念	X

续表

鉴定范围						鉴定点		
一级		二级		三级		代码	名称	重要程度
代码	名称	代码	名称	代码	名称			
						003	实现精馏的必要条件	X
						004	精馏段的概念	X
						005	提馏段的概念	X
						006	汽提的概念	X
						007	空速的概念	X
						008	关键组分的概念	X
						009	润滑油的主要性能指标	X
						010	选择溶剂的主要依据	X
						011	润滑油生产的工序	X
				L	化工生产	001	U型差压计压强计算	Y
						002	压强单位之间的换算	X
						003	雷诺准数的简单计算	X
						004	流体流动状态的判定	X
						005	直管内流体流速的简单计算	X
						006	定常流体流动物料的恒算	X
						007	瓦斯燃烧热的简单计算	X
				M	炼油机械与设备	001	法兰压力等级的含义	X
						002	常用阀门垫片的选型原则	X
						003	对流传热的特点	X
						004	常见辐射传热设备种类	X
						005	离心泵气蚀的概念	X
						006	设备腐蚀的种类	X
						007	压缩比的定义	X
						008	管道检修验收标准	X
						009	加热炉“三门一板”的作用	X
						010	过剩空气系数的概念	X
						011	机械密封的结构	X
						012	常见板式塔的作用	X
				N	计量	001	物料计量表检定要求	Z
						002	计量误差的概念	X
						003	计量误差的主要来源	Y
				O	仪表、测量	001	温度计的选用原则	X
						002	电动调节仪表变送器的种类	X
						003	控制阀一般故障控制方法	X

续表

鉴定范围						鉴定点		
一级		二级		三级		代码	名称	重要程度
代码	名称	代码	名称	代码	名称			
				P	电工	001	闭合电路欧姆定律	Y
						002	简单交流电路常识	X
						003	静电防护常识	X
						004	常见控制开关的结构	X
						005	脱离高压触电的方法	X
						006	混联电路电阻的简单计算	X
						007	常用电设备防爆等级的划分	X
						008	异步电动机工作原理	Z

工种理论知识鉴定要素细目表

鉴定范围						鉴定点		
一级		二级		三级		代码	名称	重要程度
代码	名称	代码	名称	代码	名称			
B	相关知识	A	工艺操作	A	开车准备	001	装置试压的标准	X
						002	装置水运的注意事项	X
						003	加热炉烘炉的目的	X
						004	抽提塔的试压方法	X
						005	减压汽提塔的试压方法	X
						006	常见燃料油的组成	Y
						007	引燃料油的注意事项	X
						008	抽提塔装糠醛的方法	X
						009	抽提塔装溶剂的注意事项	X
						010	装置原料循环流程	X
				B	开车操作	001	常见溶剂的物理性质	X
						002	加热炉升温过程的注意事项	X
						003	开工过程中物料平衡的要点	X
						004	开工转精废液循环的检查内容	X
						005	开工抽真空的注意事项	X
						006	装置脱水完全的依据	X
						007	汽提塔吹蒸汽带水对操作的影响	X
						008	水溶液汽提塔投用的方法	X
						009	开车过程中装置收油多的处理方法	X

续表

鉴定范围						鉴定点		
一级		二级		三级		代码	名称	重要程度
代码	名称	代码	名称	代码	名称			
				C	正常操作	001	塔、容器及加热炉巡回检查的内容	X
						002	精制深度对油品氧化安定性的影响	X
						003	精制深度对油品黏度指数的影响	X
						004	原料馏分过宽对精制操作的影响	X
						005	糠醛含水对精制的影响	X
						006	溶剂比对加工能耗的影响	X
						007	影响装置糠醛平衡的因素	X
						008	糠醛控制酸度的意义	X
						009	原料带水对操作的影响	X
						010	脱气塔底泵抽空对操作的影响	X
						011	影响界面的因素	X
						012	影响抽提的因素	X
						013	溶剂比大小对产品质量的影响	X
						014	抽提塔在正压下操作的原因	X
						015	抽提塔液泛对生产的影响	X
						016	抽提塔结焦的原因	X
						017	精液汽提塔液面高的原因	X
						018	精液汽提塔产生携带的原因	X
						019	装置携带油量过大对操作的影响	X
						020	精液汽提塔吹汽量高低对生产的影响	X
						021	高压蒸发塔压力大的原因	X
						022	废液汽提塔产生携带的原因	X
						023	系统真空度低的原因	X
						024	真空罐液面高的原因	X
						025	影响糠醛干燥塔液面的因素	X
						026	造成糠醛干燥塔底温低的原因	X
						027	糠醛干燥塔干燥不完全的原因	X
						028	水溶液汽提塔压力高低对生产的影响	X
						029	水溶液汽提塔进料带油对操作的影响	X
						030	糠醛水溶液分离罐发生乳化的原因	X
						031	醛水分离罐乳化的处理方法	X
						032	汽包防冲网脱落对操作的影响	X
						033	糠醛水溶液分离罐湿醛液位控制不好的原因	X

续表

鉴定范围						鉴定点		
一级		二级		三级		代码	名称	重要程度
代码	名称	代码	名称	代码	名称			
						034	烧瓦斯改烧油操作方法	X
						035	烧油改烧瓦斯操作方法	X
						036	瓦斯组成对加热炉燃烧的影响	X
						037	过剩空气系数大小对加热炉的影响	X
						038	加热炉炉膛氧含量过小对加热炉的影响	X
						039	加热炉上对流炉管积灰的原因	X
						040	装置携带油的来源	Y
						041	加热炉炉管结焦的原因	X
						042	炉管烧穿的原因	X
						043	烟气中氧、一氧化碳含量均高的原因	X
						044	加热炉负压低的原因	X
						045	蒸汽压力低对操作的影响	X
						046	汽包进水中断对操作的影响	X
						047	冷却水压力低对操作的影响	X
						048	瓦斯压力低对操作的影响	X
						049	装置原料切换注意事项	X
						050	烟气中氧含量小的原因	X
						051	水溶液分离罐湿醛、水、油的分离方法	X
				D	停车操作	001	回收糠醛的注意事项	X
						002	加热炉降温熄火的注意事项	X
						003	停工抽提塔及糠醛干燥塔退糠醛的方法	X
						004	停工装置退糠醛的注意事项	X
						005	水溶液汽提塔停用的方法	X
						006	装置退油的方法	X
		B	设备使用与维护	A	使用设备	001	精废液汽提塔顶冷却器采用串联或并联对压降和传热量的影响	X
						002	法兰的分类	Z
						003	冷却器管内壁喷涂的作用	Z
						004	离心泵的气缚现象	X
						005	离心泵的气蚀现象	X
						006	离心泵完好的标准	Y
						007	冷换设备开工热紧的目的	Y
						008	常用板式塔的塔板类型	Z
						009	常用调节阀的分类	X

续表

鉴定范围						鉴定点		
一级		二级		三级		代码	名称	重要程度
代码	名称	代码	名称	代码	名称			
						010	改变离心泵的特性因素的方法	Y
						011	换热器大修水压试压规定	Y
						012	换热器完好的标准	Y
						013	精液汽提塔塔盘脱落的影响	X
						014	加热炉烧焦的操作方法	X
						015	热电偶的工作原理	Y
						016	提高加热炉热效率的措施	Y
						017	真空泵的切换方法	X
						018	真空泵的工作原理	Y
						019	水抽子的工作原理	Y
						020	蒸汽发生器定期排污的原因	Z
						021	泵的车削定律	Z
						022	离心泵的特性曲线	Z
						023	压力容器的划分标准	Y
						024	蒸汽泵完好标准	Y
						025	普通闸板阀的结构和特点	Z
						026	疏水器的安装要求	Z
						027	离心泵气蚀现象的危害	X
						028	罐顶呼吸阀的作用	X
						001	容积流量计进行温度效正的原因	X
						002	糠醛对设备的腐蚀的原因	X
						003	离心泵的检修后验收条件	Y
				B	维护设备	004	换热器检修水压试压标准	Y
						005	冷却器冷不下来的常见原因	X
						006	汽包发汽用水的质量要求	Y
						007	压力表的选用的标准	Y
						001	停装置冷却水的现象	X
						002	停动力电的现象	X
						003	停蒸汽的现象	X
		C	事故判断与处理	A	事故判断	004	停汽包进水的现象	X
						005	加热炉火嘴脱火的现象	X
						006	加热炉炉膛氧含量过小的现象	X
						007	糠醛泵抽空的现象	X
						008	抽提塔液泛的现象	X

续表

鉴定范围						鉴定点		
一级		二级		三级		代码	名称	重要程度
代码	名称	代码	名称	代码	名称			
						009	加热炉瓦斯带水的现象	X
						010	糠醛干燥塔底过滤器堵的现象	X
						011	醛水分离罐满的原因	X
				B	事故处理	001	停装置冷却水的处理方法	X
						002	停动力电的处理方法	X
						003	停蒸汽的处理方法	X
						004	停汽包进水的处理方法	X
						005	加热炉火嘴脱火的处理方法	X
						006	糠醛泵抽空的处理方法	X
						007	加热炉炉膛氧含量过小的处理方法	X
						008	抽提塔产生液泛的处理方法	X
						009	浮球式液面计常见故障的处理方法	Y
						010	控制阀常见故障的处理方法	Y
						011	加热炉氧含量、一氧化碳均高的处理方法	X
						012	糠醛干燥塔底过滤器堵的处理方法	X
						013	醛水分离罐满的处理方法	X
		D	绘图与计算	A	绘图	001	设备简图知识	X
						002	工艺流程图知识	X
				B	计算	001	大气压、表压、真空度的计算	X
						002	流量、流速的计算	X
						003	抽提塔的比负荷计算	X
						004	加热炉过剩空气系数的计算	X
						005	精、废油收率的计算	X
						006	塔的物料平衡计算	X
						007	机泵效率的计算	X

三、理论知识试题

行业通用理论知识试题

判断题

1. 班组交接班记录必须凭旧换新。 (√)

2. 车间主要领导参加班组安全日活动每月不少于 2 次。 (×)

正确答案：车间主要领导参加班组安全日活动每月不少于 3 次。

3. 在剖视图中，零件后部的不见轮廓线、虚线一律省略不画。 (×)

正确答案：在剖视图中，零件后部的不见轮廓线、虚线一般省略不画，只有对尚未表达清楚的结构，才用虚线画出。

4. 剖面图是剖视图的一种特殊视图。（×）

正确答案：剖面图是零件上剖切处断面的投影，而剖视图是剖切后零件的投影。

5. 化工设备图的视图布置灵活，俯(左)视图可以配置在图面任何地方，但必须注明"俯(左)视图"的字样。（√）

6. 化工设备图中的零件图与装配图一定分别画在不同的图纸上。（×）

正确答案：化工设备图中的零件图可与装配图画在同张图纸上。

7. 零件图不需要技术要求，在装配图表述。（×）

正确答案：零件图一般需要技术要求。

8. 零件图用视图、剖视图、剖面图及其他各种表达方法，正确、完整、清晰地表达零件的各部分形状和结构。（√）

9. ISO 14000 系列标准对管理标准的一个重大改进，就是建立了一套对组织环境行为的评价体系，这便是环境行为评价标准。（√）

10. 环境管理体系的运行模式，遵守由查理斯·德明提供的规划策划(PLAN)、实施(DO)、验证(CHECK)和改进(ACTION)运行模式可简称 PDCA 模式。（√）

11. 环境管理体系的运行模式与其他管理的运行模式相似，共同遵循 PDCA 运行模式，没有区别。（×）

正确答案：环境管理体系的运行模式与其他管理的运行模式相似，除了共同遵循 PDCA 运行模式外，它还有自身的特点，那就是持续改进，也就是说它的环线是永远不能闭合的。

12. 采取隔离操作，实现微机控制，不属于防尘防毒的技术措施。（×）

正确答案：采取隔离操作，实现微机控制是防尘防毒的技术措施之一。

13. 严格执行设备维护检修责任制，消除"跑冒滴漏"是防尘防毒的技术措施。（×）

正确答案：严格执行设备维护检修责任制，消除"跑冒滴漏"是防尘防毒的管理措施。

14. 在 ISO 14001 环境管理体系中，初始环境评审是建立环境管理体系的基础。（√）

15. 在 HSE 管理体系中，定量评价指不对风险进行量化处理，只用发生的可能性等级和后果的严重度等级进行相对比较。（×）

正确答案：在 HSE 管理体系中，定性评价指不对风险进行量化处理，只用发生的可能性等级和后果的严重度等级进行相对比较。

16. HSE 管理体系规定，在生产日常运行中各种操作、开停工、检维修作业、进行基建及变更等活动前，均应进行风险评价。（√）

17. 对某项产品返工后仍需重新进行检查。（√）

18. ISO 9000 族标准中，质量审核是保证各部门持续改进工作的一项重要活动。（√）

19. ISO 9000 族标准的三种审核类型中，第三方审核的客观程度最高，具有更强的可信度。（√）

20. 平顶型直方图的形成由单向公差要求或加工习惯等引起。（×）

正确答案：平顶型直方图的形成往往因生产过程有缓慢因素作用引起。

21. 质量统计排列图分析是质量成本分析的方法之一。（√）

22. 质量统计因果图的作用是为了确定"关键的少数"。（×）

正确答案：质量统计排列图的作用是为了确定“关键的少数”。

23. 质量统计控制图上出现异常点时，才表示有不良品发生。 (×)

正确答案：不一定。在质量统计控制图上，即使点子都在控制线内，但排列有缺陷，也要判做异常。

24. 国际上通用的产品不良项分级共分三级。 (×)

正确答案：国际上通用的产品不良项分级共分四级。

25. 在计算机应用软件 Word 中插入的文本框不允许在文字的上方或下方。 (×)

正确答案：Word 中插入的文本框通过设置文本框格式当中的版式允许在文字的上方或下方。

26. 在计算机应用软件 Word 中绘制图形要求两个图形能准确对齐可通过调整绘图网格的水平、垂直间距来实现。 (√)

27. 在计算机应用软件 Excel 中“COUNTIF(　　)”函数的作用是计算某区域满足条件的单元格数。 (√)

28. Excel 数据表中汉字排序一般是按拼音顺序排序，但也可以按笔画排序。 (√)

29. Excel 数据表中分类汇总的选项包括分类字段、汇总方式两方面的内容。 (×)

正确答案：Excel 数据表中分类汇总的选项包括分类字段、汇总方式多方面的内容。

30. Excel 数据表中修改图表中的数据标志是通过图表区格式选项中的数据标志选项实现的。 (×)

正确答案：Excel 数据表中修改图表中的数据标志是通过数据系列格式选项中的数据标志选项实现的。

31. 班组建设不同于班组管理，班组建设是一个大概念，班组管理从属于班组建设。 (√)

32. 一般来说，班组的成本核算是全面的统计核算、业务核算和会计核算。 (×)

正确答案：一般来说，班组的成本核算是局部核算和群众核算。

33. 总结的基本特点是汇报性和陈述性。 (×)

正确答案：总结的基本特点是回顾过去，评估得失，指导将来。

34. 报告的目的在于把已经实践过的事情上升到理论认识，指导以后的实践，或用来交流，加以推广。 (×)

正确答案：报告的主要目的是下情上达，向上级汇报工作、反映情况、提出意见和建议。

35. 为了减少发文，可以把若干问题归纳起来向上级写综合请示，但不能多方请示。 (×)

正确答案：要坚持“一文一事”的原则，切忌“一文数事”使上级机关无法审批。

单选题

1. 班组交接班记录填写时，一般要求使用的字体是(B)。

A. 宋体　　B. 仿宋　　C. 正楷　　D. 隶书

2. 下列选项中不属于班组安全活动的内容是(A)。

A. 对外来施工人员进行安全教育

B. 学习安全文件、安全通报

C. 安全讲座、分析典型事故，吸取事故教训

D. 开展安全技术座谈、消防、气防实地救护训练

3. 安全日活动常白班每周不少于(D)次，每次不少于 1h。

A.4　B.3　C.2　D.1

4. 当物体结构形状复杂，虚线就愈多，为此，对物体上不可见的内部结构形状采用(C)来表示。

A. 旋转视图　B. 局部视图　C. 全剖视图　D. 端面图

5. 单独将一部分的结构形状向基本投影面投影需要用(B)来表示。

A. 旋转视图　B. 局部视图　C. 全剖视图　D. 端面图

6. 用剖切平面把物体完全剖开后所得到的剖视图称为(D)。

A. 局部剖视图　B. 局部视图　C. 半剖视图　D. 全剖视图

7. 画在视图外的剖面图称为(A)剖面图。

A. 移出　B. 重合　C. 局部放大　D. 局部

8. 重合在视图内的剖面图称为(B)剖面图。

A. 移出　B. 重合　C. 局部放大　D. 局部

9. 化工设备图中，表示点焊的焊接焊缝是(A)。

A.○　B.∪　C.△　D.⊿

10. 下列选项中，不属于零件图内容的是(D)。

A. 零件尺寸　B. 技术要求　C. 标题栏　D. 零件序号表

11. 在 HSE 管理体系中，(C)是管理手册的支持性文件，上接管理手册，是管理手册规定的具体展开。

A. 作业文件　B. 作业指导书　C. 程序文件　D. 管理规定

12. ISO 14001 环境管理体系共由(B)个要素所组成。

A.18　B.17　C.16　D.15

13. ISO 14000 系列标准的指导思想是(D)。

A. 污染预防　B. 持续改进

C. 末端治理　D. 污染预防，持续改进

14. 不属于防尘防毒技术措施的是(C)。

A. 改革工艺　B. 湿法除尘　C. 安全技术教育　D. 通风净化

15. 防尘防毒治理设施要与主体工程(A)、同时施工、同时投产。

A. 同时设计　B. 同时引进　C. 同时检修　D. 同时受益

16. 在 HSE 管理体系中，物的不安全状态是指使事故(B)发生的不安全条件或物质条件。

A. 不可能　B. 可能　C. 必然　D. 必要

17. 在 HSE 管理体系中，风险指发生特定危害事件的(C)性以及发生事件结果严重性的结合。

A. 必要　B. 严重　C. 可能　D. 必然

18. 在(B)情况下不能对不合格品采取让步或放行。

A. 有关的授权人员批准　B. 法律不允许

C. 顾客批准　D. 企业批准

19. 不合格品控制的目的是(C)。

A. 让顾客满意　　B. 减少质量损失

C. 防止不合格品的非预期使用　　D. 提高产品质量

20. 在 ISO 9001 族标准中，内部审核是(D)。

A. 内部质量管理体系审核

B. 内部产品质量审核

C. 内部过程质量审核

D. 内部质量管理体系、产品质量、过程质量的审核

21. 在 ISO 9001 族标准中，第三方质量管理体系审核的目的是(C)。

A. 发现尽可能多的不符合项

B. 建立互利的供方关系

C. 证实组织的质量管理体系符合已确定准则的要求

D. 评估产品质量的符合性

22. ISO 9000 族标准规定，(C)属于第三方审核。

A. 顾客进行的审核　　B. 总公司对其下属公司组织的审核

C. 认证机构进行的审核　　D. 对协作厂进行的审核

23. 在 ISO 9000 族标准中，组织对供方的审核是(D)。

A. 第一方审核　　B. 第一、第二、第三方审核

C. 第三方审核　　D. 第二方审核

24. 数据分组过多或测量读数错误而形成的质量统计直方图形状为(A)形。

A. 锯齿　　B. 平顶　　C. 孤岛　　D. 偏峰

25. 把不同材料、不同加工者、不同操作方法、不同设备生产的两批产品混在一起时，质量统计直方图形状为(D)形。

A. 偏向　　B. 孤岛　　C. 对称　　D. 双峰

26. 在质量管理过程中，以下哪个常用工具可用于明确“关键的少数”(A)。

A. 排列图　　B. 因果图　　C. 直方图　　D. 调查表

27. 质量统计图中，图形形状像“鱼刺”的图是(D)图。

A. 排列　　B. 控制　　C. 直方　　D. 因果

28. 在质量统计控制图中，若某个点超出了控制界限，就说明工序处于(D)。

A. 波动状态　　B. 异常状态　　C. 正常状态　　D. 异常状态的可能性大

29. 质量统计控制图的上、下控制限可以用来(B)。

A. 判断产品是否合格　　B. 判断过程是否稳定

C. 判断过程能力是否满足技术要求　　D. 判断过程中心与技术中心是否发生偏移

30. 产品的不良项分为 A、B、C、D 四级，A 级不良项是指产品的(C)不良项。

A. 轻微　　B. 一般　　C. 致命　　D. 严重

31. 产品的不良项分为 A、B、C、D 四级，C 级不良项是指产品的(B)不良项。

A. 轻微　　B. 一般　　C. 致命　　D. 严重

32. 在计算机应用软件 Word 中插入的图片(A)。

A. 可以嵌入到文本段落中

B. 图片的位置可以改变，但大小不能改变

C. 文档中的图片只能显示，无法用打印机打印输出

D. 不能自行绘制，只能从 Office 的剪辑库中插入

33. 在 Excel97 工作表中，单元格 C4 中有公式"＝A3＋＄C＄5"，在第 3 行之前插入一行之后，单元格 C5 中的公式为(A)。

A. ＝A4＋＄C＄6　　B. ＝A4＋＄C＄5

C. ＝A3＋＄C＄6　　D. ＝A3＋＄C＄5

34. [A↓Z]图中所指的按钮是(B)。

A. 降序按钮　　B. 升序按钮　　C. 插入字母表　　D. 删除字母表

35. 建立图表的方法是从(C)菜单里点击图表。

A. 编辑　　B. 视图　　C. 插入　　D. 工具

36. 班组管理是在企业整个生产活动中，由(D)进行的管理活动。

A. 职工自我　　B. 企业　　C. 车间　　D. 班组自身

37. 属于班组经济核算主要项目的是(C)。

A. 设备完好率　　B. 安全生产　　C. 能耗　　D. 环保中的三废处理

多选题

1. 属于班组交接班记录的内容是(A，B，C)。

A. 生产运行　　B. 设备运行　　C. 出勤情况　　D. 安全学习

2. 下列属于班组安全活动的内容是(B，C，D)。

A. 对外来施工人员进行安全教育

B. 学习安全文件、安全通报

C. 安全讲座、分析典型事故，吸取事故教训

D. 开展安全技术座谈，消防、气防实地救护训练

3. 化工设备装配图中，螺栓连接可简化画图，其中所用的符号可以是(C，D)。

A. 细实线＋　　B. 细实线×　　C. 粗实线＋　　D. 粗实线×

4. 下列选项中，属于零件图内容的是(A，C)。

A. 零件尺寸　　B. 零件的明细栏　　C. 技术要求　　D. 零件序号表

5. 清洁生产审计有一套完整的程序，是企业实行清洁生产的核心，其中包括以下(B，C，D)阶段。

A. 确定实施方案　　B. 方案产生和筛选　　C. 可行性分析　　D. 方案实施

6. HSE 体系文件主要包括(A，B，C)。

A. 管理手册　　B. 程序文件　　C. 作业文件　　D. 法律法规

7. 下列叙述中，属于生产中防尘防毒技术措施的是(A，B，C，D)。

A. 改革生产工艺　　B. 采用新材料新设备

C. 车间内通风净化　　D. 湿法除尘

8. 下列叙述中，不属于生产中防尘防毒的管理措施的有(A，B)。

A. 采取隔离法操作,实现生产的微机控制　　B. 湿法除尘

C. 严格执行安全生产责任制　　D. 严格执行安全技术教育制度

9. 我国在劳动安全卫生管理上实行"(A，B，C，D)"的体制。

A. 企业负责　　B. 行业管理　　C. 国家监察　　D. 群众监督

10. 在 HSE 管理体系中，危害识别的状态是(A，B，C)。

A. 正常状态　　B. 异常状态　　C. 紧急状态　　D. 事故状态

11. 在 HSE 管理体系中，可承受风险是根据企业的(A，B)，企业可接受的风险。

A. 法律义务　　B.HSE 方针　　C. 承受能力　　D. 心理状态

12. 在 HSE 管理体系中，风险控制措施选择的原则是(A，B)。

A. 可行性　　B. 先进性、安全性

C. 经济合理　　D. 技术保证和服务

13. 对于在产品交付给顾客及产品投入使用时才发现不合格产品，可采用以下方法处置(B，D)。

A. 一等品降为二等品　　B. 调换

C. 向使用者或顾客道歉　　D. 修理

14. 在 ISO 9000 族标准中，关于第一方审核说法正确的是(A，B，D)。

A. 第一方审核又称为内部审核

B. 第一方审核为组织提供了一种自我检查、自我完善的机制

C. 第一方审核也要由外部专业机构进行的审核

D. 第一方审核的目的是确保质量管理体系得到有效地实施

15. 质量统计排列图的作用是(A，B)。

A. 找出关键的少数　　B. 识别进行质量改进的机会

C. 判断工序状态　　D. 度量过程的稳定性

16. 质量统计因果图具有(C，D)特点。

A. 寻找原因时按照从小到大的顺序　　B. 用于找到关键的少数

C. 是一种简单易行的科学分析方法　　D. 集思广益，集中群众智慧

17. 质量统计控制图包括(B，C，D)。

A. 一个坐标系　　B. 两条虚线　　C. 一条中心实线　　D. 两个坐标系

18. 产品不良项的内容包括(A，C，D)。

A. 对产品功能的影响　　B. 对质量合格率的影响

C. 对外观的影响　　D. 对包装质量的影响

19. 在计算机应用软件 Word 中页眉设置中可以实现的操作是(A，B，D)。

A. 在页眉中插入剪贴画　　B. 建立奇偶页内容不同的页眉

C. 在页眉中插入分隔符　　D. 在页眉中插入日期

20. 在计算机应用软件 Excel 中单元格中的格式可以进行(A，B，C)等操作。

A. 复制　　B. 粘贴　　C. 删除　　D. 连接

21. 自动筛选可以实现的条件是(A，C，D)。

A. 自定义　　B. 数值　　C. 前 10 个　　D. 全部

22. 对于已生成的图表，说法正确的是(A，B，D)。

A. 可以改变图表格式　　B. 可以更新数据

C. 不能改变图表类型　　D. 可以移动位置

23. 班组的劳动管理包括(A，B，D)。

A. 班组的劳动纪律　　B. 班组的劳动保护管理

C. 对新工人进行“三级教育”　　　　D. 班组的考勤、考核管理

24. 班组生产技术管理的主要内容有(A，C，D)。

A. 定时查看各岗位的原始记录，分析判断生产是否处于正常状态

B. 对计划完成情况进行统计公布并进行分析讲评

C. 指挥岗位或系统的开停车

D. 建立指标管理账

25. 在班组经济核算中，从项目的主次关系上看，属于主要项目的有(A，C，D)指标。

A. 产量　　B. 安全生产　　C. 质量　　D. 工时

26. 总结与报告的主要区别是(A，C，D)不同。

A. 人称　　B. 文体　　C. 目的　　D. 要求

27. 报告与请示的区别在于(A，B，C，D)不同。

A. 行文目的　　B. 行文时限　　C. 内容　　D. 结构

28. 请示的种类可分为(A，B，C，D)的请示。

A. 请求批准　　B. 请求指示　　C. 请求批转　　D. 请求裁决

简答题

1. 清洁生产审计有哪几个阶段？

答：①筹划与组织；②预评估；③评估；④方案产生和筛选；⑤可行性分析；⑥方案实施；⑦持续清洁生产。

2. ISO 14001 环境管理体系由哪些基本要素构成？

答：ISO 14001 环境管理体系由环境方针、规划、实施、测量和评价、评审和改进等五个基本要素构成。

3. 防尘防毒的主要措施是什么？

答：我国石化工业多年来治理尘毒的实践证明，在大多数情况下，靠单一的方法防尘治毒是行不通的，必须采取综合治理措施。即首先改革工艺设备和工艺操作方法，从根本上杜绝和减少有害物质的产生，在此基础上采取合理的通风措施，建立严格的检查管理制度，这样才能有效防止石化行业尘毒的危害。

4. 什么叫消除二次尘毒源？

答：对于因“跑冒滴漏”而散落地面的粉尘、固、液体有害物质要加强管理，及时清扫、冲洗地面，实现文明生产，叫消除二次尘毒源。

5. 什么是劳动安全卫生管理体制中的“行业管理”？

答：劳动安全卫生管理体制中的“行业管理”就是行业主管部门根据本行业的实际和特点切实提出本行业的劳动安全卫生管理的各项规章制度，并监督检查各企业的贯彻执行情况。

6. 简述 ISO 14001 环境管理体系建立的步骤。

答：一般而言，建立环境管理体系过程包括以下六大阶段：①领导决策与准备；②初始环境评审；③体系策划与设计；④环境管理体系文件编制；⑤体系运行；⑥内部审核及管理评审。

7. HSE 管理体系中危害识别的思路是什么？

答：①存在什么危害(伤害源)？②谁(什么)会受到伤害？③伤害怎样发生？

8. 什么是第一方审核？第二方审核？第三方审核？

答： 第一方审核又称为内部审核，第二方审核和第三方审核统称为外部审核。①第一方审核指由组织的成员或其他人员以组织的名义进行的审核。这种审核为组织提供了一种自我检查、自我完善的机制。②第二方审核是在某种合同要求的情况下，由与组织有某种利益关系的相关方或由其他人员以相关方的名义实施的审核。这种审核旨在为组织的相关方提供信任的证据。③第三方审核是由独立于受审核方且不受其经济利益制约的第三方机构依据特定的审核准则，按规定的程序和方法对受审核方进行的审核。

9. 什么是排列图？

答： 排列图又叫帕累托图，在质量管理中，排列图是用来寻找影响产品质量的主要问题，确定质量改进关键项目的图。

10. 控制图的主要用途是什么？

答： ①分析用的控制图主要用于分析工艺过程的状态，看工序是否处于稳定状态；②管理用的控制图主要用于预防不合格品的产生。

11. 国际上通用的产品不良项分为几级？

答： 国际上通用的产品不良项分级共分为：致命(A 级)、严重(B 级)、一般(C 级)、轻微(D 级)四级。

12. 班组在企业生产中的地位如何？

答： ①班组是企业组织生产活动的基本单位；②班组是企业管理的基础和一切工作的立脚点；③班组是培养职工队伍，提高工人技能的课堂；④班组是社会主义精神文明建设的重要阵地。

13. 班组管理有哪些基本内容？

答： ①建立和健全班组的各项管理制度；②编制和执行生产作业计划，开展班组核算；③班组的生产技术管理；④班组的质量管理；⑤班组的劳动管理；⑥班组的安全管理；⑦班组的环境卫生管理；⑧班组的思想政治工作。

14. 班组经济核算的基本原则和注意事项是什么？

答： 班组经济核算应遵循“干什么、管什么、算什么”的原则，力求注意三个问题：一是计算内容少而精；二是分清主次；三是方法简洁。

15. 总结的写作要求是什么？

答： ①要新颖独特，不能报流水账；②要重点突出，找出规律，避免事无巨细面面俱到；③要实事求是，全面分析问题，从中找出经验教训；④要材料取舍得当；⑤要先叙后议或夹叙夹议。

16. 什么是报告？

答： 报告是下级机关向上级机关汇报工作、反映情况、提出意见或建议，答复上级机关的询问时使用的行文。

17. 请示的特点是什么？

答： 请示的最大特点是请求性。指本机关、本部门打算办理某件事情，而碍于无权自行决定、或者无力去做，或不知该不该办，必须请求上级机关批准、同意后方可办理。

职业通用理论知识试题(《润滑油、脂生产工》)

判断题

1. 混合气体中某气体 i 的分压 P_i 等于其“物质的量”分数 y_i 与总压 P 的乘积。 (√)

2. 化学反应速度只有平均速度一种表示方法。 (×)

正确答案： 化学反应速度有平均速度和瞬时速度之分。

3. 对于具有一定表面积的固体或液体参加的多相反应，其反应速度与固体或液体的量(或浓度)成正比。 (×)

正确答案： 对于具有一定表面积的固体或液体参加的多相反应，其反应速度与固体或液体的量(或浓度)无关。

4. 化学平衡向某一方向移动时，该方向上的产物在混合物中的百分含量必然增大。 (×)

正确答案： 不一定，若是由反应物浓度增大引起的化学平衡移动，会造成平衡时反应混合物总的物质的量的增加，所以产物在混合物中的百分含量是否增大，需要计算。

5. 用溶液中任一物质的量与该溶液中所有物质的量之和的比来表示的溶液组成的方法叫物质的量分数。 (√)

6. 分子结构中必须有不饱和的价键才能发生加成反应。 (√)

7. 聚合反应生成的高分子物质称为聚合物。 (√)

8. 将乙烯、乙烷两种气体通入高锰酸钾溶液中，能使高锰酸钾溶液褪色的气体为乙烷。(×)

正确答案： 将乙烯、乙烷两种气体通入高锰酸钾溶液中，能使高锰酸钾溶液褪色的气体为乙烯。

9. 将乙炔气体通入溴水的红棕色溶液中，溴水的红棕色立刻消失。 (√)

10. 萘的分子式是 $C_{10}H_8$，它由两个苯环共用两个相邻的碳原子稠和而成。 (√)

11. 当石油中的特性因数为 12.7 时，说明油品中含有较多的环烷烃。 (×)

正确答案： 当石油中的特性因数为 12.7 时，说明油品中含有较多的烷烃。

12. 原油在实沸点蒸馏装置中按相对密度高低被切割成多个窄馏分和渣油。 (×)

正确答案： 原油在实沸点蒸馏装置中按沸点高低被切割成多个窄馏分和渣油。

13. 平均沸点有好几种，意义和用途也不一样，但都是根据恩氏蒸馏体积平均沸点和斜率求得的。 (√)

14. 油品的馏程因所用的蒸馏设备不同所测得的数值也有所差别。 (√)

15. 通常，测量轻质油品的闪点一般选用开杯闪点法。 (×)

正确答案： 测量轻质油品的闪点一般选用闭杯闪点法。

16. 黏度比值越小表示油品的黏温特性越差。 (×)

正确答案： 黏度比值越小表示油品的黏温特性越好。

17. 条件黏度是指液体的动力黏度与其同温度、压力下的密度之比。 (×)

正确答案： 条件黏度是指在一定温度下，在一定的仪器中，将一定体积的油品流出的时间(s)与同体积水流出时间之比作为其黏度值。

18. 油品的相对密度越低，其闪点越高。 (×)

正确答案： 油品的相对密度越低，其闪点越低。

19. 油品的相对密度愈低，其自燃点愈低。 (×)

正确答案： 油品的相对密度愈低，其自燃点愈高。

20. 润滑油加工时必须脱蜡，以除去其中的高凝固点的正构烷烃，改善润滑油的低温流动性。 (√)

21. 最小回流比和全回流是分馏塔操作的两个极端条件。 (√)

22. 用精馏方法分离液体混合物的根本依据是各组分间挥发度不同。 (√)

23. 精馏塔上部的作用是将气相部分中的重组分提浓，在塔底得到合格的产品。 (×)

正确答案：精馏塔上部的作用是将气相部分中的轻组分提浓，在塔顶得到合格的产品。

24. 提馏段的作用是将进料的液相中的重组分提浓以保证塔底产品的质量，也提高了塔顶产品的收率。 (√)

25. 侧线产品汽提和常压塔底汽提的目的相同。 (×)

正确答案：侧线产品汽提是去除其中的低沸点组分，常压塔汽提是为了降低塔底重油350℃以上的组分，提高直馏轻质油的收率和提供汽提，保证塔内气液相共存。

26. 在催化剂藏量不变的情况下，提高空速意味着提高处理量，而降低空速将延长原料的反应时间。 (√)

27. 轻关键组分是指在进料中比其还要轻的组分及其自身的绝大部分进入馏出液中，而它在釜液中的含量应加以限制。 (√)

28. 润滑油的主要性能指标中包括润滑油要有与可能接触的橡胶制件等的相容性。 (√)

29. 目前工业上使用的溶剂主要是糠醛和酚，它们都具有最好的选择性和溶解能力。 (×)

正确答案：目前工业上使用的溶剂主要是糠醛和酚，它们的选择性和溶解能力属于中等程度。

30. 在传统的润滑油生产工序中，原料油先经过酮苯脱蜡后经过溶剂精制是正序。 (×)

正确答案：在传统的润滑油生产工序中，原料油先经过酮苯脱蜡后经过溶剂精制是反序。

31. 在U形差压计内，连通着的同一介质在同一水平面上的压强相等。 (√)

32. 法兰的材料不同，工作温度相同，则允许的最大工作压力与公称压力相同。 (×)

正确答案：法兰的材料不同，工作温度不同，则允许的最大工作压力与公称压力也不相同。

33. 对流传热是通过温度由物体温度较高的位置沿物体本身传向温度较低部分的传热方式。 (×)

正确答案：对流传热是流体间特有的传热方式，依靠流体的流动，也就是各分子间相对位置的改变来传递热量。

34. 炼厂中，热量传递主要采用辐射传热的设备有加热炉和锅炉。 (√)

35. 离心泵出现气蚀现象即是液体汽化——冲击空穴——汽体凝结——叶片剥蚀的过程。 (×)

正确答案：离心泵出现气蚀现象即是液体汽化——汽体凝结——形成空穴——冲击空穴——叶片剥蚀的过程。

36. 金属的腐蚀破坏作用过程可以分为电化学腐蚀和化学腐蚀两大类。 (√)

37. 压缩比是指压缩机进口压力与出口压力之比。 (×)

正确答案：压缩比是气体加压后与加压前的绝对压力之比。

38. 管道检修验收时要求提交隐蔽工程纪录。 (√)

39. 现在炼厂一般采用高压蒸汽对燃料油进行雾化，使各个燃烧器火焰长短均匀，确保燃料油充分燃烧。 (√)

40. 充足的空气对充分燃烧有利，所以过剩空气系数越大越好。 (×)

正确答案：过剩空气系数过大，会使进入炉膛空气过多，炉膛温度下降，影响传热效率，增加烟气量带走大量热量。

41. 波纹管机械密封的动环在静环磨损后可自由向前移动，保证了密封面间隙。因没有使用橡胶"O"形圈，故适宜用于高温离心泵。 (√)

42. 板式塔的主要部件包括：塔体、封头、塔裙、接管、人孔、平台、塔盘等。 (√)

43. 装置收率不正常，物料表出现故障等情况应立即检定。 (√)

44. 有的测量结果没有误差。 (×)

正确答案：测量结果都含有误差。

45. 操作者的固有习惯、估读能力、视觉差异等均可造成测量误差。 (√)

46. 电动温度变送器的特点是反映比较灵敏。 (√)

47. 调节阀工作在小开度有利于延长使用寿命。 (×)

正确答案：调节阀工作在小开度不利于延长使用寿命。

48. 闭合电路的电流，与电源电动势成正比，与整个电路的电阻成反比。 (√)

49. 在串联交流电路中，总电压是各分电压的矢量和。 (√)

50. 对于管线，机泵等产生的静电，可通过安装防静电接地装置加以消除。 (√)

51. 控制开关的作用主要是接通或截断电路。 (√)

52. 电流为 100mA 时，称为致命电流。 (×)

正确答案：电流为 50mA 时，即称为致命电流。

53. 混联电路的总电流等于各电阻的电流之和。 (×)

正确答案：混联电路的总电流等于混联电路中并联各支路的电流之和。

54. 存在连续释放源的区域可划为 1 区。 (×)

正确答案：存在连续释放源的区域可划为 0 区。

55. 鼠笼式电动机属于直流电动机。 (×)

正确答案：鼠笼式电动机属于交流电动机。

单选题

1. 混合气体中，某气体 i 对器壁施加的压力，称为该气体的(A)。

A. 分压　　B. 壁压　　C. 总压　　D. 气压

2. 化学反应速度通常将其定义为，一定温度下反应在(C)内引起某物质分压或浓度改变的绝对值。

A. 单位体积　　B. 单位面积　　C. 单位时间　　D. 单位温度

3. 在一定温度下，基元反应与反应物的浓度(C)。

A. 无关　　B. 成反比　　C. 成正比　　D. 不变

4. 在 500℃时，达到化学平衡时，若保持其他条件不变，使用催化剂，则(A)。

A. 正、逆反应速度加快　　B. 正、逆反应速度减慢

C. 正反应速度加快，逆反应速度变慢　D. 正反应速度变慢，逆反应速度加快

5. 在室温下，将 1mol 的食盐和 10mol 的水混合后，所形成的溶液中的食盐的物质的量

分数为(B)。

A. 0.1　　B. 0.091　　C. 0.111　　D. 0.245

6. 29.3g 氯化钠配制成 1000mL 的氯化钠溶液，其物质的量的浓度是(B)mol/L。相对原子质量(Na 为 23，Cl 为 35.5)

A. 1.0　　B. 0.5　　C. 1.5　　D. 2.0

7. 烯烃打开碳碳双键中的 π 键，在连结双键的两个原子上各加上一个原子或基团的反应，称为(A)。

A. 加成反应　　B. 氧化反应　　C. 氯化反应　　D. 取代反应

8. 由单体合成为相对分子质量较高的化合物的反应是(B)。

A. 加成反应　　B. 聚合反应　　C. 氧化反应　　D. 卤化反应

9. 乙烯通入冷的高锰酸钾碱性或中性溶液时，发生的反应说明了烯烃的(B)。

A. 氧化性　　B. 还原性　　C. 酸性　　D. 分解性

10. 炔烃的加成反应基本上与烯烃相似，但反应是(C)进行的。

A. 同时　　B. 瞬时　　C. 逐步　　D. 缩合

11. 下列关于芳烃物化性质的说法，不正确的是(D)。

A. 芳烃可分为单环芳烃、多环芳烃、稠环芳烃

B. 芳烃不溶于水，易溶于乙醚等有机溶剂

C. 芳烃具有毒性

D. 蒽是由两个苯环共用相邻的碳原子而成的芳烃

12. 环烷烃的特性因数值约为(A)。

A. 11 ~ 12　　B. 10 ~ 11　　C. 12 ~ 13　　D. 9 ~ 10

13. 实沸点蒸馏是用来考查(A)组成的实验室方法。

A. 石油馏分　　B. 烃类组成　　C. 化学组成　　D. 分子结构

14. 石油馏分用来表征其蒸发气化的能力的温度范围称为(A)。

A. 馏程　　B. 蒸汽压　　C. 气化温宽　　D. 气化程

15. 测量润滑油的闪点时，通常采用(A)。

A. 闭口闪点仪　　B. 李氏闪点仪　　C. 开口闪点仪　　D. 恩氏闪点仪

16. 在一定温度下，在一定的仪器中，将一定体积的油品流出的时间与同体积水流出时间之比作为其黏度值称为(D)。

A. 黏温特性　　B. 动力黏度　　C. 运动黏度　　D. 条件黏度

17. 当重油中混有轻组分时，油品的闪点会 (B)。

A. 升高　　B. 降低　　C. 不变　　D. 无法确定

18. 下列物质中，自燃点最高的是(C)。

A. 正丁烷　　B. 正已烷　　C. 苯　　D. 甲苯

19. 润滑油组分中，环烷烃影响油品的(C)。

A. 酸值　　B. 残碳　　C. 黏度　　D. 抗氧化性

20. 理论研究认为，一定理论塔板数的分馏塔在进料及分离要求不变时，所需理论塔板数无限多的回流比称为(B)。

A. 最大回流比　　B. 最小回流比　　C. 限度回流比　　D. 理想回流比

21. 精馏塔进料口以上至塔顶部分称为(D)。

A. 加热段　B. 提馏段　C. 进料段　D. 精馏段

22. 在蒸馏塔的塔底及侧线汽提塔的塔底，直接吹入过热水蒸汽，以降低油品的分压，使油品在较低的沸点下汽化的操作是(B)。

A. 闪蒸　B. 汽提　C. 精馏　D. 蒸发

23. 单位时间内通过单位床层催化剂的原料量称为(C)。

A. 汽提量　B. 停留时间　C. 空速　D. 空塔气速

24. 对多组分液体混合物精馏分离过程中被选定的一对有决定意义的组分是指(D)。

A. 重要馏分　B. 重要组分　C. 关键馏分　D. 关键组分

25. 降低摩擦和减缓磨损，要求润滑油具有良好的(B)。

A. 冷却作用　B. 润滑作用　C. 抗乳化性能　D. 抗氧化安定性

26. 在国内传统的润滑油生产工序中，脱除原料中的石蜡成分的工序是(D)。

A. 溶剂精制　B. 白土补充精制　C. 调合　D. 酮苯

27. 下列关于压强的单位换算，表达错误的是(C)。

A. $1\text{atm} = 1.0133 \times 10^5\text{Pa}$　B. $1\text{kgf/cm}^2 = 735.6\text{mmHg}$

C. $1\text{kgf/cm}^2 = 10.33\text{mH}_2\text{O}$　D. $1\text{atm} = 760\text{mmHg}$

28. 同一液体，相同温度，流经材质相同的两个管道，质量流速相同，若 $d_1/d_2 = 1:2$，则 $Re_1:Re_2$ 为(B)。

A. 1:1　B. 1:2　C. 2:1　D. 1:4

29. 同一液体，相同温度，流经材质相同的两个管道，质量流量相同，若 $d_1/d_2 = 1:2$，则 $u_1:u_2$ 为(A)。

A. 4:1　B. 1:2　C. 2:1　D. 1:4

30. 一般不适合氢气管线的垫片是(B)。

A. 金属垫片　B. 非金属垫片　C. 复合密封垫　D. 聚四氟乙烯垫片

31. 下列主要是以辐射传热方式进行热量交换的设备是(D)。

A. 浮头式换热器　B. 空冷器

C. 套管式换热器　D. 加热炉

32. 金属在完全没有湿气凝结在其表面的情况下所发生的腐蚀称为(A)。

A. 气体腐蚀　B. 非电解液的腐蚀

C. 电解液的腐蚀　D. 应力腐蚀

33. 关于压缩机的压缩比，叙述正确的是(C)。

A. 压缩比是压缩机进口压力与出口压力之比

B. 压缩比是压缩机出口压力与进口压力之比

C. 压缩比是气体压缩后与压缩前绝对压力之比

D. 压缩比是气体出口压力与真空度之比

34. 管道检修现场验收的主要标准是(B)。

A. 检修记录准确齐全

B. 管道油漆完好无损，附件灵活好用，运行一周无泄漏

C. 提交检修过程技术资料

D. 管道耐压试验报告

35. 通过调节(A)可以使燃料油雾化良好，燃烧充分。

A. 燃料油和雾化蒸汽阀门　　B. 风门、气门

C. 油门　　D. 雾化蒸汽阀门

36. 过剩空气系数 α 是指(B)。

A. 理论进风量与实际空气量之比　　B. 实际空气量与理论空气量之比

C. 实际进气量与所需氧气之比　　D. 理论进气量与所需氧气之比

37. 介质作用在动环上有效面积(C)动静环端面接触面积的机械密封为平衡型机械密封。

A. 等于　　B. 大于　　C. 小于　　D. 没有关系

38. 舌型塔盘属于(D)。

A. 泡罩形塔盘　　B. 浮阀形塔盘

C. 筛板形塔盘　　D. 喷射形塔盘

39. 用于企业对外贸易结算方面的物料计量表，其检定周期要求按(A)进行检定。

A. 国家检定规程规定的检定周期　　B. 装置检修期

C. 检定周期固定为每年二次　　D. 检定周期固定为每年四次

40. 用来表示测量结果中随机误差大小的程度的是(B)。

A. 正确度　　B. 精密度　　C. 准确度　　D. 分散度

41. 常用热电偶中，热电势最大灵敏度最高的是(D)。

A. LB 形　　B. S 形　　C. K 形　　D. E 形

42. 闭合电路欧姆定律表达式正确的是(D)。

A. $I=\dfrac{U}{R}$　　B. $U=IR$　　C. $I=\dfrac{E}{R}$　　D. $I=\dfrac{E}{R+r}$

43. 正弦交流电的三要素指的是(C)。

A. 频率、有效值、相位角　　B. 幅值、周期、初相角

C. 幅值、角频率、初相角　　D. 有效值、幅值、相位角

44. 我国规定，电压(C)V 以下不必考虑防止电击的危险。

A. 36　　B. 65　　C. 25　　D. 110

45. 下列图中正确的混联电路图是(B)。

A. 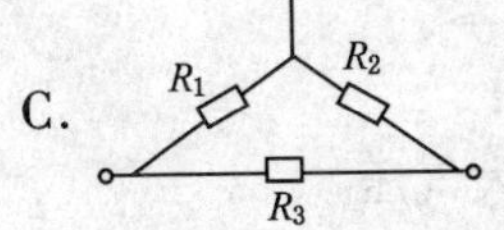

B. 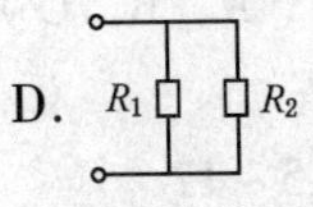

C.　　D.

46. 在正常运行时，不可能出现爆炸性气体混合物的环境，按规定属(C)区。

A. 0　　B. 1　　C. 2　　D. 附加 2

47. 交流电动机主要由(B)组成。

A. 机座和端盖　　B. 转子和定子　　C. 罩壳和机座　　D. 机座和定子

多选题

1. 某一多相反应的化学反应速度的大小与(A，B，C，D)有关。

A. 该反应过程的机理　　B. 反应温度及反应物浓度

C. 催化剂　　D. 相与相间的接触面积以及扩散速度

2. 影响化学反应速度的因素有(A，B，C，D)。

A. 催化剂　　B. 反应物的接触表面积

C. 气体反应中的分压或浓度　　D. 温度

3. 化学平衡的特征有(A，B，C，D)。

A. 正、逆反应速度相等　　B. 动态平衡

C. 平衡可从正、逆反应两方面达到　　D. 平衡是有条件的

4. 乙醇的水溶液中，m_A、m_B 表示溶液中乙醇和 H_2O 的物质的量，下面关于物质的量分数表达正确的是(A，B)。

A. 乙醇的物质的量分数：$\frac{m_A}{m_A + m_B}$　　B. H_2O 的物质的量分数：$\frac{m_B}{m_A + m_B}$

C. 乙醇的物质的量分数：$\frac{m_A}{m_B}$　　D. H_2O 的物质的量分数：$\frac{m_B - m_A}{m_B + m_A}$

5. 关于某一体系理想气体，下列等式表达正确的有(A，C)。

A. T 一定时，$\frac{P_2}{P_1} = \frac{V_1}{V_2}$　　B. T 一定时，$\frac{P_2}{P_1} = \frac{V_2}{V_1}$

C. V 一定时，$\frac{P_2}{P_1} = \frac{T_2}{T_1}$　　D. V 一定时，$\frac{P_2}{P_1} = \frac{T_1}{T_2}$

6. 可以与烯烃发生加成反应的物质有(A，B，C，D)。

A. 氢气　　B. 氯气　　C. 卤化氢　　D. 水

7. 烯烃结构中的双键与（ A，C)反应称为烯烃的氧化反应。

A. 氧　　B. 碳　　C. 氧基团　　D. 氢

8. 下列属于炔烃的加成反应的是(A，B，C)。

A. 催化加氢　　B. 加卤素　　C. 加水　　D. 氧化

9. 下列各组物质中，属于同分异构体的是(A，B)。

A. 乙苯和对二甲苯　　B. 邻二甲苯和间二甲苯

C. 苯和己烷　　D. 萘和蒽

10. 利用特性因数的方法可以判断石油中(A，C，D)烃类的多少。

A. 烷烃　　B. 二烯烃　　C. 环烷烃　　D. 芳香烃

11. 实沸点蒸馏试验需具备（ A，B，C)。

A. 间歇式釜式精馏设备　　B. 回流比为 5:1

C. 精馏柱理论板数为 15 ~ 17　　D. 压力是 1 个大气压

12. 可以通过(A，B，D)性质数据，都可以由“石油馏分特性因数和相对分子质量图”查得油品的平均相对分子质量。

A. 相对密度、中平均沸点　　B. 特性因数、苯胺点

C. 相对密度、蒸气压　　D. 相对密度、特性因数

13. 测定油品闪点是一个严格的条件性试验，其仪器分为（B，C）。

A. 闭口闪点仪　B. 李氏闪点仪　C. 开口闪点仪　D. 恩氏闪点仪

14. 测定高温下的油品的黏度比，选择的基准温度是（B，C）℃。

A. 20　B. 50　C. 100　D. 150

15. 属于条件黏度的是（A，B，C）。

A. 恩氏黏度　B. 雷氏黏度　C. 赛氏黏度　D. 运动黏度

16. 润滑油中除含有烃类外，还含有（B，C，D）化合物。

A. 金属　B. 硫　C. 氮　D. 氧

17. 实际操作时的回流比应介于（B，C）之间。

A. 回流比　B. 全回流　C. 最小回流比　D. 零回流

18. 在精馏过程中必须提供气液两相密切接触的场所，称之为（A，C）。

A. 填料　B. 溢流堰　C. 塔板　D. 降液管

19. 一个完整的常规精馏塔应包括（B，C，D）。

A. 汽提　B. 塔顶冷凝器　C. 中间进料　D. 塔底再沸器

20. 下列关于提馏段的说法，正确的是（A，B）。

A. 提馏段气相回流比是提馏段上升蒸气量与釜液馏出量之比

B. 提馏段操作线方程斜率大于 1

C. 降低气相回流比，有利于釜液的提纯

D. 提馏段的作用是提馏上升气体中易挥发组分，减少釜液中的易挥发组分

21. 在石油炼制过程中，空速通用的表示方法有（C，D）。

A. 摩尔空速　B. 流量空速　C. 质量空速　D. 体积空速

22. 润滑油必须具备的性能是（A，B，C，D）。

A. 润滑性　B. 流动性　C. 消泡性　D. 抗氧化性

23. 润滑油生产中选择溶剂时需要满足多种条件，其中主要的性质就是（A，D）。

A. 选择性　B. 毒性　C. 热功当量　D. 溶解能力

24. 润滑油生产中的原料通常来源于蒸馏的（C，D）。

A. 常一线　B. 常二线　C. 减二线　D. 减三线

25. 法兰的公称压力和允许工作压力的差别，则完全取决于（A，B）。

A. 法兰材料　B. 法兰的工作温度

C. 一定温度　D. 一定材料

26. 常见密封法兰面有（B，C，D）。

A. 罗纹面　B. 平面　C. 凹凸面　D. 榫槽面

27. 热量传递的方式有（A，B，C）。

A. 热传导　B. 对流　C. 热辐射　D. 潜热

28. 炼厂中常见的以辐射传热为主的设备有（A，B）。

A. 加热炉　B. 锅炉　C. 管壳式换热器　D. 套管式换热器

29. 改进泵本身结构参数或结构形式来提高离心泵抗气蚀措施有（A，B，C）。

A. 设置诱导轮　B. 设计工况下叶轮有较大正冲角

C. 采用抗气蚀材质　D. 减小叶轮入口处直径

30. 局部腐蚀的类型很多，主要有(A，B，C，D)。

A. 斑点腐蚀　　B. 缝隙腐蚀

C. 晶间腐蚀和应力腐蚀开裂　　D. 氢侵蚀

31. 管道检修的验收项目有 (A，B，C)。

A. 检修记录准确齐全

B. 管道油漆完好无损，附件灵活好用，运行一周无泄漏

C. 提交检修过程技术资料

D. 管道耐压试验报告

32. 下列叙述正确的是(A，B，C)。

A. 烟囱挡板大开，风门关小，会使炉内负压过大

B. 烟囱挡板微开，风门大开，会使炉内形成局部正压

C. 适当调节烟囱挡板可以保持炉膛负压

D. 烟囱挡板大开，风门关小，会使炉内形成局部正压

33. 对于过剩空气系数 α，下列叙述正确的是(B，D)。

A. 理论进风量与实际空气量之比　　B. 实际空气量与理论空气量之比

C. 该值大于 1　　D. 该值小于 1

34. 单弹簧式机械密封适用于(A，B)的机械密封。

A. 大轴径　　B. 低速　　C. 小轴径　　D. 高速

35. 常见的、可在塔设备中完成的分离单元操作有 (A，B，C，D)。

A. 精馏　　B. 吸收　　C. 解吸　　D. 萃取

36. 当物料表出现故障时，正确的处理方法是(A，B)。

A. 停用两天以内可按停表前收率估量

B. 超过两天按照该生产方案最小收率估量

C. 生产车间认为计量不准可随意报废

D. 生产车间自己维修

37. 修正值是(A，D)。

A. 用于补偿假设的系统误差之值　　B. 引用误差的数值

C. 相对误差　　D. 等于系统误差的负值

38. 计量误差主要来源于(A，B，C，D)。

A. 设备误差　　B. 环境误差　　C. 人员误差　　D. 方法误差

39. 电动调节仪表的变送器通常有(B，C)。

A. 弹簧变送器　　B. 差压变送器　　C. 温度变送器　　D. 静力变送器

40. 气动薄膜调节阀工作不稳定，产生振荡，是因为(A，B，C，D)。

A. 调节器输出信号不稳定

B. 管道或基座剧烈振动

C. 阀杆摩擦力大，容易产生迟滞性振荡

D. 执行机构刚度不够，会在全行程中产生振荡；弹簧预紧量不够，会在低行程中发生振荡

41. 闭合电路负载端电压的计算式为(C，D)。

A. $U=I(R+r)$　B. $U=E+IR$　C. $U=IR$　B. $U=E-Ir$

42. 对于交流电路的非纯电阻并联负载阻抗公式，下列正确的是(C，D)。

A. $Z=\dfrac{R_1 \cdot R_2}{R_1+R_2}$　B. $R=\dfrac{Z_1}{Z_1+Z_2}$　C. $Z=\dfrac{Z_1 \cdot Z_2}{Z_1+Z_2}$　D. $\dfrac{1}{Z}=\dfrac{1}{Z_1}+\dfrac{1}{Z_2}$

43. 关于静电产生的原因，以下说法正确的是(B，C)。

A. 直流发电机产生　B. 摩擦产生

C. 感应产生　D. 化学反应产生

44. 属于开关电器的是(A，B，C)。

A. 闸刀开关　B. 自动断路器　C. 减压启动器　D. 变送器

45. 属于防爆电机型号的是(A，C，D)。

A. YB—200S—4　B. Y—200—4　C. YB—200—6　D. YAG—200S—2

46. 通常根据(A，B，D)来判定电动机是否正常运行。

A. 电机的声音和振动　B. 电机各部位的温度

C. 电机的转向　D. 电机电流表的指示

简答题

1. 简述影响化学反应速度的因素。

① 浓度对化学反应速度的影响：增加反应物的浓度可以加快反应速度。

② 温度对化学反应速度的影响：温度升高往往会加速反应速度。

③ 催化剂对化学反应速度的影响：催化剂是一种能够加快反应速度而本身在反应前后的组成、数量和化学性质保持不变的物质。

④ 对于多相反应来说，还有另外一些因素：接触面、扩散作用等。

2. 什么是特性因数的概念？请写出它的公式。

答：①所谓特性因数，就是把相对密度与平均沸点关联起来，说明油品化学组成特性的一个复合参数；

② $K=1.216\dfrac{\sqrt[3]{T}}{d_{15.6}^{15.6}}$

3. 如何用特性因数来判断石油中烃类的含量？

答：当油品的特性因数约为12～13时，说明油品中烷烃含量高；当油品的特性因数介于11～12时，说明油品中环烷烃含量高；当油品的特性因数约为9.7～11时，说明油品中芳香烃含量高。

4. 油品的平均沸点有几种表示方法？

答：①体积平均沸点；②质量平均沸点；③实分子平均沸点；④立方平均沸点；⑤中平均沸点。

5. 简述润滑油生产工序中，选择溶剂的主要依据。

答：① 有良好的选择性。

② 对非理想组分的溶解能力要强，以保证精制油品的质量。

③ 具有较大的密度，溶剂与油的密度差大，利于分离。

④ 溶剂与油有较大的沸点差，有利于溶剂的循环使用。

⑤ 溶剂有较高的化学安定性，热安定性和抗氧化性。

⑥ 溶剂毒性小，无爆炸危险，来源容易，价格便宜。

6. 简答主要的润滑油生产的传统工序。

答：传统工序分为正序和反序；

正序的工序主要有：

减压蒸馏二线或三线产品⟶溶剂精制⟶酮苯脱蜡⟶白土补充精制⟶调合车间

反序的工序主要有：

减压蒸馏二线或三线产品⟶酮苯脱蜡⟶溶剂精制⟶白土补充精制⟶调合车间

7. 简述法兰压力等级的含义。

答：法兰公称压力是压力容器(设备)或管道的标准压力等级。每个公称压力是表示一定材料和一定温度下的最大工作压力。若材料不同，工作温度不同，则允许的最大工作压力与公称压力应进行换算。

8. 简述垫片选择的原则。

答：有良好的弹性、恢复性，能适应压力和温度变化。有适当的柔软性，能于接触面贴合在一起。不污染介质，加工性能好，安装拆卸方便。使用寿命长、价格合理。

9. 简述对流传热的含义和种类。

答：对流传热是依靠流体的运动，将热量由一处带到另一处的传递现象。对于没有相变的流体从驱动流体流动的原因来说，对流传热分为强制对流和自然对流。对于有相变的流体来说，对流传热分为蒸汽冷凝和液体沸腾两种。

10. 什么是辐射传热。

答：辐射传热是指一种由电磁波来传递能量的过程。物体对外发射辐射能以电磁波形式传递，在一定波长范围内显示为热效应，称为热辐射。

11. 加热炉“三门一板”是指什么？

答：①三门指油门、汽门、风门；②一板指烟囱挡板。

12. 简述减小过剩空气系数 α 应注意什么。

答：减小空气过剩系数 α 必须要保证燃料充分燃烧，确保炉子的热效率。

13. 简述机械密封的基本结构。

答：①主密封，即动环与静环相贴合的密封端面。②辅助密封，即动环辅助密封和静环辅助密封，不仅起辅助密封作用，还起缓冲作用。③补偿机构，即由弹性元件(弹簧)及相关零件(弹簧座等)组成的能够和动环一起进行轴向移动的部件(补偿机构也可设计在静环一侧)。④传动机构，即带动动环与轴一起回转的零件(紧固螺钉、传动销等)组成的机械密封的传动机构。

14. 简述板式塔的适用范围。

答：在板式塔中，塔内装有一定数量的塔盘，气体以鼓泡或喷射的形式穿过塔盘上的液层使两相密切接触，进行传质传热。两相的组分浓度沿塔高呈阶梯式变化。适用于蒸馏、吸收等单元操作。

15. 当负载电阻变化时，负载端电压将如何变化？

答：①当外电路电阻增大时，根据 $I=\dfrac{E}{R+r}$，可知，I 减小，再由 $U=E-Ir$ 可知负载端电压 U 增加。

② 外电路电阻减小时，基于上述理由，可知负载端电压 U 减小。

16. 在纯电感和纯电容电路中交流电压和电流的关系是怎样的？

答：(1) 在纯电感电路中交流电压和电流的关系是：

① 在相位电流滞后电压 90 度；

② 在数值上：$U = IX_L$。

(2) 在纯电容电路中交流电压和电流的关系是：

① 在相位电流超前电压 90 度；

② 在数值上：$U = IX_C$。

17. 已知一台防爆电机，防爆标志为 dⅡBT3，请说明其表示的内容。

答：d 表示属隔爆型；

Ⅱ表示工厂用；

B 表示区场所；

在该场所爆炸性气体引燃温度是在 200℃ < t ≤ 300℃范围之间。

18. 简述对称三相负载的概念。

答：如果各相负载相同，即它们的复数阻抗相等，$Z_A = Z_B = Z_C$；

其中，$R_A = R_B = R_C$ 和 $X_A = X_B = X_C$，这种三相负载叫做对称三相负载，三相电动机就属三相对称负载。

计算题

1. 中和 1L 0.5mol/L NaOH 溶液，需要 1mol/L 的 H_2SO_4 溶液多少升？

解：$2NaOH + H_2SO_4 = Na_2SO_4 + 2H_2O$

1L 0.5mol/L NaOH 溶液中含 NaOH 1L × 0.5mol/L = 0.5mol

中和 0.5mol NaOH 需 H_2SO_4 是 0.5mol × 1/2 = 0.25mol

含 0.25mol H_2SO_4 的溶液的体积是：0.25mol/1mol/L = 0.25L

答：中和 1L 0.5mol/L NaOH 溶液，需要 1mol/L 的 H_2SO_4 溶液 0.25L。

2. 已知 3mol 某理想气体，体积是 20L，压强是 6×10^5Pa，求其温度为多少℃。常数 R 取 8.314kJ/kmol·K

解：理想气体状态方程：$PV = nRT$

则

$$T = \frac{PV}{nR}$$

$$T = \frac{6 \times 10^5 \times 20 \times 10^{-3}}{3 \times 8.314} = 481.12\text{K}$$

$$t = 481.12 - 273 = 208.12℃$$

答：气体的温度为 208.12℃。

3. 有一处于真空状态下的容器，用一 U 形管压强计来测定其真空度，U 形管一端与容器相连，另一端放空，其中的指示液为水银，读数 $R = 0.3$m，求真空度。

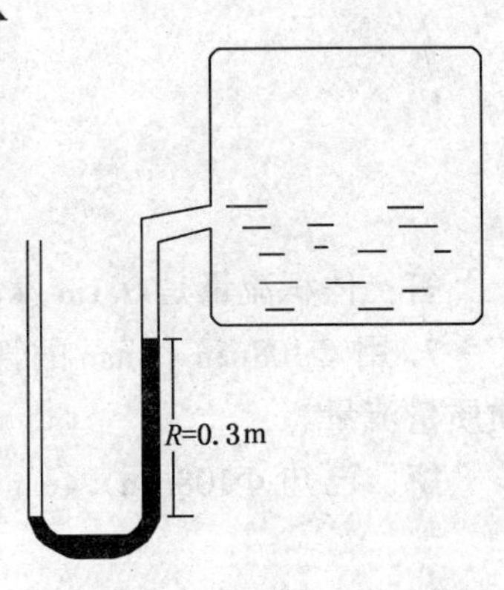

解：已知一端放空，其压强等于大气压强。设容器中绝对压强为 p，根据真空度 = 大气压强 − 绝对压强的概念，所测定的压强差即为真空度。

真空度 $= R\rho g = 0.3 \times 13.6 \times 10^3 \times 9.81 = 40 \times 10^3\text{Pa} = 40\text{kPa}$

答：真空度是 40kPa。

4. 一流体在圆形直管内做定常流动，其管径突然缩为原有管径的一半，其他条件不变时，则其雷诺数如何变化？

解：已知 $d_1 : d_2 = 2:1$，

根据连续性方程 $q_m = \rho u_1 1/4\pi d_1^2 = \rho u_2 1/4\pi d_2^2$ 求解

$$u_1/u_2 = d_2^2/d_1^2 = 1:2^2,$$

则
$$Re_1 : Re_2 = d_1 u_1/d_2 u_2 = 1:2$$

答：雷诺数变为原有的 2 倍。

5. 有一套管冷却器，内管的外径为 25mm，外管的内径为 46mm，冷冻盐水在外管中流动。设已知盐水的质量流量为 3.74t/h，密度为 1150kg/m³，黏度为 1.2mPa·s，试判断其流动类型。

解：为了确定盐水的流动类型，必须先算出 Re 计算式中的各个数值。

$$d_{当} = D - d = 0.046 - 0.025 = 0.021\text{m}$$

根据式 $u = \dfrac{q_m}{\rho A} = \dfrac{3.74 \times 10^3/3600}{0.785 \times (0.046^2 - 0.025^2) \times 1150} = 0.77\text{m/s}$

已知 $\mu = 1.2 \times 10^{-3}\text{Pa·s}$

将以上数值代入式(1-34)，得

$$Re = \frac{d_{当} u\rho}{\mu} = \frac{0.021 \times 0.77 \times 1150}{1.2 \times 10^{-3}} = 15500$$

此时 $Re > 4000$，故管中盐水的流动类型为湍流。

答：管中盐水的流动类型为湍流。

6. 用截面积为 0.1m² 的管道来输送相对密度为 $1.84 \times 10^3\text{kg/m}^3$ 的硫酸，要求每小时输送硫酸的质量为 662.4t，求该管道中硫酸的体积流量、流速和质量流速。

解：即每小时输送硫酸的质量为 662.4t。

则
$$q_m = \frac{662.4 \times 10^3}{3600} = 184\text{kg/s}$$

已知硫酸的相对密度为 $1.84 \times 10^3\text{kg/m}^3$

$$q_V = \frac{q_m}{\rho} = \frac{184}{1.84 \times 10^3} = 0.1\text{m}^3/\text{s}$$

$$u = \frac{q_V}{A} = \frac{0.1}{0.1} = 1\text{m/s}$$

$$w = \frac{q_m}{A} = \frac{184}{0.1} = 1840\text{kg/m}^2 \cdot \text{s}$$

答：体积流量是 0.1m³/s，流速是 1m/s，质量流速是 1840kg/m²·s。

7. 用 Φ108mm × 4mm 的管道输送油品，介质流速为 2m/s，介质密度为 889kg/m³，求介质质量流量。

解：已知 Φ108mm × 4mm，介质流速为 2m/s，介质密度为 889kg/m³，求介质质量流量。

$$d = (108 - 4 \times 2) \times 10^{-3} = 0.1\text{m}$$

$$A = \frac{1}{4}\pi d^2 = \frac{1}{4}\pi 0.1^2 = 0.00785\text{m}^2$$

$$u = 2\text{m/s}$$

则 $q_m = Au\rho = 0.00785 \times 2 \times 889 = 13.9573\text{kg/s}$

答：质量流量是 13.9573kg/s。

8. 瓦斯的单位燃烧热是 3400cal/kg，某加热炉每分钟消耗燃料 15kg，求每分钟燃烧热是多少焦耳？

解：已知瓦斯的单位燃烧热是 3400cal/kg，某加热炉每分钟消耗燃料 15kg，求每分钟消耗燃烧热，其中 1cal = 4.2J。

则燃烧热 $= 3400 \times 15 \times 4.2 = 2.142 \times 10^5\text{J}$

答：每分钟燃烧热是 $2.142 \times 10^5\text{J}$

9. 某台单级压缩机气体入口真空度为 200mmHg 柱，出口压力表读数为 0.13MPa(表压)，问此压缩机的压缩比是多少？标准大气压为 760mmHg 柱，为 $1.01 \times 10^5\text{Pa}$。

解：已知入口真空度为 200mmHg 柱，出口压力为 0.13MPa(表压)，求压缩比。

求入口绝对压力

$$\frac{760 - 200}{760} \times 1.01 \times 10^5 = 74.4 \times 10^3\text{Pa}$$

求出口压力

$$(0.13 + 0.101) \times 10^6\text{Pa} = 0.231\text{MPa} = 231 \times 10^3\text{Pa}$$

求压缩比

$$\frac{231 \times 10^3}{74.4 \times 10^3} = 3.1$$

答：该压缩机的压缩比为 3.1。

10. 已知一混联电路(见右图)

电压 $U = 220\text{V}$，$R_1 = 10\Omega$、$R_2 = 10\Omega$、$R_3 = 4\Omega$、$R_4 = 4\Omega$，求该电路的电流 I。

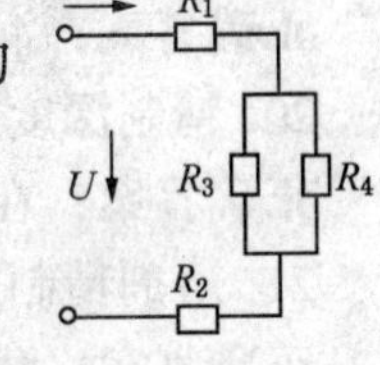

解：$$I = \frac{U}{R_1 + R_2 + \frac{R_3 R_4}{R_3 + R_4}} = \frac{220}{10 + 10 + \frac{4 \times 4}{4 + 4}} = \frac{220}{22} = 10\text{A}$$

答：该回路的电流 $I = 10\text{A}$

工种理论知识试题

判断题

1. 装置检修后对减压塔除了进行试压外，同时还应抽真空进行负压实验。（√）

2. 装置水运时冷却器要走侧线，以防止冷却器堵塞。（√）

3. 加热炉烘炉时，首先应先点一个火嘴，再按烘炉温度—时间曲线逐渐增加火嘴的数量。（×）

正确答案：加热炉烘炉时先用蒸汽贯通管线，用汽量大小来控制炉膛温度，当炉膛温度不再升高时，方可点火继续升温。

4. 抽提塔试压时应将塔顶排空阀打开，当排空阀见蒸汽后将排空阀关闭。（√）

5. 装置大修后精液汽提塔试压完毕后还必须进行抽真空实验。（√）

6. 燃料油中含硫量的多少对生产影响不大，所以不用控制硫含量。 (×)

正确答案：燃料油中的硫经燃烧后生成二氧化硫和三氧化硫，会污染环境，腐蚀炉管所以在生产中必须控制燃料油中的硫含量。

7. 加热炉引燃料油前，要将燃料油线用蒸汽贯通、暖线。 (√)

8. 开工抽提塔装糠醛时，当糠醛装至界面管时停止抽提塔装糠醛。 (√)

9. 开工抽提塔装糠醛前，应检查抽提塔进出口阀门导淋是否关闭，防止装糠醛时串入其他管线和设备内。 (√)

10. 糠醛与苯酚均能与水形成共沸物。 (√)

11. 开工过程中进行原料循环时，要搞好原料与精、废液系统的物料平衡。 (√)

12. 开工原料转精废液循环需具备条件之一是加热炉炉出口温度达到指标。 (√)

13. 开工启动真空泵抽真空时，应注意检查水溶液分离罐的液封情况。 (√)

14. 开工系统脱水时，当精、废液汽提塔，蒸发塔的塔顶温度降低，说明装置脱水基本完毕。 (×)

正确答案：当精、废液汽提塔，蒸发塔顶温度降低，蒸发塔压力降低，精、废液汽提塔顶真空度升高，加热炉的炉出口温度、流量稳定，说明装置脱水基本完毕。

15. 开工精液汽提塔吹蒸汽时，开汽要缓慢，防止吹汽带水造成塔底泵抽空。 (√)

16. 开工水溶液汽提塔投用时，应先将水溶液提塔吹汽，当塔顶温度达到工艺指标后方可进料。 (√)

17. 装置开工原料冷循环时，收原料油越多越好。 (×)

正确答案：开工原料冷循环时收原料油不能过多，各塔要保持低液面防止升温后体积膨胀造成满塔。

18. 加热炉巡检时，应定时检查燃烧器有无结焦、堵塞、漏油，燃烧是否正常。 (√)

19. 润滑油中的非理想组分具有良好的抗氧化安定性。 (×)

正确答案：润滑油中的理想组分具有良好的抗氧化安定性。

20. 精制深度对精制油黏度指数无影响。 (×)

正确答案：在一定的范围内精制条件加深精制油黏度指数提高。

21. 溶剂精制原料油馏分的宽窄对抽提效果无影响。 (×)

正确答案：溶剂精制原料油馏分过宽会降低抽提效果。

22. 糠醛含水量增加，会使糠醛的纯度下降，溶解能力变差。 (√)

23. 随着溶剂比的增加，装置能耗降低。 (×)

正确答案：随着溶剂比的增加，装置能耗增加。

24. 界面控制不好，会影响装置的糠醛平衡。 (√)

25. 糠醛控制酸度是为了防止糠醛结焦，降低糠醛对设备的腐蚀。 (√)

26. 原料带水严重时会造成原料泵抽空。 (√)

27. 原料脱气塔底泵抽空时，会造成抽提系统原料进料中断。 (√)

28. 抽提温度变化直接影响界面的控制。 (√)

29. 抽提塔界面控制过低，会影响抽提塔的抽提效果。 (√)

30. 原料质量不变时，随着溶剂比的增加，精制油质量降低。 (×)

正确答案：原料质量不变时，随着溶剂比的增加，精制油质量提高。

31. 抽提塔在正压下操作是为了保证精、废液能自压进入精、废液系统。 （×）

正确答案：抽提塔在正压下操作不但保证精、废液能自压进入精、废液汽提塔，降低了能耗，而且还可以避免糠醛蒸发，增大非理想组分在糠醛中的溶解度。

32. 抽提塔产生液泛时，抽提塔界面不清，抽提塔顶含醛量增大，塔底含油量增大。 （√）

33. 抽提塔内结焦是由塔内糠醛氧化造成的惟一原因。 （×）

正确答案：抽提塔内结焦一方面是由于塔内糠醛氧化所造成的，另一方面是由糠醛干燥塔带来的。

34. 精液汽提塔进料量超负荷时，对塔液面无影响。 （×）

正确答案：精液汽提塔进料量超负荷时，会造成塔液面升高。

35. 吹汽量过大是精液汽提塔产生携带的惟一原因。 （×）

正确答案：吹汽量过大是精液汽提塔产生携带的原因之一。

36. 精液汽提塔顶携带油量增加，会造成精液汽提塔进料温度升高。 （×）

正确答案：精液汽提塔顶携带油量增加，会造成精液汽提塔进料温度降低。

37. 精液汽提塔吹汽量过小，会造成精制油含醛。 （√）

38. 废液加热炉出口温度过高，蒸发塔压力升高。 （√）

39. 精液提塔塔顶带油会造成水溶液罐湿醛颜色变黑。 （×）

正确答案：抽出液提塔塔顶带油会造成水溶液罐湿醛颜色变黑。

40. 装置停冷却水，对系统真空度无影响。 （×）

正确答案：停冷却水会造成系统真空度降低。

41. 精液汽提塔满会造成真空罐液面高。 （√）

42. 高压蒸发塔进料温度过低，对糠醛干燥塔的液面无影响。 （×）

正确答案：高压蒸发塔进料温度过低，会造成糠醛干燥塔的液面降低。

43. 糠醛干燥塔进料带水，会造成糠醛干燥塔底温度降低。 （√）

44. 糠醛干燥塔顶回流带水，会造成糠醛干燥塔干燥不完全。 （√）

45. 水溶液汽提塔顶压力高低对水溶液汽提塔回收无影响。 （×）

正确答案：水溶液汽提塔塔顶压力过高会造成水溶液回收不好，塔底排水含醛。

46. 水溶液汽提塔进料带油会造成塔底排水含油量增加。 （√）

47. 水溶液分离罐温度过高时，会造成乳化。 （×）

正确答案：水溶液分离罐温度过低时，会造成乳化。

48. 注碱降低装置的酸值，是消除水溶液分离罐乳化的惟一方法。 （×）

正确答案：注碱降低装置的酸值，是消除水溶液分离罐乳化的方法之一。

49. 汽包防冲网脱落可导致装置自发蒸汽带水。 （√）

50. 糠醛干燥塔顶回流过大会造成糠醛水溶液分离罐湿醛液位上升。 （×）

正确答案：糠醛干燥塔顶回流过小会造成糠醛水溶液分离罐湿醛液位上升。

51. 瓦斯改烧油时，应先关闭瓦斯火嘴阀。 （×）

正确答案：瓦斯改烧油时，将燃料油火嘴点燃并调节燃烧正常后关闭瓦斯火嘴阀门。

52. 油改烧瓦斯操作时，打开火嘴瓦斯阀将瓦斯火嘴点燃调节正常后，关闭火嘴燃料油、雾化蒸汽阀。 （×）

正确答案：打开火嘴瓦斯阀将瓦斯火嘴点燃调节正常后，关闭火嘴燃料油、雾化蒸汽阀，将燃料油火嘴扫净。

53. 瓦斯组分过重，对加热炉燃烧无影响。 (×)

正确答案：瓦斯组分过重会造成瓦斯带液，影响加热炉燃烧效果。

54. 加热炉过剩空气系数过小，会造成加热炉燃烧不完全。 (√)

55. 加热炉炉膛氧含量过小，加热炉过剩空气系数增加。 (×)

正确答案：加热炉炉膛氧含量过小，加热炉过剩空气系数降低。

56. 加热炉燃料中灰分和硫含量的增加，会加重对流室炉管的积灰和结垢。 (√)

57. 加热炉操作不好，火焰扑炉管局部过热是造成炉管结焦的惟一原因。 (×)

正确答案：加热炉操作不好，火焰扑炉管，局部过热是造成炉管结焦的原因之一。

58. 炉管材质不好是造成加热炉炉管烧穿的惟一原因。 (×)

正确答案：加热炉炉管材质不好是造成炉管烧穿的原因之一。

59. 加热炉烟气中氧、一氧化碳含量均高是由于入炉空气量过大造成的。 (×)

正确答案：加热炉烟气中氧、一氧化碳含量均高是由于火嘴处供风不足使火嘴燃烧不完全产生一氧化碳，而炉体上部由于堵漏不好，使无用空气漏入炉内造成的。

60. 加热炉烧油时，1.0MPa蒸汽压力降低，会造成加热炉火嘴燃烧不完全。 (√)

61. 汽包进水中断时，会造成高压蒸发塔压力降低。 (×)

正确答案：汽包进水中断时，会造成高压蒸发塔压力升高。

62. 装置的冷却水压力过低会造成系统真空度下降。 (√)

63. 正常生产中当瓦斯压力降低时，会造成加热炉出口温度降低。 (√)

64. 切换原料时应做到条件改变适宜，操作调节平稳，顶油量准确，成品罐切换及时。 (√)

65. 加热炉入炉空气量过少时，会造成炉膛氧含量降低。 (√)

66. 水溶液分离罐醛、水、油的分离方法，是根据湿醛、水、油密度不同，进入容器后自然分层。 (√)

67. 停车精、废液系统转原料循环的目的为回收系统糠醛。 (√)

68. 停工退糠醛时，糠醛必须经过冷却低于闪点温度方可出装置温度。 (√)

69. 水溶液汽提塔停用时，应先停汽提蒸汽，后停进料。 (×)

正确答案：水溶液汽提塔停用时，应先停进料，30min后将汽提汽阀关闭。

70. 停工装置退油必须按循环流程依次退油，加工正序原料时，退油同时应将退油完毕的管线用蒸汽吹扫净。 (√)

71. 法兰可分为高、中、低压三类。 (×)

正确答案：法兰按压力可分为高、中、低压三类法兰。

72. 冷却器冷却水控制一般采用控制出口阀控制冷却水量。 (√)

73. 离心泵启动前灌泵、排气是为了防止气蚀现象的产生。 (×)

正确答案：离心泵启动前灌泵、排气是为了防止气缚现象的产生。

74. 液体在离心泵内汽化、凝缩随之产生的冲击现象称为离心泵的气缚现象。 (×)

正确答案：液体在离心泵内汽化、凝缩随之产生的冲击现象是离心泵的气蚀现象。

75. 一台泵体整洁、保温、油漆完整美观的离心泵可以达到离心泵的完好标准。 (×)

正确答案：泵体整洁、保温、油漆完整美观是设备完好标准中“主体整洁，零附件齐全好用”所要求的一个部分。

76. 热紧的目的就在于消除法兰的松弛，使密封面有足够的压比以保证静密封效果。(√)

77. 常用调节阀按其能源方式主要分为汽动调节阀、电动调节阀、液动调节阀。(√)

78. 被输送液体的密度对扬程没有影响，但密度越大，离心泵的功率越大。(√)

79. 大修后换热器进行水压试压时，若出现泄漏，处理完后必须重新试压。(√)

80. 精液汽提塔塔盘脱落会使得塔精制效果降低。(√)

81. 加热炉烧焦过程中，若炉管温度偏高，可适当降低炉膛温，避免烧坏炉管。(×)

正确答案：加热炉烧焦过程中，若炉管温度偏高，可适当减小风量，提高蒸汽量。

82. 热电偶的热电势与被测温度的关系，是规定热电偶冷端温度为零时进行分度的。(√)

83. 增大过剩空气系数可以有效地提高加热炉的热效率。(×)

正确答案：减小过剩空气系数可以提高加热炉的热效率。

84. 水环真空泵切换时，应将使用泵停运后再启动备用泵。(×)

正确答案：水环真空泵切换时，当备用泵真空度正常将使用泵停运。

85. 水喷射泵与蒸汽喷射泵相比更加节能，应用水喷射泵来替代蒸汽喷射泵。(×)

正确答案：水喷射泵产生的真空度要比蒸汽喷射泵小，不适用于真空度要求较高的地方。

86. 泵体整洁、零件齐全好用是蒸汽泵达到完好标准的惟一条件。(×)

正确答案：泵体整洁、零件齐全好用是蒸汽泵达到完好标准的条件之一。

87. 闸板阀主要用于节流。(×)

正确答案：闸板阀主要用于切断而不允许用于节流。

88. 允许气蚀余量是离心泵规定的气蚀现象发生时的值。(×)

正确答案：气蚀现象发生时的值是最小气蚀余量，而允许汽蚀余量是在此基础上再加上0.3m的余量。

89. 罐顶呼吸阀是储存轻质油品的油罐上必备的安全附属设备。(√)

90. 容积流量计用来测量液体流量时，它的体积随着温度的变化比较大，所以要进行温度补偿。(√)

91. 糠醛的化学性安定性较差，对设备具有很强的腐蚀作用。(×)

正确答案：糠醛的化学性安定性较差，在空气、水、阳光的作用下，容易氧化成糠酸，在水的存在下，对设备具有很强的腐蚀作用。

92. 离心泵验收试车时，严禁空负荷试车，应按操作规程进行负荷试车。(√)

93. 冷却器检修后试压一般采用水试压。(√)

94. 冷却器冷却水走短路时，会造成冷却器冷却效果变差。(√)

95. 压力表的选择时，最大值应为最高操作压力的1倍。(×)

正确答案：压力表的选择时，最大值应为最高操作压力的1.5~3.0倍。

96. 装置冷却水中断后，会造成抽提塔温度升高。(√)

97. 停动力电时装置各部进料中断。(√)

98. 加热炉烧油时，1.0MPa蒸汽中断后会造成火嘴熄火。(√)

99. 汽包进水中断时，糠醛干燥塔进料温度升高，塔顶压力增大。(√)

100. 加热炉火嘴脱火的现象是火焰脱离火嘴一段距离燃烧。(√)

101. 糠醛干燥塔底泵抽空时糠醛干燥塔液面升高。(√)

102. 抽提塔产生液泛时，抽提塔界面不清，塔顶含醛量增加，塔底含油量增加。（√）

103. 瓦斯带水时，火嘴出现缩火、火焰发红，加热炉炉膛、出口温度降低。（√）

104. 糠醛干燥塔底过滤器堵，对生产无影响。（×）

正确答案：糠醛干燥塔底过滤器堵，会造成糠醛干燥塔底泵输出量降低，影响抽提效果。

105. 精液汽提塔冒塔是造成水溶液分离罐满的惟一原因。（×）

正确答案：精液汽提塔冒塔是造成水溶液分离罐满的原因之一。

106. 冷却水中断后应立即按紧急停工处理。（×）

正确答案：长时间停冷却水按紧急停工处理。

107. 装置长时间停动力电时应立即按紧急停工来处理。（√）

108. 加热炉烧油时，装置停1.0MPa蒸汽时，应将火嘴燃料油改烧瓦斯。（√）

109. 汽包进水中断后，应立即降量生产同时将糠醛干燥塔七层回流投用。（√）

110. 加热炉烧瓦斯火嘴发生脱火时，应及时将火嘴风门关小降低入炉空气量。（√）

111. 糠醛干燥塔液面过低时，对操作无影响。（×）

正确答案：糠醛干燥塔液面过低时，会造成塔底泵抽空。

112. 加热炉超负荷造成炉膛氧含量过小时，应降低加工量。（√）

113. 抽提塔发生液泛时首先要降低抽提温度，并降低处理量。（×）

正确答案：抽提塔发生液泛时，应降低处理量，并及时查明原因再进行相应处理。

114. 糠醛干燥塔底过滤器堵塞时，应降量维持生产。（×）

正确答案：糠醛干燥塔底过滤器堵塞时，应降量维持生产同时将过滤器改侧线联系清扫。

单选题

1. 装置在正压下操作的塔用蒸汽进行压力试验时，试验压力应为操作压力的（B）。

A. 0.5倍　B. 1.5倍　C. 2.0倍　D. 1.5~2.0倍

2. 装置进行水运时，应将机泵（B）。

A. 走侧线　B. 入口加过滤网投用

C. 正常投用　D. 出口加过滤网投用

3. 加热炉烘炉时，应先将加热炉（A），缓慢按升温曲线升温。

A. 炉管通蒸汽　B. 火嘴点燃

C. 炉管通蒸汽同时点燃火嘴　D. 无关

4. 抽提塔试压时，塔顶压力控制在（D）MPa。

A. 0.2　B. 0.4　C. 0.6　D. 0.9

5. 装置检修后精液汽提塔试压时，一般采用（B）作为试压介质。

A. 水　B. 蒸汽　C. 压缩风　D. 都可以

6. 燃料油的元素主要组成是（A）。

A. 碳和氢　B. 硫　C. 氧　D. 氮

7. 开工抽提塔装糠醛时，将糠醛装至（B）处停止装糠醛。

A. 低于界面管　B. 界面管10%左右

C. 界面管100%　D. 无关

8. 装置原料循环时，下列流程正确的是(C)。

A. 脱气塔→抽提塔→精液汽提塔→脱气塔

B. 脱气塔→抽提塔→精液炉→精液汽提塔→脱气塔

C. 脱气塔→精液开工线→精液炉→精液汽提塔→脱气塔

D. 都不对

9. 苯酚常压下的沸点为(B)℃。

A. 161.7　　B. 181.2　　C. 80.2　　D. 79

10. 开工加热炉点火后要控制好升温速度，炉膛温度不大于(B)℃/h。

A. 35　　B. 75　　C. 100　　D. 120

11. 开工过程中进行原料冷油循环时，各塔液面一般要控制在(A)。

A. 低液位上　　B. 高液位上　　C. 正常液位　　D. 无关

12. 开工启动真空泵抽真空时，水溶液分离罐应(A)确保装置的真空度。

A. 装液面至真空线进料口以上　　B. 装液面至真空线进料口以下

C. 关闭水溶液汽提塔顶进料阀　　D. 无关

13. 开工装置脱水完全时，精废液汽提塔顶真空度(C)。

A. 降低　　B. 不变　　C. 升高　　D. 无关

14. 精液汽提塔吹汽时，吹汽带水会造成吹汽量(D)。

A. 降低　　B. 不变　　C. 升高　　D. 波动

15. 开工水溶液汽提塔投用时，应先将塔(B)。

A. 进料　　B. 吹汽　　C. 进料同时吹汽　　D. 无关

16. 开工原料冷油循环收油过多时，升温过程中会造成(C)。

A. 精液系统循环量增加　　B. 废液系统循环量降低

C. 塔满　　D. 无关

17. 停用的燃烧器风门应(A)。

A. 关闭　　B. 开至 1/2 的位置

C. 全开　　D. 无关

18.(A)因具有良好的黏温性能和抗氧化安定性是润滑油的理想组分。

A. 少环长侧链的环烷烃、芳烃　　B. 多环短侧链的环烷烃、芳烃

C. 焦质　　D. 无关

19. 在一定的范围内提高精制条件时，精制油黏度指数(C)。

A. 降低　　B. 不变　　C. 提高　　D. 无关

20. 在抽提条件不变的情况下，原料油馏分变宽，抽提效果(C)。

A. 降低　　B. 不变　　C. 提高　　D. 无关

21. 糠醛含水，精制油质量(A)。

A. 降低　　B. 不变　　C. 升高　　D. 无关

22. 溶剂比的增加，装置能耗(C)。

A. 降低　　B. 不变　　C. 增加　　D. 无关

23. 正常生产中蒸发塔液面过高，糠醛干燥塔液面(A)。

A. 降低　　B. 不变　　C. 提高　　D. 无关

24. 装置糠醛酸值过高，设备腐蚀(C)。
A. 降低　　B. 不变　　C. 增加　　D. 无关
25. 原料带水严重时，会造成脱气塔(B)。
A. 顶真空度升高　　B. 塔内油突沸　　C. 底温升高　　D. 进料温度升高
26. 原料脱气塔塔底泵抽空时，抽提塔界面(C)。
A. 下降　　B. 不变　　C. 升高　　D. 无关
27. 抽提塔糠醛进料增加，抽提塔界面(A)。
A. 上升　　B. 不变　　C. 降低　　D. 无关
28. 抽提塔界面过低，抽提效果(A)。
A. 降低　　B. 不变　　C. 提高　　D. 无关
29. 原料质量不变时，随着溶剂比的增加，精制油的黏度指数(C)。
A. 降低　　B. 不变　　C. 提高　　D. 无关
30. 抽提塔在正压下操作可以(C)糠醛的溶解度。
A. 降低　　B. 不变　　C. 提高　　D. 无关
31. 抽提塔发生液泛精液汽提塔的汽相负荷(C)。
A. 降低　　B. 不变　　C. 提高　　D. 无关
32. 精液汽提塔底泵抽空塔液面(C)。
A. 降低　　B. 不变　　C. 升高　　D. 无关
33. 精液汽提塔吹汽量过大，塔顶携带油量(C)。
A. 降低　　B. 不变　　C. 增加　　D. 无关
34. 精液汽提塔顶携带油量过大，进料温度(C)。
A. 提高　　B. 不变　　C. 降低　　D. 无法确定
35. 精液汽提塔吹汽量过小，会造成(C)。
A. 塔顶温度升高　　B. 塔顶真空度降低
C. 会造成精制油含醛　　D. 塔液面降低
36. 高压蒸发塔进料温度过高，高压蒸发塔的压力(A)。
A. 升高　　B. 不变　　C. 降低　　D. 无影响
37. 抽出液汽提塔吹汽量过大，塔顶携带油量(C)。
A. 降低　　B. 不变　　C. 增加　　D. 无关
38. 真空系统管线泄漏，系统真空度(A)。
A. 降低　　B. 不变　　C. 升高　　D. 无关
39. 精液汽提塔(A)，会造成真空罐液面高。
A. 吹汽量过大　　B. 液面过低　　C. 吹汽量过小　　D. 进料温度低
40. 糠醛干燥塔塔底泵抽空塔液面(C)。
A. 降低　　B. 不变　　C. 升高　　D. 无关
41. 高压醛气与发汽换热的换热器泄露，糠醛干燥塔塔底温度(A)。
A. 降低　　B. 不变　　C. 升高　　D. 无关
42. 糠醛干燥塔塔底温度过低，塔底糠醛含水量(C)。
A. 降低　　B. 不变　　C. 升高　　D. 无关

43. 水溶液汽提塔塔顶压力过高，会造成(C)。
A. 水溶液分离罐水位升高　B. 水溶液汽提塔液面升高
C. 塔底排水含醛　D. 水溶液分离罐水位降低

44. 水溶液汽提塔进料带油会造成(B)。
A. 塔顶温度下降　B. 塔底排水含油
C. 湿醛含水量增加　D. 水溶液分离罐水位增加

45. 水溶液分离罐温度为(A)℃时，会造成水溶液分离罐乳化发生。
A. 15　B. 40　C. 45　D. 55

46. 装置糠醛酸值高水溶液分离罐发生乳化后，应(C)。
A. 提高水溶液分离罐温度　B. 控制好水溶液分离罐水位
C. 注碱　D. 加水

47. 汽包防冲网脱落严重时，会造成废液加热炉过热蒸汽出口温度(A)。
A. 降低　B. 不变　C. 升高　D. 无关

48. 糠醛干燥塔一层回流过小，水溶液分离罐湿醛液位(C)。
A. 降低　B. 不变　C. 上升　D. 无关

49. 瓦斯改烧油时，应先将火嘴(A)阀门稍开。
A. 雾化蒸汽　B. 燃料油
C. 化蒸汽与燃料油　D. 都不是

50. 烧油改烧瓦斯时，当瓦斯火嘴点燃正常后将燃料油火嘴(D)。
A. 油阀关闭　B. 雾化蒸汽阀关闭
C. 油、雾化蒸汽阀关闭　D. 油、雾化蒸汽阀关闭将火嘴油扫净

51. 瓦斯组分变轻，加热炉瓦斯用量(C)。
A. 降低　B. 不变　C. 增加　D. 无关

52. 加热炉过剩空气系数过小，燃烧不完全燃料的热值 (A)。
A. 降低　B. 不变　C. 提高　D. 无关

53. 加热炉炉膛氧含量过小，过剩空气系数(A)。
A. 降低　B. 不变　C. 增大　D. 无关

54. 加热炉出口温度控制不好，超过(C)℃，会造成炉管结焦。
A. 180　B. 200　C. 230　D. 250

55. 加热炉炉膛热量分布不均、局部过热严重会造成(B)。
A. 炉出口温度超指标　B. 炉管烧穿
C. 炉膛负压升高　D. 排烟温度降低

56. 加热炉烟气中氧、一氧化碳含量均高的原因是(C)。
A. 火嘴供风量不足
B. 火嘴供风量过大
C. 火嘴供风量不足和炉体上部密封不好空气漏入炉内
D. 都不是

57. 加热炉对流室积灰结垢严重时，会造成炉膛负压(B)。
A. 降低　B. 不变　C. 升高　D. 无关

58. 加热炉烧油时，1.0MPa蒸汽压力降低，会造成加热炉炉膛一氧化碳含量(C)。
A. 降低　B. 不变　C. 升高　D. 无关
59. 汽包进水中断时，糠醛干燥塔进料温度(C)。
A. 下降　B. 不变　C. 升高　D. 无关
60. 装置冷却水压力过低时，精废液汽提塔顶冷却器壳程出口温度(C)。
A. 降低　B. 不变　C. 升高　D. 无关
61. 正常生产中当瓦斯压力过低时，可以通过(A)处理量来维持生产。
A. 降低　B. 不变　C. 提高　D. 无关
62. 装置进行油品切换时要保持界面(B)。
A. 降低　B. 稳定　C. 升高　D. 无关
63. 加热炉烟道挡板开度降低，加热炉氧含量(A)。
A. 降低　B. 不变　C. 提高　D. 无关
64. 水溶液分离罐，卧式罐由格板将罐分成(C)格。
A. 1　B. 2　C. 3　D. 4
65. 停车时，水溶液分离罐的湿醛应控制(C)。
A. 高液位　B. 正常液位　C. 低液位　D. 无关
66. 加热炉停工时，加热炉炉膛温度低于(D)℃时加热炉熄火。
A. 100　B. 150　C. 250　D. 350
67. 停工时，系统糠醛回收至(A)经塔底泵出装置。
A. 糠醛干燥塔　B. 抽提塔　C. 水溶液分离罐　D. 都不是
68. 糠醛装置停工退糠醛，糠醛出装置温度应(A)。
A. 低于糠醛的闪点　B. 高于糠醛的闪点
C. 低于糠醛的沸点　D. 高于糠醛的沸点
69. 水溶液汽提塔停用时，水溶液分离罐水格液位应控制在(A)。
A. 低于液面计　B. 高于液面计　C. 液面计一半　D. 无关
70. 精废液汽提塔顶冷却器两台采用并联按装时，与串联相比较冷却器压降(A)。
A. 降低　B. 不变　C. 升高　D. 无法确定
71. 法兰按压力可分为(C)类法兰。
A. 1　B. 2　C. 3　D. 5
72. 冷却器冷却水量，通常用(C)控制。
A. 入口阀　B. 出、入口阀　C. 出口阀　D. 无关
73. 离心泵在启动前泵内没有充满液体，启动时能(B)。
A. 产生泵体振动　B. 产生气缚现象
C. 产生气蚀现象　D. 顺利启动
74. 离心泵填料密封泄露时，轻质油不超过(D)滴/min。
A. 5　B. 10　C. 15　D. 20
75. 开工时冷换设备各部件由于材质不同，升温过程中当温度超过(C)时需要热紧。
A. 50℃　B. 100℃　C. 200℃　D. 都不是
76. 常用板式塔的塔板类型中，塔板阻力最大的是(A)。

A. 泡罩塔板　　B. 筛板塔板　　C. 浮阀塔板　　D. 舌形塔板

77. 常用调节阀按其能源方式分为(C)类。

A. 1　　B. 2　　C. 3　　D. 4

78. 离心泵的特性曲线与其管路特性曲线的交点是离心泵的(A)。

A. 工作点　　B. 设计点　　C. 效率点　　D. 效正点

79. 大修后换热器进行水压试压时，压力要缓慢上升至规定压力。恒压时间不低于(B) min，然后降到操作压力进行详细检查。

A. 10　　B. 20　　C. 30　　D. 40

80. 达到完好标准的换热器，换热器的效能满足正常生产需要或达到设计能力的(C)以上。

A. 80%　　B. 85%　　C. 90%　　D. 95%

81. 精液汽提塔塔盘脱落会造成塔顶温度(C)。

A. 降低　　B. 不变　　C. 增加　　D. 无关

82. 加热炉烧焦过程中，炉膛温度不大于(D)℃时。

A. 350　　B. 450　　C. 4550　　D. 650

83. 热电偶能检测出两点之间温度的不同，是因为在两接点处产生的(B)。

A. 两个大小相等、方向相反的接触电势

B. 两个大小不等、方向相反的接触电势

C. 两个大小相等、方向相同的接触电势

D. 两个大小不等、方向相同的接触电势

84. 降低加热炉排烟温度，加热炉热效率(C)。

A. 降低　　B. 不变　　C. 提高　　D. 无关

85. 水环式真空泵切换时，应先将备用泵(C)。

A. 出口阀关闭、打开入口阀　　B. 出口阀关闭、入口阀关闭

C. 入口阀关闭、出口阀打开　　D. 入口阀打开、出口阀打开

86. 泵叶轮外径车削只能适用于(A)流量、扬程、功率的场合。

A. 降低　　B. 恒定　　C. 提高　　D. 无关

87. 压力容器按设计压力分为(C)类。

A. 2　　B. 3　　C. 4　　D. 5

88. 闸板阀适用于 (A)。

A. 作切断阀　　B. 流量调节　　C. 改变流体方向　　D. 都不是

89. 在各式疏水器中，应用最多的是 (C)。

A. 浮球式　　B. 浮桶式　　C. 热动力式　　D. 脉冲式

90. 离心泵发生气蚀时对叶轮的危害是由(A)共同作用的。

A. 机械剥蚀、化学腐蚀　　B. 化学腐蚀、震动

C. 机械剥蚀、震动　　D. 震动、噪声

91. 储罐内介质的闪点(闭口)低于或等于(C) ℃时，宜选用呼吸阀。

A. 40　　B. 50　　C. 60　　D. 70

92. 容积流量计用来测量液体流量时，它的体积随着(C)的变化比较大。

A. 压力　　B. 流量　　C. 温度　　D. 黏度

93. 检修后的离心泵须连续运转(C)h 来检验各项技术指标是否满足技术要求。

A. 6　　B. 12　　C. 24　　D. 36

94. 冷却器检修后试压采用的介质为(C)。

A. 蒸汽　　B. 压缩风　　C. 水　　D. 无关

95. 冷却器冷却水压力过低(C)壳程出口温度。

A. 降低　　B. 不变　　C. 升高　　D. 无关

96. 下列选项中符合汽包用水质量指标的是(C)。

A. pH 值 7.0 ~ 8.0　　B. pH 值 7.5 ~ 8.5

C. pH 值 8.8 ~ 9.2　　D. pH 值 9.0 ~ 9.8

97. 压力表的选择时，低压容器使用的压力表精度不应低于(B)级。

A. 1.5　　B. 2.5　　C. 3.5　　D. 无关

98. 装置冷却水中断，会造成系统真空度(C)。

A. 升高　　B. 波动　　C. 下降　　D. 无法判断

99. 装置停电后，系统真空度(A)。

A. 降低　　B. 不变　　C. 升高　　D. 无关

100. 加热炉烧油时，1.0MPa 蒸汽中断后会造成加热炉炉膛温度(A)。

A. 降低　　B. 不变　　C. 升高　　D. 无关

101. 汽包进水中断时，糠醛干燥塔进料温度(C)。

A. 降低　　B. 不变　　C. 升高　　D. 无关

102. 加热炉火嘴出现脱火现象是(A)。

A. 火焰脱离火嘴燃烧　　B. 火焰在燃烧器内部燃烧

C. 火焰出现火星　　D. 都不是

103. 加热炉炉膛氧含量过小，会造成加热炉出口温度(A)。

A. 降低　　B. 不变　　C. 提高　　D. 无关

104. 糠醛干燥塔底泵抽空会造成抽提塔压力(A)。

A. 下降　　B. 不变　　C. 升高　　D. 无关

105. 抽提塔发生液泛时，塔顶精液含醛量(C)。

A. 降低　　B. 不变　　C. 增加　　D. 无关

106. 瓦斯带水时，加热炉出口温度(A)。

A. 降低　　B. 不变　　C. 升高　　D. 无关

107. 糠醛干燥塔底过滤器堵，糠醛流量(A)。

A. 降低　　B. 不变　　C. 增加　　D. 无关

108. 精液汽提塔冒塔，会造成水溶液分离罐液面(C)。

A. 降低　　B. 不变　　C. 升高　　D. 无关

109. 停冷却水 30min 时，应将装置(B)。

A. 精、废油转循环　　B. 转原料循环

C. 紧急停工　　D. 降量维持生产

110. 装置短时间停动力电时，加热炉应(B)。

A. 保持出口温度不变　　B. 紧急熄火，保留长明灯
C. 提温　　D. 都不是

111. 加热炉烧油时，装置停 1.0MPa 蒸汽应将装置(B)。
A. 降量生产　　B. 将精废油转循环
C. 紧急停工　　D. 都不是

112. 汽包进水中断后，应将装置处理量(A)。
A. 降低　　B. 不变　　C. 提高　　D. 无关

113. 加热炉烧瓦斯火嘴发生脱火时，应(A)火嘴风门入炉空气量。
A. 降低　　B. 不变　　C. 提高　　D. 无关

114. 加热炉超负荷造成炉膛氧含量过小时，应将加工量(A)。
A. 降低　　B. 不变　　C. 提高　　D. 无关

115. 抽提塔超负荷造成塔液泛时，应(A)装置的加工量。
A. 降低　　B. 不变　　C. 提高　　D. 无关

116. 浮球式液位计浮球脱落、变形或破裂时，应(C)。
A. 调节好现场平衡锤的位置　　B. 调整浮球密封部件
C. 及时按装或更换浮球　　D. 降低塔液面指示的给定

117. 控制阀阀芯脱落时，应(A)。
A. 联系仪表将控制阀改侧线修理　　B. 联系仪表将控制阀阀芯行程调整
C. 降量生产　　D. 都不是

118. 加热炉烟气中氧、一氧化碳含量均高时，应(C)火嘴的空气量。
A. 降低　　B. 不变　　C. 增加　　D. 无关

119. 糠醛干燥塔底过滤器堵塞时，应将抽提塔糠醛进料量(C)。
A. 提高　　B. 不变　　C. 降低　　D. 无关

多选题

1. 塔进行试压时，当压力达到试压标准后，不出现(A，D)等现象，可确认压力试验合格。
A. 泄漏　　B. 超温　　C. 超压　　D. 变形

2. 装置进行水运时，对仪表进行效核和标定是为了(A，B)。
A. 检查仪表性能　　B. 检查仪表灵敏度
C. 检查水运是否正常　　D. 无关

3. 抽提塔的试压前，应将抽提塔(A，C，D)。
A. 塔顶排空阀打开　　B. 塔顶安全阀投用
C. 塔顶压力表投用　　D. 塔顶安全阀堵盲板

4. 加热炉燃料油主要来源于(A，C)。
A. 蒸馏减底渣油　　B. 柴油　　C. 裂化渣油　　D. 煤油

5. 加热炉引燃料油的方法有(A，B，C)。
A. 检查好燃料油流程　　B. 用蒸汽将燃料油线贯通、暖线
C. 引燃料油时要切水　　D. 检查好燃料气流程

6. 开工抽提塔装糠醛时，当糠醛低于界面管可以通过抽提塔(A，C)来判断抽提塔液位

高低。

A. 塔底压力　　B. 界面高度　　C. 界面管下部导淋D. 无法判断

7. 能与水形成共沸物的是(A，B，D)。

A. 苯酚　　B. 糠醛　　C. NMP　　D. 苯

8. 加热炉升温过程中的注意事项有(A，B，C)。

A. 火嘴增点时要均匀对称　　B. 严格控制好炉膛升温速度

C. 严禁炉温忽高忽低　　D. 炉出口温升的速度小于 100℃/h

9. 开工原料循环影响物料平衡的原因有(A，B，C)。

A. 精液系统循环量　　B. 废液系统循环量

C. 原料循环量　　D. 抽提塔界面控制

10. 开工原料循环转精液循环的条件有(A，B，C，D)。

A. 加热炉出口温度达到工艺指标要求

B. 仪表、设备运行正常，各部液面、流量平稳，压力正常

C. 抽提塔装糠醛完毕

D. 装置系统水脱净

11. 开工过程中，装置脱水完全的依据有(A，B，C)。

A. 蒸发塔塔顶压力降低　　B. 精、废液汽提塔顶真空度升高

C. 加热炉的炉出口温度、流量稳定　D. 加热炉的炉膛温度降低

12. 精液汽提塔吹汽时，吹汽带水会造成(A，B，C)。

A. 塔底泵抽空　　B. 塔内油突沸　　C. 吹汽量波动　　D. 无关

13. 装置塔巡检时，应检查(A，B，C)情况。

A. 压力　　B. 液面

C. 人孔、法兰泄漏　　D. 都不是

14. 原料馏分过宽时，会造成精制的(A，B)不容易确定。

A. 溶剂比　　B. 抽提温度

C. 加热炉出口温度　　D. 都不是

15. 糠醛含水严重时，会造(A，B，C)。

A. 抽提效果变差　　B. 抽提塔压力升高

C. 产品质量变差　　D. 都不是

16. 正常生产中界面稳定时，糠醛干燥塔一层回流过小，会造成(A，C)。

A. 糠醛干燥塔液面降低　　B. 不变

C. 水溶液分离罐湿醛液面升高　　D. 无关

17. 控制装置糠醛酸值是为了(B，C)。

A. 提高产品质量　　B. 避免糠醛糠醛氧化结焦

C. 降低设备腐蚀　　D. 提高装置处理量

18. 原料带水严重时，会造成(A，B，D)带水。

A. 精液系统　　B. 废液系统　　C. 糠醛干燥塔　　D. 抽提塔

19. 原料脱气塔塔底泵抽空时，抽提塔(A，B)。

A. 压力降低　　B. 界面升高　　C. 底温降低　　D. 顶温降低

20. 影响抽提塔界面的因素有(A，B，C，D)。

A. 抽提塔顶温度 B. 抽提塔底温度 C. 糠醛进料量 D. 原料量

21. 影响抽提效果的因素有(A，B，C，D)。

A. 抽提温度 B. 抽提界面 C. 溶剂比 D. 塔底循环量

22. 抽提塔在正压下操作可以(A，B，D)。

A. 使精液自压进入精液系统 B. 增大非理想组分在糠醛中的溶解度

C. 提高产品收率 D. 使废液自压进入废液系统

23. 抽提塔发生液泛时抽提塔(B，C)。

A. 提余液油含量增加 B. 提余液糠醛含量增加

C. 提取液含油量增加 D. 提取液糠醛含量增加

24. 抽提塔结焦的原因有(A，C)。

A. 原料中含微量的氧 B. 原料馏分过轻

C. 糠醛含焦质 D. 都不是

25. 精液汽提塔液面高的原因是(A，B)。

A. 进料量过大塔超负荷 B. 塔底泵抽空

C. 吹汽量过小 D. 进料量过小

26. 精液汽提塔携带油量大的原因有(A，B)。

A. 原料组分过轻 B. 吹汽量过大 C. 吹汽量过小 D. 液面过低

27. 装置携带油量过大，对操作的影响有(A，C)。

A. 精制油收率降低 B. 精制油质量下降

C. 糠醛消耗增加 D. 糠醛消耗降低

28. 精液汽提塔吹汽量过大，会造成(A，B)。

A. 塔顶温度升高 B. 塔顶冷却器出口温度升高

C. 会造成精制油含醛 D. 塔液面降低

29. 高压蒸发塔顶压力大的原因有(A，B，D)。

A. 汽包进水中断 B. 进料温度过高

C. 进料温度过低 D. 高压醛气与发汽换热的换热器漏

30.(A，C)，会造成废液汽提塔顶携带油量增加。

A. 吹汽量过大 B. 塔顶真空度过小

C. 塔液面过高 D. 进料温度过低

31. 真空系统的真空度偏低的原因有(A，B，C)。

A. 真空管线泄漏 B. 真空泵效率低

C. 真空罐满 D. 汽提塔吹汽量过小

32. 造成真空罐液面高的原因有(A，B，C)。

A. 真空罐底部抽出线堵塞 B. 精废汽提塔吹汽量过大

C. 精废液汽提塔满塔 D. 精液汽提塔真空度低

33. 影响糠醛干燥塔液面的因素有(B，C，D)。

A. 精液汽提塔液面低 B. 抽提塔界面过高

C. 糠醛干燥塔一层回流过小 D. 糠醛干燥塔底泵抽空

34. 糠醛干燥塔塔底温度低的原因有(A，C)。

A. 高压醛气带水　B. 一层回流过小

C. 高压醛气温度过低　D. 高压醛气温度过高

35. 糠醛干燥塔顶回流量带水严重时，会造成(A，C，D)。

A. 塔底糠醛含水量增加　B. 塔底温度升高

C. 塔底温度降低　D. 塔顶压力上升

36. 水溶液分离罐发生乳化的原因有(A，C)。

A. 糠醛的酸值过大　B. 水溶液分离罐温度过高

C. 水溶液分离罐温度过低　D. 水溶液分离罐水位高

37. 水溶液分离罐发生乳化后的处理方法有(A，B，C)。

A. 提高水溶液分离罐的温度　B. 注碱

C. 控制好汽提塔的操作减少汽提塔顶携带

D. 提高湿醛的液位

38. 瓦斯组分变重，会造成加热炉(A，C)。

A. 炉膛氧含量降低　B. 瓦斯量增加

C. 燃烧不完全　D. 无关

39. 加热炉过剩空气系数过大，(A，C)。

A. 入炉空气量增加　B. 加热炉燃烧不完全

C. 烟气带走的热量增加　D. 烟气温度降低

40. 加热炉炉膛氧含量过小，会造成(A，C)。

A. 加热炉燃烧不完全　B. 加热炉燃烧完全

C. 过剩空气系数降低　D. 过剩空气系数增加

41. 加热炉所用燃料油中的灰分过高，会造成加热炉(B，C)。

A. 炉管内结焦　B. 对流室炉管积灰和结垢

C. 排烟温度升高　D. 炉膛温度升高

42. 装置携带油主要是从(A，B，C)产生的。

A. 脱气塔顶　B. 精液汽提塔顶

C. 废液汽提塔顶　D. 糠醛干燥塔顶

43. 加热炉炉管结焦的原因有(A，C)。

A. 炉出口温度控制不好超过 230℃　B. 瓦斯组分过轻

C. 炉膛热量分布不均，局部过热　D. 加热炉氧含量过大

44. 加热炉炉管烧穿的原因有(A，B，C，D)。

C. 炉管材质不好　D. 炉管腐蚀过重

C. 炉膛热分布不均局部过热　D. 操作压力过大

45. 加热炉炉膛的负压过低的原因有(B，C，D)。

A. 入炉空气量大　B. 加热炉超负荷

C. 加热炉对流室炉管结垢　D. 烟道挡板开度小

46. 加热炉烧油时，1.0MPa 蒸汽压力降低，会造成加热炉(B，C)。

A. 过剩空气系数增加　B. 火嘴雾化不好

C. 火嘴燃烧不完全　　D. 火嘴燃烧完全

47. 汽包进水中断会造成(A，C，D)。

A. 汽包液面迅速降低　　B. 糠醛干燥塔压力下降

C. 糠醛干燥塔底温升高　　D. 高压蒸发塔顶压力升高

48. 正常生产中当瓦斯压力过低会造成加热炉(A，C)。

A. 出口温度降低　　B. 出口温度提高

C. 炉膛温度降低　　D. 炉膛温度提高

49. 装置进行油品切换时要检查原料(A，B，C)情况。

A. 含水　　B. 比色　　C. 黏度　　D. 无关

50. 加热炉氧含量过小的原因有(B，C)。

A. 炉膛负压过高　　B. 挡板开度过小

C. 加热炉对流室压降过大　　D. 都不是

51. 法兰按压力可分为(A，B，C)法兰。

A. 低压　　B. 中压　　C. 高压　　D. 都不是

52. 冷却器冷却水用入口阀时，会造成冷却水(A，B)。

A. 短路　　B. 流速缓慢　　C. 流速增加　　D. 无关

53. 常用板式塔的塔板类型中，操作弹性较好的是(A，C)。

A. 泡罩塔板　　B. 筛板塔板　　C. 浮阀塔板　　D. 舌形塔板

54. 常用调节阀按其能源方式分类主要有(A，B，C)。

A. 汽动调节阀　　B. 电动调节阀

C. 液动调节阀　　D. 都不是

55. 影响离心泵特性曲线的是(A，D)。

A. 叶轮直径　　B. 流速　　C. 流量　　D. 叶轮转速

56. 精液汽提塔塔盘脱落会造成(A，B，C)。

A. 塔顶温度升高　　B. 精制油含醛增加

C. 塔顶真空度降低　　D. 塔底液面增加

57. 下面选项中可以组成热电偶的是(A，B)。

A. 不同的导体　　B. 不同的半导体

C. 相同的导体　　D. 相同的半导体

58. 可以提高加热炉热效率的有(B，D)。

A. 提高炉出口温度　　B. 降低排烟温度

C. 增大过剩空气系数　　D. 减少炉壁散热损失

59. 真空泵切换时，备用泵开泵前的检查内容有(A，B，C，D)。

A. 检查地脚螺栓有无松动　　B. 检查各部附件是否完好

C. 检查润滑及冷却水情况　　D. 检查盘车情况

60. 汽包发生器定期排污的作用是(A，B，D)。

A. 防止结垢　　B. 降低汽包液面

C. 降低设备腐蚀　　D. 确保汽包的传热效率

61. 泵叶轮外径车削后下列正确的是(A，B，D)。

A. $D/D' = Q/Q'$　　B. $(D/D')^2 = H/H'$
C. $D/D' = N/N'$　　D. $(D/D')^2 = N/N'$

62. 改变泵特性曲线的方法有(A，C)。
A. 改变电机的转数　　B. 提高泵的输送量
C. 改变叶轮的直径　　D. 无关

63. 蒸汽往复泵达到完好标准的内容有(A，C，D)。
A. 冲程次数在规定的范围内　　B. 填料无泄漏
C. 汽缸端不允许蒸汽泄漏　　D. 运行平稳无杂音

64. 罐顶呼吸阀的作用有(A，C，D) 。
A. 保持油罐密封　　B. 防止油罐满
C. 调节油罐内压力　　D. 防止油罐变形

65. 糠醛在空气、水、阳光的作用下，容易氧化成(C，D)。
A. CO_2　　B. H_2O　　C. 糠酸　　D. 过氧化糠醛酸

66. 下列选项中，(A，B)是汽包用水质量的控制指标。
A. 电导率　　B. SiO_2 含量　　C. Ca_2^+ 含量　　D. 都不是

67. 下列选项中，选用压力表时要注意的是(A，C)。
A. 所处环境的温度　　B. 所处环境的湿度
C. 所处环境的震动　　D. 不用考虑所处环境

68. 装置冷却水中断，会导致水溶液汽提塔(A，B，C)。
A. 顶冷却器出口温度升高　　B. 顶压力升高
C. 塔底排水含醛　　D. 塔液面升高

69. 装置停电的现象有(A，B，C)。
A. 系统真空度降低　　B. 各部流量中断
C. 机泵电机全部停运　　D. 水溶液汽提塔底排水含醛

70. 装置 1.0MPa 蒸汽中断后会导致(B，C，D)。
A. 汽提塔吹蒸汽中断　　B. 烧油时加热炉熄火
C. 蒸汽往复泵停　　D. 蒸汽喷射泵停

71. 汽包进水中断时，会造成(B，C)。
A. 抽提塔顶温度降低　　B. 高压蒸发塔压力升高
C. 干燥塔顶压力升高　　D. 水溶液汽提塔顶压力升高

72. 加热炉炉膛氧含量过小，会造成(B，C)。
A. 过剩空气系数增加　　B. 炉膛温度低
C. 加热炉燃烧不完全　　D. 出口温度升高

73. 糠醛干燥塔底泵抽空会造成(A，B，C)。
A. 抽提塔压力降低　　B. 抽提塔顶温降低
C. 干燥塔液面升高　　D. 精液汽提塔液面升高

74. 抽提塔发生液泛时，抽提塔(A，B，C)。
A. 塔顶精液系统含糠醛增加　　B. 界面不清
C. 塔底废液含油量增加　　D. 界面降低

75. 瓦斯带水时，会造成加热炉(A，B，C)。

A. 火嘴缩火　B. 火焰带火星　C. 炉膛温度降低　D. 出口温度升高

76. 水溶液分离罐满的原因有(A，C)。

A. 水溶液分离罐醛、水、油液面控制不好

B. 加热炉出口温度过低

C. 精液汽提塔冒塔

D. 糠醛干燥塔一层回流过大

77. 装置短时间停冷却水时，装置处理方法有(A，B，C)。

A. 加热炉紧急熄火保留长明灯　B. 将装置转原料循环

C. 将各塔停止汽提　D. 降量维持生产

78. 装置短时间停动力电的处理方法有(A，B，C，D)。

A. 关闭离心泵出口阀电门　B. 加热炉紧急熄火

C. 各塔停止汽提　D. 关闭真空泵入口阀电门

79. 加热炉烧油时，装置停 1.0MPa 蒸汽时的处理方法有(A，B，C)。

A. 烧油火嘴改烧瓦斯　B. 将精废油转循环

C. 塔底泵采用蒸汽泵的应切换离心泵D. 关汽提塔汽提蒸汽阀

80. 汽包进水中断后的处理方法有(A，B，C，D)。

A. 降量生产　B. 将汽包出口补 1.0MPa 蒸汽

C. 将糠醛干燥塔七层回流投用　D. 汽包进水阀关闭

81. 糠醛干燥塔液面过低造成塔底泵半抽空时的处理方法有(A，B)。

A. 降低抽提塔的糠醛流量　B. 适当加大糠醛干燥塔顶一层回流量

C. 提高抽提塔界面　D. 切换塔底备用泵

82. 加热炉瓦斯带油造成炉膛氧含量过小时，应(A，B，D)。

A. 将烟道挡板开大　B. 将瓦斯分液罐切油

C. 降低炉出口温度　D. 降低加热炉进料量

简答题

1. 简述装置水运的注意事项。

答：水运时冷却器需走侧线。水运时应检查机泵的流量、扬程、渗漏、震动、电流、润滑系统、轴承温度等是否正常，确定机泵能否满足生产技术要求。水运时应对各仪表进行效核和标定，检查仪表性能和灵敏度。水运时过滤网堵应及时清除，水运 4h 后检查无问题停止水运将水放掉，拆掉过滤网。

2. 简述装置检修抽提塔装糠醛的方法。

答：将抽提塔装糠醛流程转好。将抽提塔各进、出口阀门、导淋关闭。将界面计投用，打开塔顶排空阀。打开糠醛进塔阀门启动泵抽糠醛向抽提塔装塔。当糠醛装至界面管处停泵，关闭糠醛进塔阀门和塔顶排空阀。

3. 简述开工抽提塔装糠醛的注意事项。

答：检查好装糠醛流程，防止糠醛串入其他管线内。将抽提塔顶排空阀打开将塔内空气排净。防止塔装满造成糠醛冒塔。

4. 说明加热炉升温过程中的注意事项。

答：①点火嘴的数量按升温需要逐渐增加，火嘴增点时要注意均匀对称。②控制好升温速度。③严禁炉温忽高忽低，炉出口温度不允许超过230℃。

5. 简述开工系统脱水完全的判断。

答：精、废液汽提塔，蒸发塔顶温度降低。蒸发塔压力降低。精、废液汽提塔顶真空度升高。加热炉的炉出口温度、流量稳定。

6. 简述塔日常检查的内容。

答：定时检查塔的压力、液面、流量一次指示是否完好。定时检查人孔、法兰等有无泄漏。定时检查塔安全设施是否完好，塔壁温是否正常保温、是否完好。

7. 简述糠醛含水对抽提操作的影响。

答：使糠醛的溶解能力降低，影响抽提塔效果。使抽提塔压力升高。会造成精、废液系统带水。

8. 简述影响装置糠醛平衡的主要因素。

答：抽提塔界面控制不好。蒸发塔液面控制不好。糠醛干燥塔液面控制不好。水溶液分离罐湿醛液面控制不好。

9. 糠醛为什么要控制酸度？

答：糠醛的安定性较差，在空气、水、阳光的作用下，很容易氧化生成糠酸，使糠醛分解结焦、纯度下降。糠酸是一种强氧化剂，在有水存在的情况下，对设备的腐蚀加重。

10. 简述原料含水对精废液系统操作的影响。

答：会造成精液系统带水，使精液炉出口流量、温度波动大。精液汽提塔的汽相负荷增加，塔顶真空度降低，进料温度降低，影响精液汽提塔的回收。会造成废液系统带水使一次蒸发塔压力增高，进料温度降低，蒸发率降低。

11. 简述影响界面的因素。

答：原料量、糠醛量的变化精、废液量的变化。抽提温度原料性质。

12. 影响抽提效果的因素。

答：抽提方式。抽提温度。抽提界面。溶剂比。原料的性质。

13. 简述抽提塔在正压下操作操作的原因。

答：避免糠醛蒸发。提高非理想组分在糠醛中的溶解度。精液、抽出液可利用压差自流到炉或塔中去，节省了机泵，操作方便。

14. 简述抽提塔结焦的原因。

答：糠醛与油品中微量的氧反应氧化结焦。反序生产原料中含有酮在催化剂的作用下，使糠醛易氧化生成焦质。糠醛在碱性条件下缩合结焦。原料含焦质。糠醛含焦质。

15. 简述精液汽提塔液面过高的原因。

答：进料量过大塔超负荷。精液汽提塔塔底泵抽空。塔底泵出口阀开度过小。控制阀失灵。精油外送量过小。

16. 简述精液汽提塔携带油量大的原因。

答：吹汽量过大。原料组分过轻。塔液面过高，满塔。塔盘出现问题。

17. 简述精制装置携带油的量过大对操作的影响。

答：精废液汽提塔的进料温度降低，塔的汽相负荷增加。蒸发塔进料温度降低，塔汽相负荷增加，塔顶糠醛带油。糠醛干燥塔含油量增加，糠醛纯度降低，影响抽提效果。糠醛的消耗增大。精制油收率降低。

18. 简述高压蒸发塔压力过大的原因。

答：进料量过大塔超负荷。塔进料温度过高。汽包空或液面过低。高压醛气与发汽换热的换热器漏。塔顶换热器结焦或堵。压控阀失灵。

19. 简述废液汽提塔携带油量大的原因。

答：吹汽量过大。原料组分过轻。进料量过大塔超负荷。塔液面过高，满塔。塔盘结焦。

20. 简述真空罐液面高的原因。

答：精、废液或脱气塔吹汽量过大。精、废液或脱气塔液面过高满塔。真空罐底部馏出线堵。

21. 简述影响糠醛干燥塔的液面的因素。

答：界面控制不好。糠醛泵抽空。糠醛干燥塔顶回流控制不好。蒸发塔温度过低或液面过不稳定。

22. 简述糠醛干燥塔底温低的原因。

答：进料温度过低或进料带水。糠醛干燥塔顶回流过大或带水。

23. 简述糠醛干燥塔干燥不完全的原因。

答：进料温度过低或带水。塔顶回流量过大或回流带水。塔顶压力过高。

24. 简述水溶液分离罐乳化的原因。

答：水溶液分离罐温度过低。汽提塔顶携带量过大。装置糠醛酸值过高。水溶液分离罐液体受搅拌。

25. 简述水溶液分离罐罐发生乳化的处理方法。

答：温度过低时，用蒸汽加热将温度控制在 38～45℃。水溶液分离罐液体发生搅拌时，控制好汽提塔顶冷却器出口温度。汽提塔顶携带量过大，减少精废液汽提塔顶的携带。糠醛酸度偏高，适当注碱溶液。如果乳化时间太长仍不好转，可加电解质食盐。

26. 简述过剩空气系数的大小对加热炉的影响。

答：加热炉过剩空气系数过小燃烧不完全。加热炉过剩空气系数过大，入炉空气太多、炉膛温度下降，烟道气带走热量过多，浪费燃料。

27. 简述加热炉炉管结焦的原因。

答：处理量太小，炉管内介质流速太慢。炉出口温度控制不好超过 230℃。炉膛热量分布不均，局部过热。原料胶质含量大，残炭太高。装置酸值过大。

28. 简述炉管烧穿的原因有哪些？

答：局部过热，炉管结焦脱炭。腐蚀严重。材质不好。操作压力过大。

29. 简述加热炉烟气中氧、一氧化碳含量均高的原因。

答：炉体的上部密封不好使空气漏入炉内造成氧含量高。火嘴处供风不足，雾化不好，燃烧不完全产生 CO。

30. 简述加热炉炉膛负压低的原因。

答：加热炉烟道挡板开度过小。加热炉对流室炉管结垢或积灰。瓦斯组分过重或带液。加热炉超负荷。

31. 简述油品切换的注意事项。

答：检查原料性质和是否含水。根据处理量和顶油量计算切换时间。根据油品切换规定及时改变操作条件。及时切换中间罐和成品罐。

32. 简述水溶液分离罐醛、水、油的分离方法。

答：由于湿醛、水、油密度不同，进入容器后自然分层，油最轻浮在上层，糠醛密度最大沉在最下层，水在中间。卧式分离罐由隔板分成三格。在第一格控制糠醛的液面，使水、油溢过隔板进入第二格，在第二格控制水液面，使油溢过隔板进入第三格达到湿醛、水、油分离的目的。

33. 简述画出精液系统装置停工退油流程框图。

答：脱气塔底泵抽塔内油→精液开工线→精液加热炉→精液闪蒸汽提塔→精液闪蒸汽提塔塔底泵→罐区。

34. 简述冷却器冷却水的控制方法。

答：用冷却器入口阀控制冷却水可节水，但是控制入口阀容易造成冷却水短路或流速减慢造成上热下凉。采用控制出口能保证冷却水流速和换热效果。

35. 简述离心泵产生气蚀现象的原因。

答：离心泵在输送液体时，叶轮进口附近的压强较低，当叶轮内中间部位的压强降低到操作温度下被输送液体的饱和蒸气压时，被输送液体开始汽化。同时溶于其中的其他气体也形成汽泡析出。这些汽泡随着液体进入叶轮内靠近边缘压力较高的地方时，又重新凝缩，由于局部压强很大，凝缩速度很快，形成猛烈冲击，严重时引起响声和振动，对泵的危害较大。这种液体在泵内汽化，凝缩随之产生的冲击现象就是离心泵的气蚀现象。

36. 简述冷换设备热紧的目的。

答：开工时冷换设备各部件由于材质不同，升温过程中特别是温度超过200℃时由于各种材料的膨胀系数不同，高温部位密封端面会发生泄漏。热紧的目的就在于消除法兰的松弛，使密封面有足够的压比以保证静密封效果。

37. 简述管壳式换热器达到完好标准的要求。

答：运行正常，效能良好。各部构件无损，质量符合要求。主体整洁，零部件齐全好用。技术资料齐全准确。

38. 简述提高加热炉热效率的方法。

答：降低排烟温度。降低加热炉过剩空气系数。采用高效燃烧器。减少炉壁散热损失。设置和改进控制系统。加强加热炉的管理，提高加热炉操作水平。

39. 简述水环真空泵的工作原理。

答：在泵体内安装偏心转子，转子上有叶板，当转子旋转时，水会被叶轮带动产生离心现象而形成一个水环。因为中心不同，叶轮中心部位与水环间形成一月牙形截面的空间，并被叶片分割成许多大小不等的小室。在叶轮旋转的前一半，月牙形截面空间中小室逐渐增大，可将外部气体通过吸入空隙吸入小室，在叶轮旋转的后一半，这些小室逐渐减少，供气体压缩从排出孔隙排出。这样不间断地吸、排，便可在被抽真空的设备内形成一定的真空度。

40. 简述蒸汽发生器为何要定期排污？

答：蒸汽发生器给水含有一定量的盐分，随着水的不断蒸发残留下来的杂质污物越来越多，使钙、镁化合物以水渣的形式沉淀出来，使蒸汽发生器结垢影响传热效果、腐蚀设备和污染蒸汽品质。

41. 简述泵的车削定律。

答：泵叶轮外径车削前后，其流量、扬程、功率与外径的关系称为泵的车削定律。

42. 简述离心泵的特性曲线的内容。

答：离心泵的特性曲线表明一台泵在一定的转速下，流量、扬程、功率效率和必需气蚀余量之间的关系，四条曲线组成。这些参数之间的关系通常由实验测定。

43. 简述按设计压力划分压力容器的标准。

答：低压：0.1～1.6MPa。中压：1.6～10MPa。高压：10～100MPa。超高压≥100 MPa。

44. 简述离心泵产生气蚀现象的影响。

答：气蚀发展到一定程度，会产生大量气泡，影响液体的正常流动，甚至造成液流间断。泵体震动，产生沉闷噪音；泵的流量、扬程和效率明显下降，不能正常吸排液体。此外，叶轮表面在机械剥蚀和化学腐蚀的作用下会产生蜂窝或海绵状麻坑，甚至被穿透，使用寿命大为缩短。

45. 简述罐顶呼吸阀的作用。

答：保持油罐的密封，以减少损耗，预防火灾。保持自动通风，调节罐内的压力，防止油罐受压变形或爆裂。

46. 简述容积式流量计进行温度校正的原因。

答：容积流量计一般是用来测量液体流量，它的体积随压力变化很微小，但是体积随着温度的变化比较大，所以应用容积流量计要进行温度补偿。

47. 简述糠醛对设备的腐蚀的原因。

答：糠醛的化学性安定性较差，在空气、水、阳光的作用下，容易氧化成糠酸及过氧化糠醛酸。这些酸性物质在水的存在下，会对设备形成腐蚀。过氧化糠醛酸是一种强氧化剂，在水存在的情况下，对设备的腐蚀非常严重。

48. 简述冷却器冷不下来常见的原因。

答：冷却水压力过低或阀门开度过小。冷却器冷却水管堵塞。冷却器管程隔板腐蚀漏冷却水走短路。冷却器热流体负荷过大。冷却器壳程结焦或结垢、发生短路影响传热效果。

49. 简述停冷却水的现象。

答：冷却水压力指示回零。脱气塔顶冷却器出口温度升高，塔顶真空度下降。抽提塔顶糠醛冷却器、塔底原料冷却器、塔底循环冷却器出口温度升高抽提温度升高。精、废液汽提塔顶冷却器出口温度升高，塔顶真空度降低，塔底精、废油含醛。糠醛干燥塔顶冷却器出口温度升高，糠醛干燥效果变差，水溶液汽提塔顶冷却器出口温度升高，压力增大，塔底排水含醛。系统真空度下降、真空泵排醛。外送冷却器出口温度升高，精、废油外送温度高。

50. 简述装置停动力电的现象。

答：DCS 流量指示回零。装置夜间照明中断，电机全部停止运转。各部进料中断。系统真空度下降。加热炉烧瓦斯时出口温度升高。

51. 简述抽提塔产生液返的现象。

答：抽提塔界面不清，抽提效果变差。塔顶精液含醛量增加，精液炉负荷增加，精液汽提塔进料超负荷。废液含油量增加，蒸发塔气相负荷降低液相负荷增加，废液汽提塔液相负荷增加。

52. 简述瓦斯带水的现象。

答： 瓦斯分液罐切液带水，火嘴出现缩火、火焰带火星，加热炉炉膛、出口温度降低。带水严重时会造成火嘴熄火，水从火嘴喷嘴喷出。

53. 简述停冷却水的处理方法。

答： 短时间停冷却水，将装置转原料循环。将加热炉紧急熄火，保留长明灯。将各塔停止吹汽。联系将精废油外放线扫净。长时间不能恢复冷却水供水，应按紧急停工处理。

54. 简述装置停动力电时的处理方法。

答： 联系查明停电原因及时间。短时停电将各离心泵的出口阀、水环真空泵的入口阀关闭。将加热炉紧急熄火。将各汽提塔停止汽提。将易凝管线扫线干净。长时间停电，按紧急停工处理。

55. 简述抽提塔产生液泛的处理方法。

答： 原料温度过低造成液泛时，应提高进抽提塔的进料温度。处理量过大造成抽提塔液泛时，应降低装置的处理量。抽提塔顶温度大于油品的临界溶解温度时，应降低抽提塔的顶温度。转盘转速过快造成抽提塔液泛时，应降低抽提塔转盘的转速。

56. 简述浮球式液位计常见故障的处理方法。

答： 密封圈过紧造成液位变化输出不灵敏时，应及时调整密封部件；浮球变形应及时更换浮球。浮球脱落或破裂造成液面指示过高，应及时安装或更换浮球。平衡锤位置不合适造成指示偏差大，应联系仪表调整平衡锤位置。变送器坏或电源与信号线出现故障应及时联系仪表修理。

57. 简述加热炉烟气中氧、一氧化碳含量均高的处理。

答： 加大火嘴供风量，使火嘴得到完全燃烧。加强加热炉上部的堵漏，减少漏入的空气量。

58. 简述水溶液分离罐满的处理方法。

答： 塔满造成水溶液分离罐满，降低塔的液面。湿醛液位过高造成水溶液分离罐满，应查明湿醛液位高的原因降低湿醛的液面。水溶液液位过高造成，查明水位高的原因降低水溶液分离罐的水位。

计算题

1. 一塔顶真空表读数为 0.082MPa，试计算塔内的绝对压强为多少？

解： 绝对压强 = 大气压 − 真空度 = 0.1 − 0.082 = 0.018MPa

答： 塔内的绝对压强为 0.018MPa。

2. 一绝对压强为 0.31MPa 的容器，其上压力表的读数应为多少？

解： 表压 = 绝对压强 − 大气压 = 0.31 − 0.1 = 0.21MPa

答： 容器上压力表的读数应为 0.21MPa。

3. 某塔侧线管的规格为 $\phi219 \times 8$mm，馏出油的流量为 50.6t/h，相对密度为 0.675，试计算侧线馏出油的流速为每秒多少米？

解： 侧线管截面积：$S = \frac{\pi}{4} d^2 = \frac{3.14}{4} \times [(219 - 2 \times 8) \times 10^{-3}]^2 = 3.23 \times 10^{-2} \text{m}^2$

$$w = \frac{Q}{S} = \frac{W}{S \cdot \rho} = \frac{50.6 \times 1000}{3.23 \times 10^{-2} \times 0.675 \times 1000 \times 3600} = 0.64 \text{m/s}$$

答：侧线馏出油的流速为0.64m/s。

4. 一台用于输送燃料油的泵，其流量为10.8m³/h，燃料油相对密度为0.9，若输送管的规格为$\phi89\times4$mm，试计算管内的质量流速、线速度各为多少？

解：

$$S=\frac{\pi}{4}d^2=\frac{3.14}{4}\times[(89-2\times4)\times10^{-3}]^2=5.2\times10^{-3}\mathrm{m}^2$$

$$u=\frac{W}{S}=\frac{Q\rho}{S}=\frac{10.8\times0.9\times1000}{5.2\times10^{-3}\times3600}=519.2\mathrm{kg/(m^2\cdot s)}$$

$$w=\frac{u}{\rho}=\frac{519.2}{0.9\times1000}=0.58\mathrm{m/s}$$

答：燃料油在管内的质量流速为519.2kg/(m²·s)，线速度为0.58m/s。

5. 已知连通的两管，若粗管规格为$\phi219\times8$mm，流速为1m/s，规格为$\phi89\times4$mm的细管中流速是多少？

解：由稳定流动的连续性方程知：$\frac{w_{大}}{w_{小}}=\frac{S_{小}}{S_{大}}=\frac{d_{小}}{d_{大}}$

则：$w_{小}=\frac{(219-2\times8)\times10^{-3}}{(89-2\times4)\times10^{-3}}\times1=2.5\mathrm{m/s}$

答：细管中流速是2.5m/s。

6. 什么是转盘抽提塔的表观比负荷？

若抽提塔内原料油和糠醛的流量分别是35m³/h、80m³/h，塔截面积为5.5m²时，抽提塔的表观比负荷为多少？

解：表观比负荷为单位时间内、单位塔截面积上通过润滑油料及溶剂的总量。

表观比负荷为：$\frac{35+80}{5.5}=20.9\mathrm{m^3/(m^2\cdot h)}$

答：该抽提塔的表观比负荷为20.9m³/(m²·h)。

7. 某抽提塔塔直径2.4m，塔内总体积流速131.7m³/h，求此塔的表观比负荷。

解：抽提塔截面积 $S=\frac{\pi}{4}d^2=\frac{3.14}{4}\times2.4^2=4.52\mathrm{m}^2$

表观比负荷为：$\frac{131.7}{4.52}=29.12\mathrm{m^3/(m^2\cdot h)}$

答：该抽提塔的表观比负荷为29.12m³/(m²·h)。

8. 某加热炉烟道气的分析数据如下：二氧化碳10.8%(体积分数)，氧气3.1%(体积分数)，试计算其过剩空气系数。

解：$\alpha=\frac{100-V_{CO_2}-V_{O_2}}{100-V_{CO_2}-4.76V_{O_2}}=\frac{100-10.8-3.1}{100-10.8-4.76\times3.1}=1.16$

答：过剩空气系数为1.16。

9. 经过对某加热炉烟道气的分析计算，知其过剩空气系数为1.23，已知燃料油的质量组成为C=88%、H=12%，试计算该燃料燃烧所需要的实际空气用量为多少？

解：$L_0=0.115\mathrm{C}+0.345\mathrm{H}+0.0432(\mathrm{S}-\mathrm{O})=0.115\times88+0.345\times12$

$=14.3$kg空气/kg燃料

实际空气用量 $L = \alpha L_0 = 1.23 \times 14.3 = 17.59\text{kg}$ 空气

答： 燃料燃烧所需要的实际空气用量为 17.59kg 空气。

10. 某糠醛精制装置的抽提塔进料为 35t/h，精制油出装置的量为 24t/h，若总的损耗为 0.1%，试计算精制油、抽出油的收率。

解： 精制油收率 $= \dfrac{\text{精制油量}}{\text{原料油}} \times 100\% = \dfrac{24}{35} \times 100\% = 68.6\%$

抽出油收率 = 1 - 精制油收率 - 加工损耗 = 1 - 68.6% - 0.1% = 31.3%

答： 该装置精制油、抽出油的收率分别为 68.6%、31.3%。

11. 一糠醛精制装置要加工 107.8t 的某种油品，原加工此种油品时精制油收率为 81.56%，油品加工损耗可以控制在 0.15%以下，预计抽出油的量为多少？

解： 抽出油量 = 107.8(1 - 81.56% - 0.15%) = 19.72t

答： 预计抽出油的量为 19.72t。

12. 某糠醛精制装置的精液汽提塔进料量是 29t/h，若精制油出装置的量为 20.3t/h，试计算精液中的含醛比例。(忽略损耗)

解： 由物料衡算 $F = D + W$

得塔顶蒸发糠醛量：$D = F - W = 29 - 20.3 = 8.7\text{t/h}$

则精液中的含醛比例：$\dfrac{8.7}{29} \times 100\% = 30\%$

答： 精液中的含醛比例为 30%。

13. 某糠醛精制装置的抽提塔进料为 28t/h，溶剂比为 2.5:1(质量比)，若核定精液汽提塔溶剂蒸发量为 7t/h，废液汽提塔溶剂蒸发量为 4t/h，试计算一、二次蒸发塔溶剂的蒸发量。(忽略损耗)

解： 总溶剂量 = 28 × 2.5 = 70t/h

一、二次蒸发塔溶剂的蒸发量 = 70 - 7 - 4 = 59t/h

答： 一、二次蒸发塔溶剂的蒸发量为 59t/h。

14. 某电机的输出功率为 22kW，泵流量为 $60\text{m}^3/\text{h}$，扬程为 50m，油品的密度为 860kg/m^3,则机泵效率为多少？

解： $N_{有} = QH_{\rho g} = 60 \times 50 \times 860 \times 9.81/3600 = 7030.5\text{W}$

$\eta = \dfrac{N_{有}}{N_{轴}} \times 100\% = \dfrac{7030.5}{22000} \times 100\% = 32\%$

答： 机泵效率为 32%。

四、技能操作鉴定要素细目表

<table>
<tr><th colspan="6">鉴 定 范 围</th><th colspan="2">鉴 定 点</th></tr>
<tr><th colspan="2">一级</th><th colspan="2">二级</th><th colspan="2">三级</th><th rowspan="2">代码</th><th rowspan="2">名 称</th></tr>
<tr><th>代码</th><th>名称</th><th>代码</th><th>名称</th><th>代码</th><th>名称</th></tr>
<tr><td rowspan="4">A</td><td rowspan="4">技能要求</td><td rowspan="4">A</td><td rowspan="4">工艺操作</td><td>A</td><td>开车准备</td><td>001</td><td>装置二次蒸发塔试压的操作</td></tr>
<tr><td rowspan="3">B</td><td rowspan="3">正常操作</td><td>001</td><td>装置加热炉烘炉的操作</td></tr>
<tr><td>002</td><td>加热炉烧瓦斯改烧油的操作</td></tr>
<tr><td>003</td><td>冷却器冷却水反冲的操作</td></tr>
</table>

续表

鉴定范围						鉴定点	
一级		二级		三级		代码	名称
代码	名称	代码	名称	代码	名称		
				C	开车操作	001	现场指出装置精废液循环流程
						002	抽提塔装溶剂的操作
				D	停车操作	001	抽提塔退糠醛的操作
						002	水溶液汽提塔的停用步骤
						003	加热炉烧焦前的准备工作
		B	设备使用与维护	A	使用设备	001	真空泵的切换操作
				B	维护设备	001	离心泵修理后的验收
						002	安装盲板的操作
		C	事故判断与处理	A	判断事故	001	装置停动力电的判断
						002	装置停冷却水的判断
						003	装置停蒸汽的判断
						004	装置停汽包水的判断
						005	糠醛泵抽空的判断
						006	高压蒸发塔顶换热器结焦的判断
						007	加热炉上对流炉管结垢的判断
						008	脱气塔底泵抽空的判断
						009	控制阀常见故障的判断
						010	浮球液面计浮球脱落的判断
						011	冷却器产生汽阻的判断
				B	处理事故	001	停动力电的处理
						002	装置停冷却水的处理
						003	装置停蒸汽的的处理
						004	停发汽进水的的处理
						005	水环式真空泵带液的处理

五、技能操作试题

试题1：装置二次蒸发塔试压的操作(现场模拟)

(考核时间：15min)

序号	考核内容	考核要点	配分	评分标准	检测结果	扣分	得分	备注
1	准备工作	穿戴劳保用品	3	未穿戴整齐扣3分				
		工具、用具准备	2	工具选择不正确扣2分				
2	操作程序	转二次蒸发塔试压流程	10	流程不对扣10分				
3		将二次蒸发塔安全阀停用、压力表投用	10	未将安全阀停用、压力表投用扣10分				

续表

序号	考核内容	考核要点	配分	评分标准	检测结果	扣分	得分	备注
4		将装置蒸汽切水后，将蒸汽引至二次蒸发塔	10	未切水和引蒸汽扣10分				
5		将二次蒸发塔顶排空阀打开	10	未将排空阀打开扣10分				
6		缓慢打开进二次蒸发塔底蒸汽阀门	10	未打开进二次蒸发塔底蒸汽阀门扣10分				
7		塔顶排空阀排汽后将排空阀关闭	10	塔顶排空阀排汽后未关闭扣10分				
8		当塔压力达到试压压力后将塔底蒸汽阀关闭	10	当塔压力达到试压压力后未将塔底蒸汽阀关闭扣10分				
9		保持5min不降压，检查不渗漏、设备不变形即为试压合格	10	未保持5min检查压力、渗漏、设备变形等扣10分				
10		试压完毕将塔顶排空阀打开，缓慢放压后排净塔内存水	10	试压完未将塔顶排空阀打开排汽排净塔内存水扣10分				
11	使用工具	正确使用工具	2	工具使用不正确扣2分				
		正确维护工具	3	工具乱摆乱放扣3分				
12	安全及其他	按国家法规或企业规定		违规一次总分扣5分；严重违规停止操作			—	
		在规定时间内完成操作		每超时1min总分扣5分，超时3min停止操作			—	
合　计			100					

试题2：装置加热炉烘炉的操作（现场模拟）

（考核时间：15min）

序号	考核内容	考核要点	配分	评分标准	检测结果	扣分	得分	备注
1	准备工作	穿戴劳保用品	3	未穿戴整齐扣3分				
		工具、用具准备	2	工具选择不正确扣2分				
2	操作程序	检查加热炉流程导淋阀门开关	10	未检查加热炉流程导淋阀门开关扣10分				
3		引瓦斯至炉火嘴处	10	未引瓦斯至炉火嘴扣10分				
4		将蒸汽切水引至加热炉炉管总阀处	10	未将蒸汽切水引至加热炉炉管总阀处扣10分				
5		将炉管通蒸汽	10	未将炉管通蒸汽扣10分				
6		将加热炉点火	10	未将加热炉点火扣20分				
7		将加热炉按烘炉曲线要求进行烘炉	20	未将加热炉按烘炉曲线要求进行烘炉扣10分				
8		烘炉完毕按降温曲线降温炉膛降至250℃；将加热炉熄火，挡板、风门关闭	10	未按降温曲线降温炉膛降至250℃；将加热炉熄火，挡板、风门关闭扣10分				
9		当炉膛温度降至100℃时，将挡板、风门打开通风冷却	10	炉膛温度降至100℃时，未将烟道挡板、风门打开扣10分				

续表

序号	考核内容	考核要点	配分	评分标准	检测结果	扣分	得分	备注
10	使用工具	正确使用工具	2	工具使用不正确扣2分				
		正确维护工具	3	工具乱摆乱放扣3分				
11	安全及其他	按国家法规或企业规定		违规一次总分扣5分；严重违规停止操作			—	
		在规定时间内完成操作		每超时1min总分扣5分，超时3min停止操作			—	
		合　计	100					

试题3：加热炉烧瓦斯改烧油的操作（现场模拟）

（考核时间：15min）

序号	考核内容	考核要点	配分	评分标准	检测结果	扣分	得分	备注
1	准备工作	穿戴劳保用品	3	未穿戴整齐扣3分				
		工具、用具准备	2	工具选择不正确扣2分				
2	操作程序	检查炉燃料油流程阀门导淋开关情况	10	未检查炉燃料油流程阀门导淋开关情况扣10分				
3		检查炉雾化蒸汽流程阀门导淋开关情况	10	未检查炉雾化蒸汽流程阀门导淋开关情况扣10分				
4		联系将燃料油线用蒸汽贯通见汽后关闭阀门	10	未联系将燃料油线用蒸汽贯通见汽后关闭阀门扣10分				
5		联系引燃料油	10	未联系引燃料油扣10分				
6		将蒸汽切水后引雾化蒸汽至加热炉火嘴前	10	未将雾化蒸汽引至加热炉火嘴前扣10分				
7		将燃料油在火嘴前打开导淋排水见油后将导淋关闭	10	未将燃料油在火嘴前打开导淋排水见油后关闭扣10分				
8		联系内操将火嘴切换烧油	10	未联系内操将火嘴切换烧油扣10分				
9		点燃燃料油火嘴后调节火嘴燃烧情况，关闭瓦斯火嘴阀，其他火嘴的切换同上	10	未点燃燃料油火嘴、调节火嘴燃烧情况、关闭瓦斯火嘴阀扣10分				
10		检查加热炉燃烧情况	10	未检查加热炉燃烧情况扣10分				
11	使用工具	正确使用工具	2	工具使用不正确扣2分				
		正确维护工具	3	工具乱摆乱放扣3分				
12	安全及其他	按国家法规或企业规定		违规一次总分扣5分；严重违规停止操作			—	
		在规定时间内完成操作		每超时1min总分扣5分，超时3min停止操作			—	
		合　计	100					

试题4：冷却器冷却水反冲的操作(现场模拟)

(考核时间：15min)

序号	考核内容	考核要点	配分	评分标准	检测结果	扣分	得分	备注
1	准备工作	穿戴劳保用品	3	未穿戴整齐扣3分				
		工具、用具准备	2	工具选择不正确扣2分				
2	操作程序	联系内操准备冷却器冷却水反冲	20	未联系内操准备冷却器冷却水反冲扣20分				
3		冷却水反冲的操作	30	操作程序错误终止考试				
4		检查冷却水压力情况	20	未检查冷却水压力情况扣20分				
5		联系内操根据温度情况调节各冷却器冷却水量	20	未联系内操根据温度情况调节各冷却器冷却水量扣20分				
6	使用工具	正确使用工具	2	工具使用不正确扣2分				
		正确维护工具	3	工具乱摆乱放扣3分				
7	安全及其他	按国家法规或企业规定		违规一次总分扣5分；严重违规停止操作			—	
		在规定时间内完成操作		每超时1min总分扣5分，超时3min停止操作			—	
合　计			100					

试题5：现场指出装置精废液循环流程(现场模拟)

(考核时间：15min)

序号	考核内容	考核要点	配分	评分标准	检测结果	扣分	得分	备注
1	准备工作	穿戴劳保用品	3	未穿戴整齐扣3分				
		工具、用具准备	2	工具选择不正确扣2分				
2	操作程序	塔齐全，正确	10	回答错误扣10分				
3		冷换设备齐全	20	回答错误扣20分				
4		泵齐全	20	回答错误扣20分				
5		加热炉齐全	20	回答错误扣20分				
6		控制阀齐全	20	回答错误扣20分				
7	使用工具	正确使用工具	2	工具使用不正确扣2分				
		正确维护工具	3	工具乱摆乱放扣3分				
8	安全及其他	按国家法规或企业规定		违规一次总分扣5分；严重违规停止操作			—	
		在规定时间内完成操作		每超时1min总分扣5分，超时3min停止操作			—	
合　计			100					

试题6：抽提塔装溶剂的操作(现场模拟)

(考核时间：15min)

序号	考核内容	考核要点	配分	评分标准	检测结果	扣分	得分	备注
1	准备工作	穿戴劳保用品	3	未穿戴整齐扣3分				
		工具、用具准备	2	工具选择不正确扣2分				
2	操作程序	检查抽提塔流程及进出口阀门导淋是否关闭	20	未检查抽提塔流程及进出口阀门导淋是否关闭扣20分				
3		将抽提塔排空阀打开	10	未将抽提塔排空阀打开扣10分				
4		将抽提塔界面计投用、压力表投用	10	未将抽提塔界面计投用、压力表投用扣10分				
5		检查抽提塔装塔流程阀门、导淋开关情况	20	未检查抽提塔装塔流程阀门、导淋开关情况扣20分				
6		联系罐区启动泵向抽提塔进糠醛	10	未联系启动泵向抽提塔进糠醛扣10分				
7		将糠醛装至界面管处停止抽提塔装塔	10	将糠醛装至界面管处未停止装塔扣10分				
8		将抽提塔顶排空阀关闭	10	未将抽提塔顶排空阀关闭扣10分				
9	使用工具	正确使用工具	2	工具使用不正确扣2分				
		正确维护工具	3	工具乱摆乱放扣3分				
10	安全及其他	按国家法规或企业规定		违规一次总分扣5分；严重违规停止操作			—	
		在规定时间内完成操作		每超时1min总分扣5分，超时3min停止操作			—	
		合　计	100					

试题7：抽提塔退糠醛的操作(现场模拟)

(考核时间：15min)

序号	考核内容	考核要点	配分	评分标准	检测结果	扣分	得分	备注
1	准备工作	穿戴劳保用品	3	未穿戴整齐扣3分				
		工具、用具准备	2	工具选择不正确扣2分				
2	操作程序	装置转原料循环后，启动抽提塔底循环泵，将抽提塔糠醛至废液系统回收糠醛	25	未启动抽提塔底循环泵、未将抽提塔糠醛至废液系统回收糠醛扣5分				
3		将抽提塔顶排空阀打开	20	未将抽提塔顶排空阀打开扣20分				
4		抽提塔底循环泵抽空后关闭塔底循环泵	25	抽提塔底循环泵抽空后未关闭塔底循环泵扣25分				
5		关闭抽提塔底馏出线阀门	20	未关闭抽提塔底馏出线阀门扣20分				
6	使用工具	正确使用工具	2	工具使用不正确扣2分				
		正确维护工具	3	工具乱摆乱放扣3分				
7	安全及其他	按国家法规或企业规定		违规一次总分扣5分；严重违规停止操作			—	
		在规定时间内完成操作		每超时1min总分扣5分，超时3min停止操作			—	
		合　计	100					

试题 8：水溶液汽提塔停用步骤(现场模拟)

（考核时间：15min）

序号	考核内容	考核要点	配分	评分标准	检测结果	扣分	得分	备注
1	准备工作	穿戴劳保用品	3	未穿戴整齐扣 3 分				
		工具、用具准备	2	工具选择不正确扣 2 分				
2	操作程序	当水溶液分离罐水格水位过低时，联系内操将水溶液汽提塔停用	20	当水溶液分离罐水格水位过低时，未联系内操将水溶液汽提塔停用扣 20 分				
3		将水溶液汽提塔进料泵停	25	未将水溶液汽提塔进料泵停扣 25 分				
4		30min 后将塔汽提蒸气阀关闭	25	30min 后未将塔汽提蒸气阀关闭扣 25 分				
5		将水溶液汽提塔内水放空	20	未将水溶液汽提塔内水放空扣 20 分				
6	使用工具	正确使用工具	2	工具使用不正确扣 2 分				
		正确维护工具	3	工具乱摆乱放扣 3 分				
7	安全及其他	按国家法规或企业规定		违规一次总分扣 5 分；严重违规停止操作			—	
		在规定时间内完成操作		每超时 1min 总分扣 5 分，超时 3min 停止操作			—	
		合　计	100					

试题 9：加热炉烧焦前的准备工作(现场模拟)

（考核时间：15min）

序号	考核内容	考核要点	配分	评分标准	检测结果	扣分	得分	备注
1	准备工作	穿戴劳保用品	3	未穿戴整齐扣 3 分				
		工具、用具准备	2	工具选择不正确扣 2 分				
2	操作程序	接好烧焦线，将炉出口至塔管线打盲板	15	未接好烧焦线，未将炉出口至塔管线打盲板扣 5 分				
3		引瓦斯至加热炉火嘴前	15	未引瓦斯至火嘴前扣 15 分				
4		引蒸汽至加热炉炉管入口处	15	未引蒸汽至加热炉炉管入口处扣 15 分				
5		引压缩风至加热炉炉管入口处	15	未引压缩风至加热炉炉管入口处扣 15 分				
6		将炉对流室炉管通蒸汽	15	未将炉对流室炉管通蒸汽扣 15 分				
7		检查加热炉各仪表是否完好	15	未检查加热炉各仪表是否完好扣 15 分				
8	使用工具	正确使用工具	2	工具使用不正确扣 2 分				
		正确维护工具	3	工具乱摆乱放扣 3 分				
9	安全及其他	按国家法规或企业规定		违规一次总分扣 5 分；严重违规停止操作			—	
		在规定时间内完成操作		每超时 1min 总分扣 5 分，超时 3min 停止操作			—	
		合　计	100					

试题10：水环式真空泵切换的操作(现场模拟)

（考核时间：15min）

序号	考核内容	考核要点	配分	评分标准	检测结果	扣分	得分	备注
1	准备工作	穿戴劳保用品	3	未穿戴整齐扣3分				
		工具、用具准备	2	工具选择不正确扣2分				
2	操作程序	检查真空泵备用泵螺栓是否松动，各部件是否齐全	10	未检查泵螺栓是否松动及各部件是否齐全扣10分				
3		检查真空泵备用泵润滑冷却水情况	10	未检查泵润滑冷却水情况扣10分				
4		真空泵备用泵盘车	10	未用泵盘车扣10分				
5		将泵入口真空表投用，检查出、入口阀门开关情况	10	未将真空表投用，未检查出、入口阀门开关扣10分				
6		打开泵出口阀，启动电机	10	未打开泵出口阀、启动电机扣10分				
7		打开泵给水阀，待泵入口真空度上来后打开泵入口阀	10	未打开泵给水阀，打开泵入口阀扣10分				
8		将使用泵入口阀关闭	10	未关闭泵入口阀扣10分				
9		停使用泵给水，将泵电机电门关闭	10	未停泵给水、关闭电机电门扣10分				
10		检查泵运行情况、调节泵入口真空度	10	未检查泵运行情况、调节泵入口真空度扣10分				
11	使用工具	正确使用工具	2	工具使用不正确扣2分				
		正确维护工具	3	工具乱摆乱放扣3分				
12	安全及其他	按国家法规或企业规定		违规一次总分扣5分；严重违规停止操作			—	
		在规定时间内完成操作		每超时1min总分扣5分，超时3min停止操作			—	
		合　计	100					

试题11：蒸汽往复泵检修后的验收(现场模拟)

（考核时间：15min）

序号	考核内容	考核要点	配分	评分标准	检测结果	扣分	得分	备注
1	准备工作	穿戴劳保用品	3	未穿戴整齐扣3分				
		工具、用具准备	2	工具选择不正确扣2分				
2	操作程序	检查各部件齐全，地脚螺栓无松动	15	未检查各部件齐全，地脚螺栓无松动扣15分				
3		蒸汽往复泵搬动活塞无涩卡	15	未将蒸汽往复泵搬动检查活塞无涩卡扣15分				
4		注油器滴油正常、泵运行无异常响声和摩擦声	15	未检查注油器滴油正常、泵运行无异常响声和摩擦声扣15分				
5		泵运行行程符合要求，速度均匀	15	未检查泵运行行程符合要求，速度均匀扣15分				
6		泵密封符合要求	15	未检查泵密封符合要求扣15分				
7		泵往复次数、震动、声音、出口压力正常	15	未检查泵往复次数、震动、声音、出口压力扣15分				

续表

序号	考核内容	考核要点	配分	评分标准	检测结果	扣分	得分	备注
8	使用工具	正确使用工具	2	工具使用不正确扣2分				
		正确维护工具	3	工具乱摆乱放扣3分				
9	安全及其他	按国家法规或企业规定		违规一次总分扣5分；严重违规停止操作				—
		在规定时间内完成操作		每超时1min总分扣5分，超时3min停止操作				—
		合　计	100					

试题12：安装盲板的操作(现场模拟)

（考核时间：15min）

序号	考核内容	考核要点	配分	评分标准	检测结果	扣分	得分	备注
1	准备工作	穿戴劳保用品	3	未穿戴整齐扣3分				
		工具、用具准备	2	工具选择不正确扣2分				
2	操作程序	拆开法兰螺丝	15	不会操作扣15分				
3		撬开法兰间隙	15	不会操作扣15分				
4		取出旧垫片清洁法兰面	20	不会操作扣20分				
5		放进盲板和垫片，盲板夹在两垫片之间	20	操作错误即终止考试				
6		对角上紧螺丝	20	不会操作扣20分				
7	使用工具	正确使用工具	2	工具使用不正确扣2分				
		正确维护工具	3	工具乱摆乱放扣3分				
8	安全及其他	按国家法规或企业规定		违规一次总分扣5分；严重违规停止操作				—
		在规定时间内完成操作		每超时1min总分扣5分，超时3min停止操作				—
		合　计	100					

试题13：装置停动力电的判断(现场模拟)

（考核时间：15min）

序号	考核内容	考核要点	配分	评分标准	检测结果	扣分	得分	备注
1	准备工作	穿戴劳保用品	3	未穿戴整齐扣3分				
		工具、用具准备	2	工具选择不正确扣2分				
2	操作程序	DCS和现场流量指示全部回零，各部进料中断	15	不会判断扣15分				
3		现场各机泵全部停止运转	15	不会判断扣15分				
4		装置系统真空度迅速下降	15	不会判断扣15分				
5		加热炉炉膛温度急剧升高	15	不会判断扣15分				
6		加热炉出口温度急剧升高	15	不会判断扣15分				
7		夜间装置照明无	15	不会判断扣15分				

续表

序号	考核内容	考核要点	配分	评分标准	检测结果	扣分	得分	备注
8	使用工具	正确使用工具	2	工具使用不正确扣2分				
		正确维护工具	3	工具乱摆乱放扣3分				
9	安全及其他	按国家法规或企业规定		违规一次总分扣5分；严重违规停止操作			—	
		在规定时间内完成操作		每超时1min总分扣5分，超时3min停止操作			—	
		合　计	100					

试题 14：装置停冷却水的判断（现场模拟）

（考核时间：15min）

序号	考核内容	考核要点	配分	评分标准	检测结果	扣分	得分	备注
1	准备工作	穿戴劳保用品	3	未穿戴整齐扣3分				
		工具、用具准备	2	工具选择不正确扣2分				
2	操作程序	DCS和现场一次表冷却水压力指示回零	15	不会判断扣15分				
3		各冷却器出口温度急剧升高	15	不会判断扣15分				
4		系统真空度迅速降低	15	不会判断扣15分				
5		抽提塔抽提温度升高	15	不会判断扣15分				
6		糠醛干燥塔塔顶压力升高	15	不会判断扣15分				
7		水溶液汽提塔塔顶压力升高	15	不会判断扣15分				
8	使用工具	正确使用工具	2	工具使用不正确扣2分				
		正确维护工具	3	工具乱摆乱放扣3分				
9	安全及其他	按国家法规或企业规定		违规一次总分扣5分；严重违规停止操作			—	
		在规定时间内完成操作		每超时1min总分扣5分，超时3min停止操作			—	
		合　计	100					

试题 15：装置停蒸汽的判断（现场模拟）

（考核时间：15min）

序号	考核内容	考核要点	配分	评分标准	检测结果	扣分	得分	备注
1	准备工作	穿戴劳保用品	3	未穿戴整齐扣3分				
		工具、用具准备	2	工具选择不正确扣2分				
2	操作程序	蒸汽压力指示回零	15	不会判断扣15分				
3		装置运行的蒸汽往复泵停运	15	不会判断扣15分				

续表

序号	考核内容	考核要点	配分	评分标准	检测结果	扣分	得分	备注
4		塔底泵采用蒸汽往复泵时液面直线上升	15	不会判断扣15分				
5		加热炉烧油时火嘴熄火	15	不会判断扣15分				
6		加热炉烧油时炉膛温度迅速降低	15	不会判断扣15分				
7		加热炉烧油时炉出口温度迅速降低	15	不会判断扣15分				
8	使用工具	正确使用工具	2	工具使用不正确扣2分				
		正确维护工具	3	工具乱摆乱放扣3分				
9	安全及其他	按国家法规或企业规定		违规一次总分扣5分；严重违规停止操作			—	
		在规定时间内完成操作		每超时1min总分扣5分，超时3min停止操作			—	
		合　　计	100					

试题16：装置停汽包水的判断(现场模拟)

（考核时间：15min）

序号	考核内容	考核要点	配分	评分标准	检测结果	扣分	得分	备注
1	准备工作	穿戴劳保用品	3	未穿戴整齐扣3分				
		工具、用具准备	2	工具选择不正确扣2分				
2	操作程序	汽包进水流量中断	15	不会判断扣15分				
3		汽包液面直线降低	15	不会判断扣15分				
4		汽包进水压力指示回零	15	不会判断扣15分				
5		蒸发塔压力升高	15	不会判断扣15分				
6		加热炉中对流入口温度升高	15	不会判断扣15分				
7		糠醛干燥塔进料温度升高	15	不会判断扣15分				
8	使用工具	正确使用工具	2	工具使用不正确扣2分				
		正确维护工具	3	工具乱摆乱放扣3分				
9	安全及其他	按国家法规或企业规定		违规一次总分扣5分；严重违规停止操作			—	
		在规定时间内完成操作		每超时1min总分扣5分，超时3min停止操作			—	
		合　　计	100					

试题17：糠醛泵抽空的判断(现场模拟)

（考核时间：15min）

序号	考核内容	考核要点	配分	评分标准	检测结果	扣分	得分	备注
1	准备工作	穿戴劳保用品	3	未穿戴整齐扣3分				
		工具、用具准备	2	工具选择不正确扣2分				

续表

序号	考核内容	考核要点	配分	评分标准	检测结果	扣分	得分	备注
2	操作程序	抽提塔糠醛进料中断	15	不会判断扣15分				
3		糠醛干燥塔液面直线上升	15	不会判断扣15分				
4		抽提塔压力降低	15	不会判断扣15分				
5		抽提塔塔顶温降低	15	不会判断扣15分				
6		抽提塔馏出量降低	15	不会判断扣15分				
7		糠醛干燥塔底泵出口压力回零或大幅度波动，泵震动	15	不会判断扣15分				
8	使用工具	正确使用工具	2	工具使用不正确扣2分				
		正确维护工具	3	工具乱摆乱放扣3分				
9	安全及其他	按国家法规或企业规定		违规一次总分扣5分；严重违规停止操作			—	
		在规定时间内完成操作		每超时1min总分扣5分，超时3min停止操作			—	
		合　计	100					

试题18：高压蒸发塔顶换热器结焦的判断(现场模拟)

(考核时间：15min)

序号	考核内容	考核要点	配分	评分标准	检测结果	扣分	得分	备注
1	准备工作	穿戴劳保用品	3	未穿戴整齐扣3分				
		工具、用具准备	2	工具选择不正确扣2分				
2	操作程序	高压蒸发塔顶压力升高	20	不会判断扣20分				
3		高压蒸发塔顶换热器换热效果变差	20	不会判断扣20分				
4		糠醛干燥塔进料温度升高	20	不会判断扣20分				
5		加热炉负荷增加	15	不会判断扣15分				
6		废液汽提塔的负荷增加	15	不会判断扣15分				
7	使用工具	正确使用工具	2	工具使用不正确扣2分				
		正确维护工具	3	工具乱摆乱放扣3分				
8	安全及其他	按国家法规或企业规定		违规一次总分扣5分；严重违规停止操作			—	
		在规定时间内完成操作		每超时1min总分扣5分，超时3min停止操作			—	
		合　计	100					

试题19：加热炉上对流炉管结垢的判断(现场模拟)

(考核时间：15min)

序号	考核内容	考核要点	配分	评分标准	检测结果	扣分	得分	备注
1	准备工作	穿戴劳保用品	3	未穿戴整齐扣3分				
		工具、用具准备	2	工具选择不正确扣2分				

续表

序号	考核内容	考核要点	配分	评分标准	检测结果	扣分	得分	备注
2	操作程序	加热炉排烟温度升高	30	不会判断扣30分				
3		加热炉炉膛负压降低，严重时加热炉产生正压	30	不会判断扣30分				
4		对流室炉管换热效果降低	30	不会判断扣30分				
5	使用工具	正确使用工具	2	工具使用不正确扣2分				
		正确维护工具	3	工具乱摆乱放扣3分				
6	安全及其他	按国家法规或企业规定		违规一次总分扣5分；严重违规停止操作			—	
		在规定时间内完成操作		每超时1min总分扣5分，超时3min停止操作			—	
		合　计	100					

试题20：脱气塔底泵抽空的判断(现场模拟)

（考核时间：15min）

序号	考核内容	考核要点	配分	评分标准	检测结果	扣分	得分	备注
1	准备工作	穿戴劳保用品	3	未穿戴整齐扣3分				
		工具、用具准备	2	工具选择不正确扣2分				
2	操作程序	抽提塔原料进料中断	20	不会判断扣20分				
3		脱气塔液面上升	20	不会判断扣20分				
4		抽提塔底温升高	15	不会判断扣15分				
5		抽提塔界面升高	15	不会判断扣15分				
6		脱气塔底泵出口压力回零或大幅度波动，泵震动	20	不会判断扣20分				
7	使用工具	正确使用工具	2	工具使用不正确扣2分				
		正确维护工具	3	工具乱摆乱放扣3分				
8	安全及其他	按国家法规或企业规定		违规一次总分扣5分；严重违规停止操作			—	
		在规定时间内完成操作		每超时1min总分扣5分，超时3min停止操作			—	
		合　计	100					

试题21：控制阀常见故障的判断(现场模拟)

（考核时间：15min）

序号	考核内容	考核要点	配分	评分标准	检测结果	扣分	得分	备注
1	准备工作	穿戴劳保用品	3	未穿戴整齐扣3分				
		工具、用具准备	2	工具选择不正确扣2分				
2	操作程序	控制阀行程不够	20	不会判断扣20分				
3		控制阀不灵敏	15	不会判断扣15分				

续表

序号	考核内容	考核要点	配分	评分标准	检测结果	扣分	得分	备注
4		调节控制阀时，控制阀不动做	20	不会判断扣20分				
5		调节控制阀时，控制阀动做，但不起调节作用	20	不会判断扣20分				
6		控制阀震荡	15	不会判断扣15分				
7	使用工具	正确使用工具	2	工具使用不正确扣2分				
		正确维护工具	3	工具乱摆乱放扣3分				
8	安全及其他	按国家法规或企业规定		违规一次总分扣5分；严重违规停止操作			—	
		在规定时间内完成操作		每超时1min总分扣5分，超时3min停止操作			—	
		合　计	100					

试题22：浮球液面计浮球脱落的判断(现场模拟)

(考核时间：15min)

序号	考核内容	考核要点	配分	评分标准	检测结果	扣分	得分	备注
1	准备工作	穿戴劳保用品	3	未穿戴整齐扣3分				
		工具、用具准备	2	工具选择不正确扣2分				
2	操作程序	液面指示高	25	不会判断扣25分				
3		降低液面控制时，液面不变化	20	不会判断扣20分				
4		液面指示高，塔底泵抽空	25	不会判断扣25分				
5		现场移动液面平衡锤杆阻力过小	20	不会判断扣20分				
6	使用工具	正确使用工具	2	工具使用不正确扣2分				
		正确维护工具	3	工具乱摆乱放扣3分				
7	安全及其他	按国家法规或企业规定		违规一次总分扣5分；严重违规停止操作			—	
		在规定时间内完成操作		每超时1min总分扣5分，超时3min停止操作			—	
		合　计	100					

试题23：冷却器产生汽阻的判断(现场模拟)

(考核时间：15min)

序号	考核内容	考核要点	配分	评分标准	检测结果	扣分	得分	备注
1	准备工作	穿戴劳保用品	3	未穿戴整齐扣3分				
		工具、用具准备	2	工具选择不正确扣2分				
2	操作程序	冷却器壳程出口温度高	30	不会判断扣30分				
3		冷却器管程冷却水出口温度高	30	不会判断扣30分				
4		冷却器管程冷却水出口导淋打开有汽体排出	30	不会判断扣30分				

续表

序号	考核内容	考核要点	配分	评分标准	检测结果	扣分	得分	备注
5	使用工具	正确使用工具	2	工具使用不正确扣2分				
		正确维护工具	3	工具乱摆乱放扣3分				
6	安全及其他	按国家法规或企业规定		违规一次总分扣5分；严重违规停止操作			—	
		在规定时间内完成操作		每超时1min总分扣5分，超时3min停止操作			—	
		合　计	100					

试题24：停动力电的处理(现场模拟)

（考核时间：15min）

序号	考核内容	考核要点	配分	评分标准	检测结果	扣分	得分	备注
1	准备工作	穿戴劳保用品	3	未穿戴整齐扣3分				
		工具、用具准备	2	工具选择不正确扣2分				
2	操作程序	将加热炉各火嘴瓦斯阀关闭，加热炉熄火保留长明灯	20	不会处理扣20分				
3		将机泵出口阀关闭，真空泵入口阀关闭，将电机电门开关关闭	20	不会处理扣20分				
4		将各汽提塔汽提蒸气阀门关闭	20	不会处理扣20分				
5		将精、废油转循环，停电超过30min将装置转原料循环	20	不会处理扣20分				
6		将易凝管线扫好	10	不会处理扣10分				
7	使用工具	正确使用工具	2	工具使用不正确扣2分				
		正确维护工具	3	工具乱摆乱放扣3分				
8	安全及其他	按国家法规或企业规定		违规一次总分扣5分；严重违规停止操作			—	
		在规定时间内完成操作		每超时1min总分扣5分，超时3min停止操作			—	
		合　计	100					

试题25：装置停冷却水的处理(现场模拟)

（考核时间：15min）

序号	考核内容	考核要点	配分	评分标准	检测结果	扣分	得分	备注
1	准备工作	穿戴劳保用品	3	未穿戴整齐扣3分				
		工具、用具准备	2	工具选择不正确扣2分				
2	操作程序	将加热炉火嘴瓦斯阀门关闭	15	未将瓦斯阀门关闭扣15分				
3		将汽提塔汽提蒸汽阀门关闭	15	未将汽提塔汽提蒸汽阀门关闭扣15分				
4		将精废油转循环	15	未将精废油转循环扣15分				

续表

序号	考核内容	考核要点	配分	评分标准	检测结果	扣分	得分	备注
5		将原料泵停运	15	未停原料泵扣15分				
6		将装置转原料循环	15	未转原料循环扣15分				
7		联系油槽将精废油外放线扫好	15	未将精废油扫线扣15分				
8	使用工具	正确使用工具	2	工具使用不正确扣2分				
		正确维护工具	3	工具乱摆乱放扣3分				
9	安全及其他	按国家法规或企业规定		违规一次总分扣5分；严重违规停止操作			—	
		在规定时间内完成操作		每超时1min总分扣5分，超时3min停止操作			—	
		合　计	100					

试题26：装置停蒸汽的处理(现场模拟)

(考核时间：15min)

序号	考核内容	考核要点	配分	评分标准	检测结果	扣分	得分	备注
1	准备工作	穿戴劳保用品	3	未穿戴整齐扣3分				
		工具、用具准备	2	工具选择不正确扣2分				
2	操作程序	塔底泵采用蒸汽往复泵时切换离心泵抽底油	15	不会处理扣15分				
3		加热炉烧油时将燃料油火嘴燃料油、雾化蒸汽阀关闭火嘴扫净	15	不会处理扣15分				
4		烧油时将精废油转循环	15	不会处理扣15分				
5		烧油时将加热炉瓦斯火嘴点燃	15	不会处理扣15分				
6		烧油时将燃料油线扫好或循环	15	不会处理扣15分				
7		将精废油外放线扫好	15	不会处理扣15分				
8	使用工具	正确使用工具	2	工具使用不正确扣2分				
		正确维护工具	3	工具乱摆乱放扣3分				
9	安全及其他	按国家法规或企业规定		违规一次总分扣5分；严重违规停止操作			—	
		在规定时间内完成操作		每超时1min总分扣5分，超时3min停止操作			—	
		合　计	100					

试题27：停发汽汽包进水的处理(现场模拟)

(考核时间：15min)

序号	考核内容	考核要点	配分	评分标准	检测结果	扣分	得分	备注
1	准备工作	穿戴劳保用品	3	未穿戴整齐扣3分				
		工具、用具准备	2	工具选择不正确扣2分				

续表

序号	考核内容	考核要点	配分	评分标准	检测结果	扣分	得分	备注
2	操作程序	降量	10	不会处理扣10分				
3		检查并转好糠醛干燥塔七层回流流程，并将回流投用	20	不会处理扣20分				
4		将汽包出口补汽阀打开	10	不会处理扣10分				
5		将汽包换热器侧线阀打开，将汽包换热器停用	20	不会处理扣20分				
6		将汽包排空阀打开，出口阀关闭	10	不会处理扣10分				
7		将汽包进水阀关闭	10	不会处理扣10分				
8		注意事项	10	未回答注意事项扣10分				
9	使用工具	正确使用工具	2	工具使用不正确扣2分				
		正确维护工具	3	工具乱摆乱放扣3分				
10	安全及其他	按国家法规或企业规定		违规一次总分扣5分；严重违规停止操作			—	
		在规定时间内完成操作		每超时1min总分扣5分，超时3min停止操作			—	
		合　　计	100					

试题28：水环式真空泵带液的处理

（考核时间：20min）

序号	考核内容	考核要点	配分	评分标准	检测结果	扣分	得分	备注
1	准备工作	穿戴劳保用品	3	未穿戴整齐扣3分				
		工具、用具准备	2	工具选择不正确扣2分				
2	操作程序	将水环式真空泵入口阀关小	15	不会处理扣15分				
3		汽提塔液面过高造成真空泵带液时，降低塔液面	25	不会处理扣25分				
4		真空罐底部馏出线堵塞造成真空泵带液时，用蒸汽吹扫底部馏出线消除堵塞	25	不会处理扣25分				
5		吹汽带水造成塔内油突沸，造成真空泵带液时，查明带水原因消除带水	25	不会处理扣25分				
6	使用工具	正确使用工具	2	工具使用不正确扣2分				
		正确维护工具	3	工具乱摆乱放扣3分				
7	安全及其他	按国家法规或企业规定		违规一次总分扣5分；严重违规停止操作			—	
		在规定时间内完成操作		每超时1min总分扣5分，超时3min停止操作			—	
		合　　计	100					

第四部分

技 师

一、国家职业标准(技师工作要求)

职业功能	工作内容	技能要求	相关知识
工艺操作	(一)开车准备	1. 能完成开车流程的确认工作 2. 能按开车的进度要求组织盲板的拆装工作 3. 能组织完成装置开车介质的引入工作 4. 能组织完成装置自修项目的验收 5. 能按开车网络要求，组织完成装置吹扫、试漏工作 6. 能完成装置开车化工原材料准备工作 7. 能参与装置开车条件的确认工作	1. 流程确认要求 2. 安全环保的有关制度
	(二)开车操作	1. 能组织开车操作 2. 能根据抽提效果指导参数调节	转盘塔原理
	(三)正常操作	1. 能优化操作工况 2. 能指导装置的日常操作 3. 能独立处理和解决技术难题 4. 能根据上下游装置重大工况变化，提出本装置的处理方案	1. 装置历年主要技术改造情况 2. 工艺指标、产品质量指标的制定依据
	(四)停车操作	1. 能组织完成装置停车吹扫工作 2. 能组织装置停车盲板的拆装工作 3. 能组织装置自修项目的验收工作 4. 能控制并降低停车过程中的物耗、能耗	自修项目验收标准
设备使用与维护	(一)使用设备	能组织装置设备验收	—
	(二)维护设备	1. 能根据设备运行中存在的问题提出大、中修项目及改进措施，参与编制设备大修计划 2. 能完成重要设备、管线等交出检修前的安全确认工作 3. 能根据装置特点提出设备防腐措施 4. 能检查确认紧急停车系统(ESD)运行状况 5. 能参与制订设备维护保养制度	1. 设备大、中修规定 2. 设备防腐知识 3. 紧急停车系统(ESD)操作法
事故判断与处理	(一)判断事故	1. 能判断复杂事故 2. 能组织演练复杂事故的应急预案	事故演习方案
	(二)处理事故	1. 能处理抽提塔泄漏事故 2. 能处理蒸发塔顶由于超温超压引起的泄漏着火事故	1. 抽提塔泄漏事故处理 2. 蒸发塔顶泄漏着火事故处理方法
绘图与计算	(一)绘图	1. 能绘制技术改进简图 2. 能识读一般零件图	装置设计资料
	(二)计算	1. 能进行数据处理和统计核算 2. 能完成一般的能量平衡和传质计算	1. 统计学知识 2. 热量平衡和传质、传热的计算方法
管理	(一)质量管理	1. 能组织 QC 小组开展质量攻关活动 2. 能按质量管理体系要求指导生产	1. 全面质量管理方法 2. 质量管理体系运行要求
	(二)生产管理	1. 能组织、指导班组进行经济核算和经济活动分析 2. 能应用统计技术对生产工况进行分析 3. 能参与装置的标定工作	1. 工艺技术管理规定 2. 统计基础知识
	(三)编写技术文件	1. 能撰写生产技术总结 2. 能参与编写装置开、停车方案	技术总结撰写方法
	(四)技术改进	能参与技措、技改的实施	国内同类装置常用技术应用信息
培训与指导	培训与指导	1. 能培训初、中、高级操作人员 2. 能传授特有的操作经验和技能	教案编写方法

二、理论知识鉴定要素细目表

行业通用理论知识鉴定要素细目表

鉴定范围						鉴定点		
一级		二级		三级		代码	名称	重要程度
代码	名称	代码	名称	代码	名称			
A	基本要求	B	基础知识	B	识图基础知识	001	设备布置图基础知识	X
						002	管道布置图基础知识	X
						003	化工设备图尺寸标注方法	X
						004	装配图内容	X
				D	质量基础知识	001	ISO 9000族标准质量管理审核的依据	X
						002	ISO 9001标准质量管理体系的总体思路	X
				E	计算机基础知识	001	数据库的概念	X
						002	数据表的建立	X
						003	PowerPoint课件的制作	X
B	相关知识	E	管理知识	A	生产管理	001	生产的管理	X
						002	设备的管理	X
						003	现场的管理	X
				B	编写技术文件	001	生产总结报告的常用格式	X
						002	技术论文的结构内容	X
						003	技术论文标题拟订的基本原则	X
						004	技术论文摘要拟订的基本原则	X
						005	技术论文编写的基本要素	X
						006	装置标定报告主要内容	X
						007	装置验收报告主要内容	X
						008	工艺技术规程主要内容	X
						009	岗位操作法的主要内容	X
						010	检修方案的主要内容	X
						011	开工方案的主要内容	X
						012	停工方案的主要内容	X
				C	技术改进	001	技术改造的目的	X
						002	技术改造的程序	X
						003	技术改造方案的主要内容	X
						004	技术改造的有关步骤	X
						005	技术改造申请书的编写格式	X
						006	技术革新成果的鉴定知识	X
						007	技术改造的注意事项	X
						008	技术革新成果报告的主要内容	X

续表

鉴定范围						鉴定点		
一级		二级		三级		代码	名称	重要程度
代码	名称	代码	名称	代码	名称			
		F	培训与指导	A	培训与指导	001	专项培训方案制定的要求	X
						002	培训教学常用方法	X
						003	培训教案编写的要求	X
						004	培训教学的组织实施	X
						005	评估培训效果的意义	X

职业通用理论知识鉴定要素细目表(《润滑油、脂生产工》)

鉴定范围						鉴定点		
一级		二级		三级		代码	名称	重要程度
代码	名称	代码	名称	代码	名称			
A	基本要求	B	基础知识	G	无机化学	001	化学平衡常数的意义	X
						002	化学平衡常数的表示	Y
						003	化学平衡常数的简单计算	Y
						004	影响化学反应平衡移动的因素	X
				H	有机化学	001	芳烃的工业来源	X
						002	芳烃取代反应的种类	Y
				I	石油的组成	001	石油馏分的焓值概念	Y
						002	石油馏分组成的概念	X
						003	油品质量热容的求定	X
						004	石油馏分平均相对分子质量的计算方法	Y
				J	油品基础知识	001	油品蒸气压与温度的关系	X
						002	油品蒸气压与油品组成的关系	X
						003	相平衡常数的知识	X
						004	相对挥发度的概念	X
				K	石油炼制	001	清晰分割的概念	X
						002	双组分精馏的气液平衡关系	X
						003	精馏塔切线进料的优点	X
				L	化工生产	001	流体静力学基本方程	X
						002	实际流体的能量恒算	X
						003	圆形直管流体流动阻力的简单计算	X
						004	平均温度差的计算	X
						005	传热膜系数的影响因素	X
						006	强化传热的途径	X

续表

<table>
<tr><th colspan="6">鉴 定 范 围</th><th colspan="3">鉴 定 点</th></tr>
<tr><th colspan="2">一级</th><th colspan="2">二级</th><th colspan="2">三级</th><th rowspan="2">代码</th><th rowspan="2">名 称</th><th rowspan="2">重要程度</th></tr>
<tr><th>代码</th><th>名 称</th><th>代码</th><th>名 称</th><th>代码</th><th>名 称</th></tr>
<tr><td rowspan="22"></td><td rowspan="22"></td><td rowspan="22"></td><td rowspan="22"></td><td rowspan="9">M</td><td rowspan="9">炼油机械与设备</td><td>001</td><td>离心泵扬程的计算</td><td>X</td></tr>
<tr><td>002</td><td>离心泵有效功率的计算</td><td>X</td></tr>
<tr><td>003</td><td>多极压缩机压缩比的计算</td><td>X</td></tr>
<tr><td>004</td><td>炼油设备防腐蚀的机理</td><td>X</td></tr>
<tr><td>005</td><td>通用阀门的型号的意义</td><td>X</td></tr>
<tr><td>006</td><td>国标换热器的型号的意义</td><td>X</td></tr>
<tr><td>007</td><td>换热器垢层热阻的产生的后果</td><td>X</td></tr>
<tr><td>008</td><td>特种设备分类</td><td>Y</td></tr>
<tr><td>009</td><td>过剩空气系数的计算</td><td>X</td></tr>
<tr><td rowspan="2">N</td><td rowspan="2">计量</td><td>001</td><td>消除误差的方法</td><td>X</td></tr>
<tr><td>002</td><td>能源计量表的维护原则</td><td>X</td></tr>
<tr><td rowspan="5">O</td><td rowspan="5">仪表、测量</td><td>001</td><td>ESD 系统的概念</td><td>X</td></tr>
<tr><td>002</td><td>先进控制概念</td><td>X</td></tr>
<tr><td>003</td><td>PLC 系统的基本概念</td><td>X</td></tr>
<tr><td>004</td><td>复杂控制回路 PID 参数整定</td><td>Y</td></tr>
<tr><td>005</td><td>FSC 系统的概念</td><td>Y</td></tr>
<tr><td rowspan="4">P</td><td rowspan="4">电工</td><td>001</td><td>电机功率计算</td><td>X</td></tr>
<tr><td>002</td><td>电磁感应的常识</td><td>Z</td></tr>
<tr><td>003</td><td>交流电路的电功率因数</td><td>X</td></tr>
<tr><td>004</td><td>同步电动机工作原理</td><td>Z</td></tr>
</table>

工种理论知识鉴定要素细目表

<table>
<tr><th colspan="6">鉴 定 范 围</th><th colspan="3">鉴 定 点</th></tr>
<tr><th colspan="2">一级</th><th colspan="2">二级</th><th colspan="2">三级</th><th rowspan="2">代码</th><th rowspan="2">名 称</th><th rowspan="2">重要程度</th></tr>
<tr><th>代码</th><th>名 称</th><th>代码</th><th>名 称</th><th>代码</th><th>名 称</th></tr>
<tr><td rowspan="7">B</td><td rowspan="7">相关知识</td><td rowspan="7">A</td><td rowspan="7">工艺操作</td><td rowspan="7">A</td><td rowspan="7">开车准备</td><td>001</td><td>加热炉大修后应提供的技术资料</td><td>X</td></tr>
<tr><td>002</td><td>加热炉烘炉方案的主要步骤</td><td>X</td></tr>
<tr><td>003</td><td>装置试压方案的注意事项</td><td>X</td></tr>
<tr><td>004</td><td>水运方案的主要步骤</td><td>X</td></tr>
<tr><td>005</td><td>装置开车的条件确认</td><td>X</td></tr>
<tr><td>006</td><td>开车方案的编写注意事项</td><td>X</td></tr>
<tr><td>007</td><td>开工网络的编写注意事项</td><td>X</td></tr>
</table>

续表

鉴定范围						鉴定点		
一级		二级		三级		代码	名称	重要程度
代码	名称	代码	名称	代码	名称			
				B	开车操作	001	常见溶剂的化学性质	X
						002	装置开工对外联系的工作内容	X
						003	原料脱蜡深度对溶剂精制的影响	X
						004	装置开车的主要步骤	X
						005	装置脱水不完全对装置的影响	X
						006	系统真空度低的原因	X
						007	防止糠醛跑损的措施	X
						008	萃取理论知识	X
				C	正常操作	001	巡回检查的主要内容	X
						002	溶剂精制对溶剂的要求	X
						003	影响装置糠醛消耗的主要原因	X
						004	糠醛装置控制酸度的方法	X
						005	糠醛装置腐蚀的主要部位	X
						006	防止装置糠醛结焦的措施的内容	X
						007	原料含苯、甲苯、丁酮对生产的影响	X
						008	装置节能的主要措施	X
						009	抽提塔内结焦对抽提的影响	X
						010	精液汽提塔塔盘脱落对操作的影响	X
						011	高压醛气与发汽换热的换热器漏的影响	X
						012	装置停发汽汽包的操作方法	X
						013	糠醛干燥塔低温过低对操作的影响	X
						014	糠醛水溶液分离罐发生乳化的影响	X
						015	简述影响精制油质量的原因	X
						016	影响加热炉热效率的因素	X
						017	加热炉上对流炉管结垢的影响	X
						018	装置携带油的危害	X
						019	对流室压降大的影响	X
						020	避免加热炉烟气露点腐蚀的措施	X
						021	加热炉烟气露点腐蚀的机理	X
						022	精、废液汽提塔塔盘翻的原因	X
						023	简述精液汽提塔真空度低的原因	X
						024	简述精液汽提塔闪蒸段与汽提段分开的优点	Y
						025	简述我国目前溶剂精制装置抽提塔存在的问题	Y

续表

鉴定范围						鉴定点		
一级		二级		三级		代码	名称	重要程度
代码	名称	代码	名称	代码	名称			
						026	简述高压蒸发塔压控阀放在换热器后的优点	Y
						027	简述废油系统采用三段蒸发与两段蒸发相比的优点	Y
						028	塔开孔率大小对生产的影响	X
						029	抽提塔温度梯度对操作的影响	X
				D	停车操作	001	停工主要步骤	X
						002	停工蒸塔的操作	X
		B	设备使用与维护	A	使用设备	001	压力容器的主要附件	X
						002	沉筒式页面计的测量原理	Z
						003	常用垫片的种类	Z
						004	电机防爆等级的分类	Z
						005	椭圆转子流量计的测量原理	Y
						006	椭圆转子流量计的结构	Y
						007	DCS 抽提塔压力串级调节的原理	X
						008	孔板流量计的测量原理	Y
						009	仪表控制回路的控制原理	X
						010	电机选型的标准	X
						011	仪表三组阀的开启方法	Y
						012	离心泵的大修内容	Y
						013	蒸汽往复泵的大修内容	Y
						014	安全阀安装的注意事项	X
						015	常用灭火器的选用的注意事项	X
						016	气动薄膜调节阀工作原理	Y
						017	离心泵的泵型选择标准	Y
						018	防止离心泵气蚀的方法	X
				B	维护设备	001	加热炉检修的内容	X
						002	停工检修抽堵盲板的注意事项	X
						003	离心泵机械密封与填料密封的优点	Y
						004	塔检修的内容	Y
						005	抽提塔停工检修着火的原因	Y
						006	设备腐蚀的原理	Z
						007	加热炉烧焦方案	X

续表

鉴定范围						鉴定点		
一级		二级		三级		代码	名称	重要程度
代码	名称	代码	名称	代码	名称			
		C	事故判断与处理	A	事故判断	001	蒸发塔顶发汽换热器漏的现象	X
						002	加热炉炉管结焦的现象	X
						003	加热炉炉管爆管的现象	X
						004	抽提塔结焦的现象	X
						005	精液汽提塔塔盘结焦的现象	X
						006	汽包防丝网分离器丝网脱落的现象	X
						007	真空泵带液的现象	X
						008	精液汽提塔塔盘脱落的现象	X
						009	精液汽提塔塔顶带油的现象	X
						010	废液汽提塔塔顶带油的现象	X
						011	停仪表风的现象	X
						012	气动调节阀常见故障的现象	X
						013	加热炉上对流钉头管结垢的现象	X
						014	瓦斯中断的现象	X
						015	蒸发塔顶换热器结焦的现象	X
						016	瓦斯管网带油的现象	X
						017	加热炉烟道挡板卡死的现象	X
				B	处理事故	001	高压蒸发塔顶馏出线发生火灾处理方法	X
						002	蒸发塔顶发汽换热器漏的处理方法	X
						003	加热炉炉管结焦的处理方法	X
						004	汽包防冲网分离器丝网脱落的处理方法	X
						005	真空泵带液的处理方法	X
						006	抽提塔人孔泄漏的处理方法	X
						007	精液汽提塔塔顶带油的处理方法	X
						008	废液汽提塔塔顶带油的处理方法	X
						009	停仪表风的处理方法	X
						010	气动调节阀常见故障的处理方法	X
						011	瓦斯中断的现象	X
						012	DCS死机的处理方法	X
						013	蒸发塔顶换热器结焦的处理方法	X

续表

鉴定范围						鉴定点		
一级		二级		三级		代码	名称	重要程度
代码	名称	代码	名称	代码	名称			
		D	绘图与计算	A	绘图	001	装置工艺设计知识	X
				B	计算	001	加热炉过剩空气系数和理论空气量的计算	X
						002	冷换设备的计算	X
						003	根据冷换设备的热平衡计算焓值	X
						004	加热炉热负荷的计算	X
						005	装置能耗的计算	X
						006	加热炉热效率的计算	X

三、理论知识试题

行业通用理论知识试题

判断题

1. 设备布置图是构思建筑图的前提，建筑图又是设备布置图的依据。 (√)

2. 化工设备图中，如图 管道立面图，其平面图为 。 (×)

正确答案：化工设备图中，如图 管道立面图，其平面图为 。

3. 在化工设备图中，由于零件的制造精度不高，故允许在图上将同方向(轴向)的尺寸注成封闭形式。 (√)

4. 装配图中，当序号的指引线通过剖面线时，指引线的方向必须与剖面线平行。 (×)

正确答案：装配图中当序号的指引线通过剖面线时，指引线的方向必须与剖面线不平行。

5. 只有 ISO 9000 质量保证模式的标准才能作为质量审核的依据。 (×)

正确答案：除 ISO 9000 族质量标准以外，还有其他一些国际标准可以作为质量审核的依据。

6. ISO 9000:2000 版标准减少了过多强制性文件化要求，使组织更能结合自已的实际，控制体系过程，发挥组织的自我能力。 (√)

7. 数据库就是存储和管理数据的仓库。 (×)

正确答案：数据库就是按一定结构存储和管理数据的仓库。

8. 在计算机应用软件中 VFP 数据表中日期字段的宽度一般为 10 个字符。 (×)

正确答案：在计算机应用软件中 VFP 数据表中日期字段的宽度一般为 8 个字符。

9. 在应用软件 PowerPoint 中可以插入 WAV 文件、AVI 影片，但不能插入 CD 音乐。(×)

正确答案：在 PowerPoint 中可以插入 WAV 文件、AVI 影片，也能够插入 CD 音乐。

10. 在应用软件 PowerPoint 中播放演示文稿的同时，单击鼠标右键，选择“指针选项”中的“画笔”选项，此时指针会自动的变成一支画笔的形状，按住鼠标左键，就可以随意书写文字了。 (√)

11. 基本生产过程在企业的全部生产活动中居主导地位。 (√)

12. 企业的生产性质、生产结构、生产规模、设备工装条件、专业化协作和生产类型等因素都会影响企业的生产过程组织，其中影响最大的是生产规模。（×）

正确答案：企业的生产性质、生产结构、生产规模、设备工装条件、专业化协作和生产类型等因素都会影响企业的生产过程组织，其中影响最大的是生产类型。

13. 日常设备检查是指专职维修人员每天对设备进行的检查。（×）

正确答案：日常设备检查是指操作者每天对设备进行的检查。

14. 现场管理是综合性、全面性、全员性的管理。（√）

15. 通过对工艺指标分析和对比可以找出设备运行中存在的不足和问题，指导有目的地加以优化和改进。（√）

16. 关键词是为了文献标引工作，从论文中选取出来，用以表示全文主要内容信息款目的单词或术语，一般选用 3～8 个词作为关键词。（√）

17. 技术论文的摘要是对各部分内容的高度浓缩，可以用图表和化学结构式说明复杂的问题，并要求对论文进行自我评价。（×）

正确答案：技术论文的摘要是对各部分内容的高度浓缩，在摘要中不可以用图表和化学结构式，不要对论文进行自我评价。

18. 理论性是技术论文的生命，是检验论文价值的基本尺度。（×）

正确答案：创见性是技术论文的生命，是检验论文价值的基本尺度。

19. 生产准备应包括：组织机构(附组织机构图)、人员准备及培训、技术准备及编制《投料试车总体方案》(附投料试车统筹网络图)、物资准备、资金准备、外部条件准备和营销准备。（√）

20. 工艺技术规程侧重于主要规定设备如何操作。（×）

正确答案：工艺技术规程侧重于主要规定设备为何如此操作。

21. 岗位操作法应由车间技术人员根据现场实际情况编写，经车间主管审定，并组织有关专家进行审查后，由企业主管批准后执行。（√）

22. 技术改造的过程中竣工验收时应以基础设计为依据。（×）

正确答案：技术改造的过程中竣工验收的依据是批准的项目建议书、可行性研究报告、基础设计(初步设计)、有关修改文件及专业验收确认的文件。

23. 技术改造项目正式验收后要按照对技术经济指标进行考核标定，编写运行标定报告。（×）

正确答案：技术改造项目正式验收前要按照对技术经济指标进行考核标定，编写运行标定报告。

24. 培训需求分析是培训方案设计和制定的基础和指南。（√）

25. 案例教学因受到案例数量的限制，并不能满足每个问题都有相应案例的需求。（√）

26. 主题是培训教案的灵魂，提纲是教案的血脉，素材是培训教案的血肉。（√）

27. 在培训活动中，学员不仅是学习资料的摄取者，同时也是一种可以开发利用的宝贵的学习资源。（√）

28. 对内容、讲师、方法、材料、设施、场地、报名的程序等方面的评价属于结果层面的评价。（×）

正确答案：对内容、讲师、方法、材料、设施、场地、报名的程序等方面的评价属于反应层面的评价。

单选题

1. 设备布置图中，用(B)线来表示设备安装基础。

A. 细实　B. 粗实　C. 虚　D. 点划

2. 如图 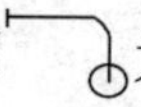 为一根管道空间走向的平面图，它的左视图是(B)。

A. 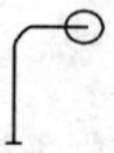　B. 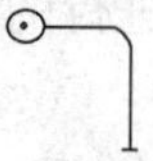　C. 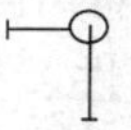　D.

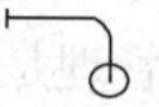

3. 在储罐的化工设备图中，储罐的筒体内径尺寸 $\phi 2000$ 表示的是(A)尺寸。

A. 特性　B. 装配　C. 安装　D. 总体

4. 关于零件图和装配图，下列说法不正确的是(C)。

A. 零件图表达零件的大小、形状及技术要求

B. 装配图是表示装配及其组成部分的连接、装配关系的图样

C. 零件图和装配图都用于指导零件的加工制造和检验

D. 零件图和装配图都是生产上的重要技术资料

5. 在 ISO 9000 族标准中，可以作为质量管理体系审核的依据是(A)。

A. GB/T 19001　B. GB/T 19000　C. GB/T 19021　D. GB/T 19011

6. 按 ISO 9001：2000 标准建立质量管理体系，鼓励组织采用(A)方法。

A. 过程　B. 管理的系统　C. 基于事实的决策　D. 全员参与

7. 目前，比较流行的数据模型有三种，下列不属于这三种的是(D)结构模型。

A. 层次　B. 网状　C. 关系　D. 星形

8. 在计算机应用软件中 VFP 数据库中浏览数据表的命令是(A)。

A. BROWS　B. SET　C. USE　D. APPEND

9. 在应用软件 PowerPoint 中演示文稿的后缀名是(C)。

A. doc　B. xls　C. ppt　D. ppl

10. 在生产过程中，由于操作不当造成原材料、半成品或产品损失的，属于(A)事故。

A. 生产　B. 质量　C. 破坏　D. 操作

11. 对设备进行清洗、润滑、紧固易松动的螺丝、检查零部件的状况，这属于设备的(C)保养。

A. 一级　B. 二级　C. 例行　D. 三级

12. 分层管理是现场 5S 管理中(C)常用的方法。

A. 常清洁　B. 常整顿　C. 常组织　D. 常规范

13. 目视管理是现场 5S 管理中(D)常用的方法。

A. 常组织　B. 常整顿　C. 常自律　D. 常规范

14. 按规定中、小型建设项目应在投料试车正常后(D)内完成竣工验收。

A. 两个月　B. 一年　C. 三个月　D. 半年

15. 下列叙述中，(A)不是岗位操作法中必须包含的部分。

A. 生产原理　B. 事故处理　C. 投、停运方法　D. 运行参数

16. 下列选项中，不属于标准改造项目的是(A)。

A. 重要的技术改造项目　B. 全面检查、清扫、修理

C. 消除设备缺陷，更换易损件　　D. 进行定期试验和鉴定

17. 在停车操作阶段不是技师所必须具备的是(D)。

A. 组织完成装置停车吹扫工作

B. 按进度组织完成停车盲板的拆装工作

C. 控制并降低停车过程中物耗、能耗

D. 指导同类型的装置停车检修

18. 下列选项中，属于技术改造的是(C)。

A. 原设计系统的恢复的项目　　B. 旧设备更新的项目

C. 工艺系统流程变化的项目　　D. 新设备的更新项目

19. 为使培训计划富有成效，一个重要的方法是(A)。

A. 建立集体目标

B. 编成训练班次讲授所需的技术和知识

C. 把关于雇员的作茧自缚情况的主要评价反馈给本人

D. 在实施培训计划后公布成绩

20. 在培训教学中，案例法有利于参加者(D)。

A. 提高创新意识　　B. 系统接受新知识

C. 获得感性知识　　D. 培养分析解决实际问题能力

21. 课程设计过程的实质性阶段是(C)。

A. 课程规划　　B. 课程安排　　C. 课程实施　　D. 课程评价

22. 正确评估培训效果要坚持一个原则，即培训效果应在(B)中得到检验。

A. 培训过程　　B. 实际工作　　C. 培训教学　　D. 培训评价

多选题

1. 设备布置图必须具有的内容是(A，B，D)。

A. 一组视图　　B. 尺寸及标注　　C. 技术要求　　D. 标题栏

2. 在化工设备图中，当控制元件位置与任一直角坐标轴平行时，可用(A，C，D)表示。

A. 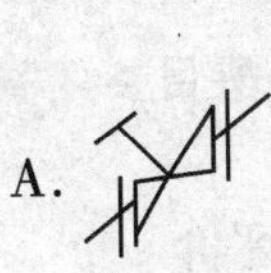

B. 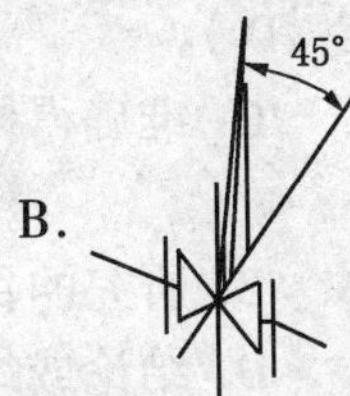

C. 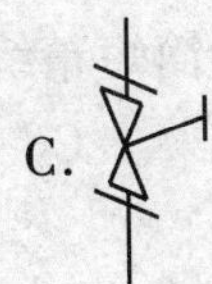

D. 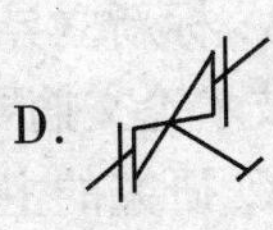

3. 在化工设备图中，可以作为尺寸基准的有(A，B，C，D)。

A. 设备筒体和封头的中心线　　B. 设备筒体和封头时的环焊缝

C. 设备法兰的密封面　　D. 设备支座的底面

4. 在化工设备图中，可以作为尺寸基准的有(A，B，D)。

A. 设备筒体和封头的中心线　　B. 设备筒体和封头时的环焊缝

C. 设备人孔的中心线　　D. 管口的轴线和壳体表面的交线

5. 下列叙述中，不正确的是(A，B，D)。

A. 根据零件加工、测量的要求而选定的基准为工艺基准。从工艺基准出发标注尺寸，能把尺寸标注与零件的加工制造联系起来，使零件便于制造、加工和测量

B. 装配图中，相邻零件的剖面线方向必须相反

C. 零件的每一个方向的定向尺寸一律从该方向主要基准出发标注

D. 零件图和装配图都用于指导零件的加工制造和检验

6. 在 ISO 9000 族标准中，内部质量体系审核的依据是(A，B，C，D)。

A. 合同要素　　B. 质量文件

C. ISO 9000 族标准　　D. 法律、法规要求

7. ISO 9001 标准具有广泛的适用性，适用于(B，D)。

A. 大中型企业　B. 各种类型规模及所有产品的生产组织

C. 制造业　D. 各种类型规模及所有产品的服务的组织

8. 在计算机应用软件中 VFP 能用来建立索引的字段是(C，D)字段。

A. 通用型(图文型)　B. 备注(文本型)　C. 日期　D. 逻辑

9. 关于幻灯片的背景，说法不正确的是(A，C，D)。

A. 只有一种背景　B. 可以是图片　C. 不能更改　D. 以上都错

10. 企业在安排产品生产进度计划时，对市场需求量大，而且比较稳定的产品，其全年任务可采取(A，B)。

A. 平均分配的方式　　B. 分期递增方法

C. 抛物线形递增方式　　D. 集中轮番方式

11. 设备的一级维护保养的主要内容是(A，B，C)。

A. 彻底清洗、擦拭外表　　B. 检查设备的内脏

C. 检查油箱油质、油量　　D. 局部解体检查

12. 现场目视管理的基本要求是(A，B，C，D)。

A. 统一　B. 简约　C. 鲜明　D. 实用

13. 在月度生产总结报告中对工艺指标完成情况的分析应包括(A，B，C，D)。

A. 去年同期工艺指标完成情况　　B. 本月工艺指标完成情况

C. 计划本月工艺指标情况　　D. 未达到工艺指标要求的原因

14. 技术论文标题拟订的基本要求是(B，C，D)。

A. 标新立异　B. 简短精练　C. 准确得体　D. 醒目

15. 技术论文摘要的内容有(A，C，D)。

A. 研究的主要内容　　B. 研究的目的和自我评价

C. 获得的基本结论和研究成果　　D. 结论或结果的意义

16. 技术论文的写作要求是(A，B，D)。

A. 选题恰当　B. 主旨突出　C. 叙述全面　D. 语言准确

17. 装置标定报告的目的是(A，B，D)。

A. 进行重大工艺改造前为改造设计提供技术依据

B. 技术改造后考核改造结果，总结经验

C. 完成定期工作

D. 了解装置运行状况，获得一手资料，及时发现问题，有针对性地加以解决

18. 下列选项中，属于竣工验收报告的内容有(A，B，C，D)。

A. 工程设计　B. 竣工决算与审计　C. 环境保护　D. 建设项目综合评价

19．“三级验收”是指（ B，C，D ）验收。
A．个人　B．班组　C．车间　D．厂部

20．在技术改造过程中（ A，B，C ）的项目应该优先申报。
A．解决重大安全隐患　B．生产急需项目
C．效益明显项目　D．技术成熟项目

21．在技术改造方案中（ A，C，D ）设施应按设计要求与主体工程同时建成使用。
A．环境保护　B．交通　C．消防　D．劳动安全卫生

22．技术改造申请书应包括（ A，B，C，D ）。
A．项目名称和立项依据　B．项目内容和改造方案
C．项目投资预算及进度安排　D．预计经济效益分析

23．进行技术革新成果鉴定必要的条件是（ A，B，C，D ）。
A．技术革新确实取得了良好的效果
B．申报单位编制好技术革新成果汇报
C．确定鉴定小组人员、资格
D．确定鉴定的时间、地点和参加人员，提供鉴定时所需各种要求

24．培训方案应包括（ A，B，C，D ）等内容。
A．培训目标　B．培训内容　C．培训指导者　D．培训方法

25．在职工培训活动中，培训的指导者可以是（ A，B，C，D ）。
A．组织的领导　B．具备特殊知识和技能的员工
C．专业培训人员　D．学术讲座

26．在职工培训中，案例教学具有（ A，B，C ）等优点。
A．提供了一个系统的思考模式
B．有利于使受培训者参与企业实际问题的解决
C．可得到有关管理方面的知识与原则
D．有利于获得感性知识，加深对所学内容的印象

27．在职工培训中，讲授法的缺点是（ A，B，D ）。
A．讲授内容具有强制性　B．学习效果易受教师讲授水平的影响
C．适用的范围有限　D．没有反馈

28．培训教案一般包括（ A，B，C，D ）等内容。
A．培训目标　B．教学设计　C．培训目的　D．重点、难点

29．编写培训教案的基本技巧是（ A，B，C，D ）。
A．确立培训的主题　B．构思培训提纲　C．搜集素材　D．整理素材

30．培训项目即将实施之前需做好的准备工作包括（ A，B，C，D ）。
A．通知学员　B．后勤准备　C．确认时间　D．准备教材

31．生产管理或计划部门对培训组织实施的（ A，B ）是否得当具有发言权。
A．培训时机的选择　B．培训目标的确定　C．培训计划设计　D．培训过程控制

32．在评估培训效果时，行为层面的评估，主要包括（ B，C，D ）等内容。
A．投资回报率　B．客户的评价　C．同事的评价　D．主管的评价

33．培训评估的作用主要有（ B，D ）等几个方面。

A. 提高员工的绩效和有利于实现组织的目标

B. 保证培训活动按照计划进行

C. 有利于提高员工的专业技能

D. 培训执行情况的反馈和培训计划的调整

简答题

1. 在 ISO 9000 族标准中质量体系审核的依据包括哪些内容？

答：①相关的质量保证模式标准(一般是 ISO 9001、9002、9003)；②质量手册或质量管理手册或质量保证手册；③程序文件；④质量计划；⑤合同或协议；⑥有关的法律、法规。

2. 简述生产过程的基本内容。

答：①生产准备过程；②基本生产过程；③辅助生产过程；④生产服务过程。

3. 什么是设备检查？设备检查的目的是什么？

答：①设备检查是指对设备的运行状况、工作性能、磨损腐蚀程度等方面进行检查和校验；②设备检查能够及时查明和清除设备隐患，针对发现的问题提出解决的措施，有目的地做好维修前的准备工作，以缩短维修时间，提高维修质量。

4. 现场管理有哪些具体要求？

答：①组织均衡生产；②实现物流有序化；③设备状况良好；④纪律严明；⑤管理信息准确；⑥环境整洁，文明生产；⑦组织好安全生产，减少各种事故。

5. 经济指标分析时应注意什么？

答：①指标的准确性。指标的采集汇总必须准确，错误的数据缺乏参照和分析性，甚至产生错误的结论。②指标的可比性。在进行指标分析时通常要在相同运行的状况下进行比较，通常要参照上个月和去年同期的指标。如果运行的状况发生变化要对指标进行相应的修正，否则就失去了指标的可比性。③突出指标分析指导的作用。通过指标分析和对比要找出设备运行中存在的不足和问题，指导有目的地加以优化和改进。

6. 国家标准技术论文应该包括哪些内容？

答：技术论文应包括题目、作者、摘要、关键词、引言、正文、结论、致谢、参考文献、附录等十个部分。

7. 通常情况下技术论文的结构是怎样的？

答：在通常情况下技术论文的正文结构应该是按提出问题——分析问题——提供对策来布置的。①要概括情况、阐述背景、说明意义、提出问题。②在分析问题时必须观点明确，既要抓住矛盾的主要方面，又不能忽视次要方面，析因探源，寻求出路。③要概括前文，肯定中心论点，提出工作对策。提供的对策要有针对性和必要的论证。

8. 技术论文摘要的要求是什么？

答：摘要文字必须十分简练，篇幅大小一般限制字数不超过论文字数的 5%。论文摘要不要列举例证，不讲研究过程，不用图表，不给化学结构式，也不要作自我评价。

9. 简述技术论文的写作步骤。

答：①选题，确定论文的主攻方向和阐述或解决的问题。选题时一般要选择自己感兴趣的和人们关心的“焦点”问题；②搜集材料，要坚持少而精的原则，做到必要、可靠、新颖，同时必须充分；③研究资料，确定论点，选出可供论文作依据的材料，支持论点；④列出详细的提纲，使想法和观点文字化、明晰化、系统化，从而可以确定论文的主调和重点。提纲拟订好后，可以遵循论文写作的规范和通常格式动笔拟初稿。

10. 在竣工验收报告中关于工程建设应包括哪些内容?

答: ①工程建设概况；②工程建设组织及总体统筹计划；③工程进度控制；④工程质量控制；⑤工程安全控制；⑥工程投资控制；⑦未完工程安排；⑧工程建设体会。

11. 工艺技术规程应包括哪些内容?

答: ①总则；②原料、中间产品、产品的物、化性质以及产品单耗；③工艺流程；④生产原理；⑤设备状况及设备规范；⑥操作方法；⑦分析标准；⑧安全计划要求。

12. 岗位操作法应包括哪些内容?

答: ①名称；②岗位职责和权限；③本岗位与上、下游的联系；④设备规范和技术特性，原料产品的物、化性质；⑤开工准备；⑥开工操作步骤；⑦典型状况下投、停运方法和步骤；⑧事故预防、判断及处理；⑨系统流程图；⑩运行参数正常范围和各种试验。

13. 检修方案应包括哪些内容?

答: ①设备运行情况；②检修组织机构；③检修工期；④检修内容；⑤检修进度图；⑥检修的技术要求；⑦检修任务落实情况；⑧安全防范措施；⑨检修备品、备件；⑩检修验收内容和标准。

14. 在开车准备阶段技师应具备哪些技能要求?

答: ①能完成开车流程的确认工作；②能完成开车化工原材料的准备工作；③ 能按进度组织完成开车盲板的拆装操作；④能组织做好装置开车介质的引入工作；⑤能组织完成装置自修项目的验收；⑥能按开车网络图计划要求，组织完成装置吹扫、试漏工作；⑦能参与装置开车条件的确认工作。

15. 开工方案应包括哪些内容?

答: ①开工组织机构；②开工的条件确认；③开工前的准备条件；④开工的步骤及应注意的问题；⑤开工过程中事故预防和处理；⑥开工过程中安全分析及防范措施；⑦附录，重要的参数和控制点、网络图。

16. 停工方案应包括哪些内容?

答: ①设备运行情况；②停工组织机构；③停工的条件确认；④停工前的准备条件；⑤停工的步骤及应注意的问题；⑥停工后的隔绝措施；⑦停工过程中事故预防和处理；⑧停工过程中安全分析及防范措施；⑨附录，重要的参数和控制点。

17. 技术改造的目的是什么?

答: 通过采用新技术、新工艺，解决制约系统安、稳、优生产运行的问题，推动技术进步和技术创新，更好地提高企业经济效益。

18. 技术改造的前期准备是什么?

答: 通过选题和论证确定技术改造的项目和内容，提出立项申请和改造方案。经领导和专家批准后，进行改造设计和设计审查。改造项目确定后，需及时落实资金，完成设备、材料的采购，落实施工单位，组织设计交底。

19. 技术改造方案的主要内容是什么?

答: ①项目名称；②项目负责单位；③项目负责人；④建设立项理由和依据，包括原始状况、存在问题和改造依据；⑤改造主要内容，需要写明改造涉及装置设备及详细改造内容；⑥改造技术方案，需写明技术分析、技术要求、方案选择、设备选型及详细的技术方案，并注明动力消耗指标及公用工程配套情况；⑦预计改造效果及经济效益，包括改造后主要经济、技术指标及取得效果；经济效益(附计算式)及技术经济分析；⑧投资计划，包括主要设备材料清单和费用安排(设备询价、材料费用、安装施工费用等)；⑨计划进度安排；⑩安全环保措施。

20. 技术改造的步骤是什么?

答：①前期准备，确定技术改造的项目和内容，经领导和专家批准后，进行改造设计和设计审查。改造项目确定后，需及时落实资金，完成设备、材料的采购，落实施工单位，组织设计交底；②实施阶段，根据改造设计的要求，施工单位应在规定工期内保质保量地完成改造的各项内容。在此过程中应对工程进度、工程质量、工程安全、工程投资进行重点控制；③验收阶段，改造项目完成后，应及时组织投用试车，进行性能考核，检验是否达到设计要求，在运行正常后组织进行竣工验收，并填写竣工验收报告；④后评估阶段，在设备稳定运行一段时间后，应组织对技术改造进行后评估，总结技术改造的效果和经验，根据生产运行实际情况提出建议。

21. 技术革新成果鉴定小组主要程序和主要内容是什么?

答：①听取申报单位技术革新成果汇报情况；②实地查验技术革新成果完成情况，审阅技术革新成果申报资料；③讨论对技术革新成果验收意见，签署技术革新成果验收证书；④颁发技术革新成果验收证书。

22. 在技术改造过程中施工管理时应注意什么?

答：①对改造工程施工全过程应进行组织和管理，及时发现并解决施工存在的问题，严格按照技术检修规程及施工图纸进行施工，确保工程质量和施工进度；②在施工过程中，应加强质量监督并进行实施阶段的设计协调工作，对检查发现的工程质量问题有权责令其停止施工并限期整改；③在施工过程中，应加强对施工现场安全、人身安全的监督，禁止“三违”现象的出现，对不符合要求的有权责令其停止施工并限期整改；④在施工过程中，应加强对施工周围环境的影响的监管，对施工过程中产生的废物要及时妥善处理。

23. 技术革新成果的主要内容是什么?

答：技术革新成果的主要内容是：①项目编号、成果名称、完成单位、申报日期、项目负责人、主要完成人、工作起止时间；②系统原始状况和技术难点；③实施报告，包括方案、措施、完成时间、取得成果(附图纸、资料、技术说明)；④社会、经济效益；⑤申报车间审核意见、技术主管部门审核意见、专业评审小组意见和企业主管领导意见。

24. 培训方案有哪些要素组成?

答：培训方案主要有培训目标、培训内容、培训指导者、受训者、培训日期和时间、培训场所与设备以及培训方法等要素组成。

25. 培训需求分析包括哪些内容?

答：培训需求分析需从多维度来进行，包括组织、工作、个人三个方面：①组织分析指确定组织范围内的培训需求，以保证培训计划符合组织的整体目标与战略要求；②工作分析指员工达到理想的工作绩效所必须掌握的技能和知识；③个人分析是将员工现有的水平与预期未来对员工技能的要求进行比照，发现两者之间是否存在差距。

26. 什么是培训方案?

答：培训方案是培训目标、培训内容、培训指导者、受训者、培训日期和时间、培训场所与设备以及培训方法的有机结合。

27. 什么是演示教学法？在教学中演示教学法具有哪些优点？

答： 演示法是运用一定的实物和教具，通过实地示范，使受训者明白某种事务是如何完成的。演示法优点为：①有助于激发受训者的学习兴趣；②可利用多种感官，做到看、听、想、问相结合；③有利于获得感性知识，加深对所学内容的印象。

28. 如何准备教案？

答： 准备教案要从以下几个方面着手：

①做好培训需求分析。②教案的编写：确定教案的核心内容与结构；选择合适的教案模式。③培训方式的选择与应用。

29. 在培训教学的组织实施与管理的前期准备阶段，主要的工作有哪些？

答： ①确认和通知参加培训的学员；②培训后勤准备；③确认培训时间；④教材的准备；⑤确认理想的讲师。

30. 培训评估具有什么意义？

答： ①能为决策提供有关培训项目的系统信息，从而做出正确的判断。②可以促进培训管理水平的提升。③可使培训管理资源得到更广泛的推广和共享。

31. 应从哪些方面评价培训效果？

答： 主要应从以下四个层面评估培训效果的：①反应，即课程刚结束时，了解学员对培训项目的主观感觉；②学习，即学员在知识、技能或态度等方面学到了什么；③行为，即学员的工作行为方式有多大程度的改变；④结果，即通过诸如质量、数量、安全、销售额、成本、利润、投资回报率等可以量度的指标来考查，看最终产生了什么结果。

职业通用理论知识试题(《润滑油、脂生产工》)

判断题

1. 化学平衡常数是在一定温度下可逆反应达到平衡时生成物浓度幂的乘积与反应物浓度幂的乘积的比值。 (√)

2. 在应用化学平衡常数表达式时，固体或纯液体的浓度不必再写进平衡常数表达式中。 (√)

3. 当 $N + 3H_2 \rightleftharpoons 2NH_3$ 反应达到平衡时，加压时，正反应速度加快，逆反应速度减慢，平衡向右移动。 (×)

正确答案： 因在加压时由于反应物和生成物中均有气体，故加压都相当于增大浓度，反应速度都增大，只不过由于两方气体的物质的量不同，正反应速度增大的倍数大于逆反应速度，故平衡向右移动。

4. 由于苯环比较稳定，所以苯及其烷基衍生物易发生苯环上的加成反应。 (×)

正确答案： 由于苯环比较稳定，所以苯及其烷基衍生物易发生苯环上的取代反应。

5. 系统在等压过程中，物质由初态变化到终态的热效应可以用焓值差来表示。 (×)

正确答案： 系统在等压、只做膨胀功的过程中，物质由初态变化到终态的热效应可以用焓值差来表示。

6. 按照结构族组成概念，烃类化合物分子中的总环数、芳香环数和环烷环数分别用 R_N、R_A 和 R_T 来表示。 (×)

正确答案： 按照结构族组成概念，烃类化合物分子中的总环数、芳香环数和环烷环数分

别用 R_T、R_A 和 R_N 来表示。

7. 在实际应用中不需要或不可能进行单体化合物分析时，常采用族组成表示。 (√)

8. 就不同族的烃类而言，当相对分子质量接近时，芳香烃的质量热容最大，环烷烃的次之，烷烃的最小。 (×)

正确答案：就不同族的烃类而言，当相对分子质量接近时，烷烃的质量热容最大，环烷烃的次之，芳香烃的最小。

9. 当油品分子平均沸点相等时，其平均相对分子质量是一样的。 (×)

正确答案：当油品分子平均沸点相等时，由于特性因数 K 值不同，其平均相对分子质量也不一样。

10. 就某一种纯烃而言，其蒸气压是随温度的升高而增大的。 (√)

11. 相对挥发度的大小可以用来判断某混合液是否能用蒸馏方法加以分离以及分离的难易程度。 (√)

12. 清晰分割时两关键组分须是相邻组分。 (√)

13. 双组分精馏理想溶液的气液平衡关系应同时符合道尔顿定律和拉乌尔定律。 (√)

14. 根据流体静力学基本方程式可知，任一水平面上位头与静压头之和是个常数。 (√)

15. 在使用伯努利方程式时，液体应具有不可压缩性，即 $\rho_{液}$ 应为一常数。 (√)

16. 在换热器中，错流和折流的平均温度差总是比逆流的平均温差要小。 (√)

17. 对流传热膜系数越大，表明通过对流传热速率越低。 (×)

正确答案：对流传热膜系数越大，表明通过对流传热速率越高。

18. 平均温度差是传热过程的推动力，如果其他条件不变，则温度差越大传热量越小。 (×)

正确答案：平均温度差是传热过程的推动力，如果其他条件不变，则温度差越大传热量越大。

19. 两段压缩机入口压力 0.05MPa，出口压力 0.25MPa(绝对压力)，如果压缩机处于理想状态，每段输入相同的功，则段压缩比是 2.236。 (√)

20. 根据腐蚀的电化学机理，电化学保护方法可以分为阴极保护和阳极保护两种。 (√)

21. 阀门型号：Q21F－40P 表示外螺纹球阀，其含义是：手动、外螺纹连接、阀座密封面材料为氟塑料、公称压力为 *PN*4MPa。 (√)

22. 换热器型号中的“Ln/d”中的 d 表示换热管内径。 (×)

正确答案：换热器型号中的“Ln/d”中的 d 表示换热管外径。

23. 换热器垢层增加使热阻增大，降低了换热效率。 (√)

24. 高压氮气瓶不是特种设备。 (×)

正确答案：高压氮气瓶是特种设备。

25. 消除系统误差最根本的方法是找出产生系统误差的根源。 (√)

26. 精馏塔切线进料可以防止进料冲击塔盘。 (√)

27. 企业内部用于能源、物料的计量仪表属于 A 级计量检测设备。 (×)

正确答案：企业内部用于能源、物料的计量仪表属于 B 级计量检测设备。

28. ESD 系统和 DCS 系统之间可以任意互相操作。 (×)

正确答案：ESD 系统和 DCS 系统之间不可以任意互相操作。

29. PLC系统是以扫描方式循环、连续、顺序地逐条执行程序。（√）

30. 电气设备的额定视在功率是额定电压和额定电流的乘积。（√）

31. 用磁来发电，用磁产生电的现象就是电磁感应现象。（√）

交流电路轻载时较正常运行时，电机的功率因数大。（×）

正确答案： 电动机轻载时，输电线路上产生较大的电压降和功率损失，从而降低了输出功率的利用率。

32. 同步电动机是依据异性磁极相吸的原理，由旋转磁极吸引转子磁极并带动转子同步运转的。（√）

单选题

1. 在 A + B ⇌ C + D 平衡体系中，增温则平衡常数 K 变小，下列选项正确的是（ A ）。

A. 正反应是放热反应，逆反应是吸热反应

B. 正逆反应都是吸热反应

C. 正逆反应都是放热反应

D. 正反应是吸热反应，逆反应是放热反应

2. 写出平衡体系（在密闭容器内）$CaCO_3 \rightleftharpoons CaO + CO_2$ 平衡常数 K 的正确表达式（ B ）。

A. $K = 1$　　B. $K = [CO_2]$　　C. $K = \frac{[CaO][CO_2]}{[CaCO_3]}$　　D. $K = \frac{[CaCO_3]}{[CaO][CO_2]}$

3. 有化学反应：$N_2O_4 \rightleftharpoons 2NO_2 - 56.9kJ$，该反应达到平衡后，增加 N_2O_4 的浓度，平衡将（ B ）。

A. 向生成 N_2O_4 的方向移动

B. 向生成 NO_2 的方向移动

C. 不移动

D. 先向生成 N_2O_4 的方向移动，后向生成 NO_2 的方向移动

4. 石油催化重整中的异构化反应可以增加（ C ）的含量。

A. 烷烃　　B. 烯烃　　C. 芳香烃　　D. 丁醇

5. 一般当压力大于（ C ）以后时，石油馏分的焓值不能查有关的图表资料求得。

A. 0.5MPa　　B. 1MPa　　C. 7MPa　　D. 10MPa

6. 结构族组成的表示方法一般在阐述（ D ）的组成时采用。

A. 石油气　　B. 石蜡　　C. 低沸点馏分　　D. 高沸点馏分

7. 在不具备实测条件下，常用（ A ）求得石油馏分的相对分子质量。

A. 经验关联式法　　B. 图表法

C. 直接测量法　　D. 加和法

8. 在常压下，某油品 50℃的饱和蒸气压为 A，80℃的饱和蒸气压为 B，那么 A 和 B 的数值关系为（ C ）。

A. $A = B$　　B. $A > B$　　C. $A < B$　　D. 无法确定

9. 在同一温度下，甲烷、乙烷、丙烷、丁烷的蒸气压分别为 A、B、C、D，下列数值关系正确的为（ B ）。

A. $A < B < C < D$　　B. $A > B > C > D$

C. $A < B < D < C$　　D. $A > C > B > D$

10. 某液体的饱和蒸气压的大小与下列(D)无关。

A. 相对分子质量大小　B. 化学结构　C. 温度　D. 黏度

11. 物系中具有相同物理性质和化学性质的任何均匀部分称为(C)。

A. 纯物质　B. 均质　C. 相　D. 界面

12. 理想溶液中组分的相对挥发度为(D)。

A. 难挥发组分的摩尔分数对易挥发组分的摩尔分数之比

B. 易挥发组分的摩尔分数对难挥发组分的摩尔分数之比

C. 难挥发组分的体积分数对易挥发组分的体积分数之比

D. 同温度下两纯组分的饱和蒸气压之比

13. 化工多组分分离过程中，轻关键组分全部从塔顶馏出，重关键组分从塔底全部馏出，称为(A)。

A. 清晰分割　B. 模糊分割　C. 相邻分割　D. 重要分割

14. 流体静力学研究的对象是处于(A)状态下的流体内部压力变化的规律。

A. 相对静止　B. 绝对静止　C. 相对运动　D. 绝对运动

15. 公式 $H = \sum H_f + \frac{\Delta P}{\rho g} + \Delta Z + \frac{1}{2g}\Delta u^2$ 是(C)。

A. 静力学基本方程式　B. 理想流体的伯努利方程式

C. 实际流体的伯努利方程式　D. 固体物质的运动方程式

16. 两流体在换热过程中，沿着换热器壁面的任何位置上的温度都相等，称为(D)。

A. 变热量传热　B. 等热量传热　C. 变温传热　D. 恒温传热

17. 对流传热膜系数 α 的物理意义是：当壁面与流体主体的温差为1K时，每 $1m^2$ 固体壁面与流体之间所传递的(B)。

A. 功率　B. 热量　C. 流量　D. 能量

18. 当离心泵转速变化小于20%时，泵的叶轮转速由 n_1 调整到 n_2，则泵的扬程 $H_{e1}:H_{e2}$ 为(B)。

A. $\frac{n_1}{n_2}$　B. $\left(\frac{n_1}{n_2}\right)^2$　C. $\left(\frac{n_1}{n_2}\right)^3$　D. $\left(\frac{n_1}{n_2}\right)^4$

19. 当离心泵叶轮直径变化小于20%时，泵的叶轮直径由 D_1 切削到 D_2，则泵的功率 $P_1:P_2$ 为(C)。

A. $\frac{D_1}{D_2}$　B. $\left(\frac{D_1}{D_2}\right)^2$　C. $\left(\frac{D_1}{D_2}\right)^3$　D. $\left(\frac{D_1}{D_2}\right)^4$

20. 气体采用两段压缩，压缩机在理想状态下工作，入口压力为0.5MPa，出口压力为1.5MPa，(都是绝对压力)，则每级的压缩比为(C)。

A. 3　B. 2　C. 1.732　D. 1.29

21. 阀门公称压力代号是以兆帕(MPa)为单位的公称压力值的(A)倍。

A. 10　B. 20　C. 40　D.50

22. 换热器前端管箱字母用“A”表示(C)管箱。

A. 封头　B. 特殊高压　C. 平盖　D. 一体化

23. 对管壳式换热器，用(A)表示单程壳体。

A. E　B. I　C. J　D. O

24. 换热器污垢主要的危害是降低(A)。

A. 传热速率　　B. 热阻　　C. 热量　　D. 传热面积

25. 在石油化工生产装置中使用的特种设备有(D)。

A. 锅炉、离心泵　　B. 压力容器、风机

C. 压力管道、往复泵　　D. 锅炉、压力容器、压力管道

26. 燃烧 1kg 燃料，理论上需要 14.3kg 空气，实际上供给的空气量是 17.2kg，则过剩空气系数 α 是(A)。

A. 1.2　　B. 1.3　　C. 0.83　　D. 0.77

27. 消除误差源依靠测量人员在(A)将产生系统误差的因素和根源加以消除。

A. 测量进行之前　　B. 测量过程中　　C. 测量后　　D. 最后计算时

28. ESD 是(A)的简称。

A. 紧急停车系统　　B. 分散控制系统

C. 事件顺序记录　　D. 可编程控制系统

29. 下列控制方案不属于先进控制的有(B)。

A. 自适应控制　　B. 超驰控制　　C. 预测控制　　D. 神经元网络控制

30. PLC 系统是(D)的简称。

A. 紧急停车系统　　B. 分散控制系统

C. 事件顺序记录　　D. 可编程控制器

31. PLC 系统主要用于(C)。

A. 控制机组的转速　　B. 连续量的模拟控制

C. 开关量的逻辑控制　　D. 与其他系统通讯

32. 属于串级调节系统的参数整定方法有(A)。

A. 两步整定法　　B. 经验法

C. 临界比例度法　　D. 衰减曲线法

33. 用经验凑试法整定 PID 参数，在整定中观察到曲线最大偏差大且趋于非周期过程，需要把比例度(B)。

A. 增大　　B. 减小

C. 增加到最大　　D. 减小到最小

34. FSC(紧急停车系统)的含义是(A)。

A. 故障安全控制系统　　B. 现场系统控制

C. 现场控制站　　D. 现场控制系统

35. 关于电功率的定义式，正确的公式是(C)。

A. $P = UIt$　　B. $P = I^2U$　　C. $P = UI$　　D. $R = U^2It$

36. 下面属于电磁感应现象的是(D)。

A. 通电导体周围产生磁场

B. 磁场对感应电流发生作用，阻碍导体运动

C. 由于导体自身电流发生变化，导体周围磁场发生变化

D. 穿过闭合线圈的磁感应线条数发生变化，一定能产生感应电流

多选题

1. 关于反应 $2NO + O_2 = 2NO_2$，下列叙述不正确的是(A，B，C，D)。

A. 当 $V_{正} = V_{逆} = 0$ 时，体系即达到平衡

B. $V_{NO} = V_{NO_2}$ 时，体系即达到平衡

C. 当体系中$[NO]:[O_2]:[NO_2] = 2:1:2$ 时，体系即达到平衡

D. 在加压时，正反应速度增大，逆反应速度减小，因此平衡向有利于生成 NO_2 的方向移动

2. 天然的芳香烃的主要来源是(A，C)。

A. 石油　B. 天然气　C. 煤　D. 木材

3. 芳香烃可以发生(A，B，C，D)。

A. 取代反应　B. 加成反应　C. 氧化反应　D. 硝化反应

4. 液相石油馏分的质量定压热容，可以根据其(A，B，D)从有关的图表中查得。

A. 温度　B. 相对密度　C. 临界压力　D. 特性因数

5. 清晰分割的条件是(A，D)。

A. 两关键组分挥发度相差较大　B. 两关键组分挥发度相差较小

C. 两者不是相邻组分　D. 两者为相邻组分

6. 连续流动的流体除具有静压能外，还具有(B，C)。

A. 潜热　B. 动能　C. 位能　D. 热能

7. 圆形直管内流体流动的阻力与(A，B，C，D)有关。

A. 流速　B. 圆管材质　C. 阀门个数　D. 阀门开度

8. 为了强化传热，可以用(A，B，C，D)增大传热面积。

A. 螺旋槽管　B. 纵槽管　C. 加翅片　D. 管内插入物

9. 离心泵的扬程与(A，B，C，D)有关。

A. 位差　B. 介质流速

C. 管路阻力　D. 泵出、入口压力差

10. 腐蚀介质的处理一般包括腐蚀介质的脱除和(A，B，C)的应用。

A. 中和剂　B. 缓蚀剂　C. 抗垢剂　D. 保护剂

11. 金属的耐蚀性同(A，B，C)有关系。

A. 金属元素的化学性质　B. 合金的成分和组织

C. 金属材料受到的应力与形变　D. 金属在元素周期表中的位置

12. 常见阀门的传动方式有(A，B，C，D)。

A. 电磁传动　B. 电磁液动　C. 电液动　D. 气动

13. 特种设备包括其附属的(A，B，C)。

A. 安全附件　B. 安全保护装置

C. 与安全保护装置相关的设施　D. 安全防护装置

14. 消除误差的方法有(A，B，C，D)。

A. 消除误差源　B. 加修正值法　C. 替代法　D. 抵消法

15. 下面说法正确的是(B，C，D)。

A. 故障安全是指 ESD 系统发生故障时，装置不会停车

B. 故障安全是指 ESD 系统发生故障时，不会影响装置的安全运行

C. 冗余系统是指并行地使用多个系统部件，以提供错误检测和错误校正能力

D. 表决是指冗余系统中用多数原则将每个支路的数据进行比较和修正的一种机理

16. FSC 系统的中央处理器包括(A，B，C)等处理器模块。

A. 控制处理器模块　　B. 监控器模块

C. 通信处理器模块　　D. 输入/输出接口模块

17. 恒定的匀强磁场中有一圆形闭合导体线圈，线圈平面垂直于磁场方向，要使线圈在此磁场中能产生感应电流，应使(C，D)。

A. 线圈沿自身所在平面做匀速运动　　B. 线圈沿自身所在平面做加速运动

C. 线圈绕任意一条直径做匀速转动　　D. 线圈绕任意一条直径做变速转动

18. 关于同步电动机，下述说法正确的是(B，D)。

A. 同步电动机的转速总是小于定于定子旋转磁场的转速

B. 同步电动机的定子通的是交流电，转子通的是直流电

C. 同步电动机的转子都是凸级的

D. 同步电动机的正常运行时转速总是和定子旋转磁场的转速相等

简答题

1. 化学平衡常数反映了什么?

答: 化学平衡常数 K 是衡量反应进行程度的大小的一个常数。K 越大，表示反应进行的程度越大，即反应进行的越完全；反之，反应进行的越不完全。

2. 请写出下列反应方程式的化学平衡常数 K 的表达式，并正确表示其关系。

$$K_1\text{：}\ N_2 + 3H_2 \rightleftharpoons 2NH_3 \qquad K_2\text{：}\ \frac{1}{2}N_2 + \frac{3}{2}H_2 \rightleftharpoons NH_3$$

$$K_3\text{：}\ \frac{1}{3}N_2 + H_2 \rightleftharpoons \frac{2}{3}NH_3$$

答: $K_1 = \dfrac{[NH_3]^2}{[N_2][H_2]^3}$

$K_2 = \dfrac{[NH_3]}{[N_2]^{\frac{1}{2}}[H_2]^{\frac{3}{2}}}$

$K_3 = \dfrac{[NH_3]^{\frac{2}{3}}}{[N_2]^{\frac{1}{3}}[H_2]}$

三个平衡常数之间的关系：$K_1 = K_2^2 = K_3^3$

3. 某可逆反应已建立平衡，加入一种正催化剂，反应速度将有何变化?

答: 加入了正催化剂，使平衡体系中两方反应的活化能降低，提高了两方活化分子的百分数，增大了两方单位体积内活化分子数，增加了两方单位时间内的有效碰撞次数使反应速度增大，使正、逆反应同时同等的增大速度，故化学平衡不移动，只是增大了反应速度。

4. 气液相平衡的条件是什么?

答: ① 气、液两相温度相等，否则就会因热交换引起组分在两相间重新分配。

② 液相中各组分的蒸气压与气相中同一组分的分压相等，此时各组分汽化的分子数和冷凝的分子数相等。

5. 简述精馏塔切线进料的优点？

答： 切线进料可以使原料与上升的气流和下降的液相接触充分；切线进料可以充分利用塔内的热量；由于切线进料不是径向进料，而是沿塔壁进料，可以避免物料量大时冲击塔盘。

6. 简述无相变时如何提高传热系数 *K*。

答： ① 增大流体的流速；

② 改变流体流动条件；

③ 减小污垢热阻。

7. 简述要得到高的终压，为何要进行多级压缩。

答： ① 防止单级压缩比过大，使润滑油高温下被烧成碳渣，损坏设备；

② 防止单级压缩残留在汽缸余隙容积内的气体压力过高，有效吸入的气力量减少，压缩机工作能力降低；

③ 防止机件负荷增加，减少压缩机造价。

8. 简答阀门型号中各字母代表的意义。

答： 阀门型号包含7项内容，从左至右的含义是① 阀门类型；②传动方式；③连接方式；④阀门结构形式；⑤密封面或衬里材质；⑥公称压力数值；⑦阀体材质。

9. 常见管壳式换热器的型号为"X X X—DN—A—Pt /Ps—Ln/d—Nt/Ns—Ⅰ或Ⅱ"，简单回答其代表的意义。

答： ① X X X 依次为前端管箱形式；壳体形式；后端结构形式；② *DN* 公称直径；③ *A* 换热面积；④ *Pt* 管程设计压力；*Ps* 壳程设计压力；⑤ *Ln* 管束公称长度；*d* 换热管外径；⑥ *Nt* 管程数；*Ns* 壳程数；⑦ Ⅰ或Ⅱ换热器级别。

10. 简述在《特种设备安全监察条例》中压力容器的含义。

答： 压力容器，是指盛装气体或者液体，承载一定压力的密闭设备，其范围规定为最高工作压力大于或者等于0.1MPa(表压)，且压力与容积的乘积大于或者等于2.5MPa·L气体、液化气体和最高工作温度高于或者等于标准沸点的液体的固定式容器和移动式容器；盛装公称工作压力大于或者等于0.2MPa(表压)且压力与容积的乘积大于或者等于1.0MPa·L的气体、液化气体和标准沸点等于或者低于60℃液体的气瓶；氧舱等。

11. 能源仪表安装位置不当造成的误差属于何种误差？能源计量表的精度等级是根据什么划分的？

答： 仪表安装位置不当造成的误差属于计量仪表系统误差。能源计量表的精度等级是根据计量表的允许误差来划分的。

12. 什么是预测控制系统？最有代表性的预测控制算法是什么？

答： ① 预测控制系统实质上是指预测控制算法在工业过程控制上的成功应用。预测控制算法是一类特定的计算机控制算法的总称；

② 最有代表性的预测控制算法，是一种基于模型的预测控制算法，这种算法的基本思想是先预测后控制，即首先利用模型预测对象未来的输出状态，然后据此以某种优化指标来计算出当前应施加于过程的控制作用。

13. 简述功率因数的概念及提高功率因数的意义。

答： 单相交流电路中负载所消耗的平均功率为：$P = UI\cos\phi$，式中的 $\cos\phi$ 称为功率因数，由负载参数决定。纯电阻负载 $\cos\phi = 1$，纯电感或纯电容负载 $\cos\phi = 0$，一般负载功率因数：$\cos\phi = \frac{R}{Z}$。

提高功率因数，可降低电源负担，减少线路损耗，对国民经济有重大意义。

计算题

1. 设在某温度时，在容积为 1L 的密闭容器里，把 N_2 和 H_2 两种气体混合，反应后生成 NH_3。从实验测得，当达到平衡时，N_2 和 H_2 的浓度各为 2mol/L，NH_3 的浓度为 3mol/L，求这个反应在某温度的平衡常数。

解：$N_2 + 3H_2 \rightleftharpoons 2NH_3$

在某温度时，反应达到平衡时，N_2、H_2 和 NH_3 的浓度分别是：$[N_2] = 2$mol/L，$[H_2] = 2$mol/L，$[NH_3] = 3$mol/L。

$$K = \frac{[NH_3]^2}{[N_2][H_2]^3} = \frac{3^2}{2 \times 2^3} = \frac{9}{16} = 0.563$$

答：这个反应在某温度下的平衡常数是 0.563。

2. 1kg 两种油品混合时，其中组分 A400g，相对分子质量为 100；B 组分 600g，相对分子质量为 300，用加和法计算平均相对分子质量。

解：根据数均相对分子质量公式

$$\overline{M_n} = \frac{\sum W_i}{\sum N_i} = \frac{100}{\left(\frac{600}{300} + \frac{400}{100}\right)} = 166.7$$

答：平均相对分子质量为 166.7。

3. 已知二元理想溶液中易挥发组分 A 的气相组成为 0.4(摩尔分数)，在平衡温度下，A 组分的饱和蒸气压为 125kPa，B 组分的饱和蒸气压为 105kPa。求平衡时 A、B 组分的液相组成及总压?

解：理想溶液 $y_A = 0.4, y_B = 1 - 0.4 = 0.6$

根据拉乌尔定律：$P_A = P_A^* x_A, P_B = P_B^* x_B$

道尔顿分压定律：$P_A = P_t y_A, P_B = P_t y_B$

则：$x_A = \frac{P_t y_A}{P_A^*}, x_B = \frac{P_t y_B}{P_B^*}$

因为：$x_A + x_B = 1$，所以：$\frac{P_t y_A}{P_A^*} + \frac{P_t y_B}{P_B^*} = 1$

即：$P_t \times \left(\frac{y_A}{P_A^*} + \frac{y_B}{P_B^*}\right) = 1$，解出 $P_t = 112.2$ kPa,

$$x_A = \frac{P_t y_A}{P_A^*} = \frac{112.2 \times 0.4}{125} = 0.359, x_B = 1 - x_A = 0.641$$

答：总压 112.2kPa，液相组成分别为 0.359 和 0.641。

4. 已知常压塔一侧线煤油的流量为 50600kg/h，密度为 675kg/m³，管路用 $\phi 219 \times 8$ 的无缝钢管，求煤油在管路中的流速为多少 m/s?

解：$Q = W/\rho = 50600/675 = 75\text{m}^3/\text{h}$

$$S = \pi d^2/4 = 0.785 \times (0.203)^2 = 0.785 \times 4.12 \times 10^{-2} = 3.23 \times 10^{-2}\text{m}^2$$

$$u = Q/S = 75/(3600 \times 3.23 \times 10^{-2}) = 0.64\text{m/s}$$

答：煤油在管路中的流速为 0.64m/s。

5. 某物料输送过程中，已知流速 2m/s，管路直径 0.1m，管路摩擦系数 λ 是 0.003，直管管路长 10m，求直管阻力(以 mH_2O 表示)。其中 $g = 9.81\text{m/s}^2$

解：已知：流速 2m/s，管路直径 0.1m，管路摩擦系数 λ 是 0.003，管路长 10m。

则管路阻力 $\sum H_f = \lambda \dfrac{l}{d}\dfrac{1}{2g}u^2 = 0.003 \times \dfrac{10}{0.1} \times \dfrac{1}{2g} \times 2^2 = 0.061\text{mH}_2\text{O}$

答：管路阻力的长度当量是 $0.061mH_2O$ 柱。

6. 在某逆流换热冷凝器内，以 300K 的冷却水来冷凝某精馏塔内上升的有机物的饱和蒸汽，已知有机物蒸汽的温度为 348K，冷却水的出口温度为 313K，试求冷、热流体的对数平均温度差和算术平均温度差。

解：求对数平均温度差的方法计算 $\Delta t_m = \dfrac{\Delta t_{大} - \Delta t_{小}}{\ln \dfrac{\Delta t_{大}}{\Delta t_{小}}}$

已知　热流体温度不变　$T = 348\text{K}$

冷流体进口温度　$t_1 = 300\text{K}$，出口温度　$t_2 = 313\text{K}$

则

$$\Delta t_{大} = T - t_1 = 48\text{K}$$

$$\Delta t_{小} = T - t_2 = 35\text{K}$$

将其代入上式，得

$$\Delta t = \frac{48 - 35}{\ln \frac{48}{35}} = \frac{13}{0.32} = 40.6\text{K}$$

由于 $\dfrac{\Delta t_{大}}{\Delta t_{小}} = \dfrac{48}{35} = 1.37 < 2$，故可以按求算术平均值的方法进行计算

$$\Delta t = \frac{\Delta t_{大} + \Delta t_{小}}{2} = \frac{48 + 35}{2} = 41.5\text{K}$$

两者进行比较，其误差为 $\dfrac{41.5 - 40.6}{40.6} = 2.2\%$，说明在 $\dfrac{\Delta t_{大}}{\Delta t_{小}} \leqslant 2$ 的情况下，用算术平均值已足够准确。

答：平均温度差为 41.5K。

7. 某台柴油离心泵的扬程为 68m，流量为 $180\text{m}^3/\text{h}$，柴油密度为 860kg/m^3，效率为 73%，试求该台柴油离心泵的轴功率？

解：已知 $H_e = 68\text{m}$，$q_V = 180\text{m}^3/\text{h} = 0.5\text{m}^3/\text{s}$，$\rho = 860\ \text{kg/m}^3$，$\eta_{mec} = 73\%$，求 N。

根据离心泵的轴功率公式：

求水力功率：$N_i = (\rho \times H_e \times q_V)/102 = (860 \times 68 \times 0.5)/102$
$= 286\text{kW}$

求轴功率 N：$N = N_i/\eta_{mec} = 393\text{kW}$

答：该台柴油离心泵的轴功率为 393kW。

8. 采用三级压缩，气体入口真空度是 200mm 汞柱，出口压力是 1.0 MPa(表压)，设进每一级压缩的气体温度相同且压缩过程为绝热过程，已知标准大气压为 760mm 汞柱，0.1MPa，试求总压缩比和每级的压缩比。

解：已知入口真空度为200mm汞柱，出口压力1.0MPa(表压)；标准大气压760mm汞柱，0.1MPa，求每级压缩比。

求入口和出口的绝对压力。

入口绝对压力为：$\frac{760-200}{760}\times 0.1\text{MPa}=7.4\times 10^4\text{Pa}$

出口绝对压力为：$1.0\times 10^6+0.1\times 10^6=1.1\times 10^6\text{Pa}$

则总压缩比为：$\chi_{总}=\frac{1.1\times 10^6}{7.4\times 10^4}=14.86$

每级压缩比为：$\sqrt[3]{\frac{1.1\times 10^6}{7.4\times 10^4}}=\sqrt[3]{14.86}=2.46$

答：总压缩比为14.86，单级压缩比为2.46。

9. 某圆筒型加热炉，测得烟气中氧气为6%，二氧化碳为14%，求过剩空气系数α。

解：已知：烟气中氧气含量为6%，二氧化碳含量为14%，求过剩空气系数。

根据公式 $\alpha=\frac{100-CO_2-O_2}{100-CO_2-4.76\times O_2}=\frac{100-14-6}{100-14-4.76\times 6}=1.39$

答：过剩空气系数是1.39。

10. 一台单相电动机由220V电源供电，电路中的电流是11A，$\cos\phi=0.83$，试求电动机的视在功率、有功功率和无功功率。

解：视在功率为：$S=UI=220\times 11=2420\text{VA}=2.42\text{kV}\cdot\text{A}$

有功功率为：$P=S\cos\phi=2420\times 0.83=2008\text{W}\approx 2\text{kW}$

根据$\cos\phi=0.83$，求得$\sin\phi=\sqrt{1-0.83^2}=0.56$

则无功功率为：$Q=S\sin\phi=2420\times 0.56=1.355\text{kvar}$

11. 已知一同步电动机，频率为50Hz，转速为300r/min，试求它的极数是多少？

解：根据 $n=\frac{60f}{p}$，可得：$P=\frac{60f}{n}=\frac{3000}{300}=10$(对极)

答：这台同步电机的极数是20极。

工种理论知识试题

判断题

1. 在润滑油反序生产中，随着原料脱蜡深度加深，在操作条件不变的情况下油品的黏温性提高。 (×)

正确答案：在润滑油反序生产中，随着原料脱蜡深度加深，在操作条件不变的情况下油品的黏温性降低。

2. 装置脱水不完全，容易造成系统真空度降低。 (√)

3. 系统真空度过低，说明真空系统管线泄漏。 (×)

正确答案：系统真空度过低的原因有多种，管线泄漏只是其中之一。

4. 搞好加热炉平稳操作，控制好加热炉出口温度是减少溶剂损失的惟一方法。 (×)

正确答案：搞好加热炉平稳操作，控制好加热炉出口温度是减少溶剂损失的方法之一。

5. 在萃取过程中，非理想组分在提取液中的浓度与在提余液中的浓度比服从分配定律的，分配定律可写成下式：$Y/X=K$。 (√)

6. 溶剂精制采用的溶剂沸点越低越好。 (×)

正确答案：溶剂精制采用的溶剂沸点要适宜。

7. 糠醛氧化分解是装置糠醛消耗增加的主要原因。（×）

正确答案：装置糠醛消耗增加的主要原因是回收系统状况不好，产品携带和设备泄漏。

8. 装置注碱的主要目的是降低装置的酸值，避免糠醛氧化。（√）

9. 原料含甲苯、丁酮量过大，对操作无影响。（×）

正确答案：原料含甲苯、丁酮量过大，对操作影响很大。

10. 装置回收系统采用多效蒸发技术，可减少糠醛消耗。（×）

正确答案：装置回收系统采用多效蒸发技术，主要是提高装置的余热利用率，降低加热炉负荷。

11. 抽提塔结焦，对抽提操作无影响。（×）

正确答案：抽提塔结焦，对抽提操作有影响。

12. 精液汽提塔塔盘脱落对操作无影响。（×）

正确答案：精液汽提塔塔盘脱落对操作影响很大。

13. 高压蒸发塔顶醛气与汽包水换热的换热器漏，糠醛干燥塔进料温度升高。（×）

正确答案：高压蒸发塔顶醛气与汽包水换热的换热器漏，糠醛干燥塔进料温度降低。

14. 停汽包后干燥塔进料温度过高，对操作无影响。（×）

正确答案：停汽包后干燥塔进料温度过高，对操作影响很大。

15. 糠醛干燥塔底温度过低，糠醛含水量降低。（×）

正确答案：糠醛干燥塔底温度过低，糠醛含水量增加。

16. 醛水分离罐发生乳化时，溶液分离罐分层不好。（√）

17. 溶剂精制的原料储存时间越长，越容易加工。（×）

正确答案：溶剂精制的原料储存时间越长，容易发生氧化变质，不利于加工。

18. 加热炉辐射室外壁温度升高，加热炉效率降低。（√）

19. 加热炉对流室炉管表面结垢积灰严重时，容易使炉膛产生正压。（√）

20. 汽提塔携带油量增加，醛水分离罐油量增加。（√）

21. 对流室压降过大，会造成入炉空气量降低。（√）

22. 加热炉露点腐蚀与烟气的排放温度和组成无关。（×）

正确答案：加热炉露点腐蚀与烟气的排放温度和组成有关。

23. 降低瓦斯中的硫元素含量可减轻加热炉的露点腐蚀。（√）

24. 精液汽提塔超负荷严重时会造成塔盘冲翻。（√）

25. 精液汽提塔顶温度低时，会造成塔顶真空度降低。（×）

正确答案：精液汽提塔顶温度高时，会造成塔顶真空度降低。

26. 精液汽提塔汽提段与闪蒸段分开，汽提段气相负荷提高。（×）

正确答案：精液汽提塔汽提段与闪蒸段分开，汽提段气相负荷减低。

27. 高压蒸发塔顶压控阀放在换热器后，使高压蒸发塔顶保持较高的压力，使糠醛气体在较高的温度下冷凝。（√）

28. 抽提塔温度梯度增大，塔的处理能力增加。（×）

正确答案：抽提塔温度梯度增大，抽提塔的处理能力降低。

29. 液面计不属于压力容器附件。(×)

正确答案：液面计属于压力容器附件。

30. 沉筒式液位计采用的是阿基米德原理。(√)

31. 橡胶石棉垫片属于非金属垫片类。(√)

32. 除煤矿外，其他爆炸性气体环境用电器设备均属于Ⅱ类。(√)

33. 椭圆齿轮流量计对被测流体的黏度变化敏感，适合于测量低黏度的流体。(×)

正确答案：椭圆齿轮流量计对被测流体的黏度变化不敏感，适合于测量高黏度的流体，甚至糊状的流体。

34. 抽提塔压力与精液炉两组进料量串级调节时，副调节器是由精液炉两组进料量两个回路组成，通过调节精液炉进料两个分支流量达到对抽提塔压力控制。(√)

35. 孔板流量计常用的取压方式有角接取压法和法兰取压法。(√)

36. 简单控制系统是生产过程中最常见，应用最广泛，数量最多的控制系统。(√)

37. 选择电机类型应根据设计能力和应用环境去选择。(√)

38. 启动仪表三组阀的顺序为，打开正压阀、关闭平衡阀、打开负压阀。(√)

39. 检查测量转子的各部圆跳动和间隙，必要时做动平衡效验是离心泵大修的内容之一。(√)

40. 测量及调整汽、液缸的同轴度是蒸汽往复泵的大修内容之一。(√)

41. 安全阀安装时，排泄管内径应小于安全阀出口通径。(×)

正确答案：安全阀安装时，排泄管内径应大于安全阀出口通径。

42. 二氧化碳灭火剂适于扑灭金属火灾。(×)

正确答案：二氧化碳灭火剂不适于扑灭金属火灾。

43. 选择泵的型号后还要计算它的扬程和流量。(×)

正确答案：选择泵的型号后还要计算它的轴功率和驱动功率。

44. 修理或更换燃烧器属于加热炉大修项目之一。(√)

45. 检修堵盲板时，盲板不用编号。(×)

正确答案：检修堵盲板时，盲板必须有统一的编号。

46. 机泵采用机械密封与填料密封相比较轴套磨损加重。(×)

正确答案：机泵采用机械密封与填料密封相比较轴套磨损减轻。

47. 结合装置检修，塔的检修周期一般为1~2年。(×)

正确答案：结合装置检修，塔的检修周期一般为3~6年

48. 高压醛气与发汽换热的换热器发生内漏时，会造成高压蒸发塔顶压力降低。(×)

正确答案：高压醛气与发汽换热的换热器发生内漏时，会造成高压蒸发塔顶压力增大。

49. 加热炉炉管结焦，炉管内径减小，阻力变小。(×)

正确答案：加热炉炉管结焦，炉管内径减小，阻力增大。

50. 加热炉炉管爆管，容易造成炉内产生负压。(×)

正确答案：加热炉炉管爆管，容易造成炉内产生正压。

51. 压力用精液炉两组进料量控制的抽提塔结焦严重时，对界面无影响。(×)

正确答案：压力用精液炉两组进料量控制的抽提塔结焦严重时，会造成界面控制失灵，造成界面升高。

52. 精液汽提塔盘结焦严重，会造成塔顶携带油量降低。 (×)

正确答案：精液汽提塔盘结焦严重，会造成塔顶携带油量增加。

53. 汽包丝网分离器丝网脱落，对发汽系统的操作无影响。 (×)

正确答案：汽包丝网分离器丝网脱落，会造成自发蒸汽质量变差。

54. 水环式真空泵带液是因为精、废液汽提塔吹汽量过小造成的。 (×)

正确答案：水环式真空泵带液是因为精、废液汽提塔吹汽量过大造成的。

55. 精液汽提塔塔盘脱落原因之一是由于塔内吹汽量过大。 (√)

56. 精液汽提塔顶带油与塔液面高低无关。 (×)

正确答案：精液汽提塔液面过高时，会造成塔顶带油量增加。

57. 废液汽提塔顶带油是由塔吹汽量小造成的。 (×)

正确答案：废液汽提塔顶带油是由塔吹汽量过大造成的。

58. 停仪表风后，各部仪表控制失灵。 (√)

59. 气动调节阀动作不稳定说明阀运行正常。 (×)

正确答案：说明控制阀或控制回路有问题。

60. 加热炉上对流炉管结垢，对上对流炉管换热无影响。 (×)

正确答案：影响上对流炉管换热效果。

61. 燃料气中断，对精废液系统回收糠醛无影响。 (×)

正确答案：燃料气中断，对精废液系统的糠醛回收。

62. 高压蒸发塔顶换热器结焦，高压蒸发塔压力升高。 (√)

63. 瓦斯带油严重时，炉膛发暗，烟囱冒黑烟。 (√)

64. 加热炉烟道挡板卡死，会造成火焰熄灭。 (√)

65. 高压蒸发塔顶馏出线发生火灾是糠醛气体泄漏温度达到自燃点着火或遇明火发生火灾。 (√)

66. 高压蒸发塔顶醛气与发汽换热器漏需停用时，应将糠醛干燥塔七层回流投用。 (√)

67. 停高压醛气与发汽换热器时，降量是为了降低发汽系统的热负荷。 (√)

68. 加热炉炉管结焦严重时，应降量维持生产。 (×)

正确答案：应停工烧焦或更换炉管。

69. 汽包丝网分离器丝网轻微脱落时，可以将汽包液面稍偏低控制，尽量减少发汽带水。 (√)

70. 正常生产中，真空泵带液会影响系统真空度，必须查明原因及时处理。 (√)

71. 正常生产中，抽提塔人孔泄露严重时，必须将装置转原料循环对泄露人孔进行处理。 (√)

72. 吹汽量过大造成精液汽提塔顶带油，必须将吹汽阀关闭。 (×)

正确答案：必须将吹汽量降至工艺指标之内。

73. 气动调节伐阀卡会造成液面控制波动。 (√)

74. 瓦斯中断后，应紧急停工。 (×)

正确答案：将精、废油转循环，据情况改烧油。

75. 高压蒸发塔顶换热器轻微结焦时，应降量生产。 (√)

76. 事故按照造成后果大小分为：一般事故、重大事故、特大事故。 (√)

单选题

1. 加热炉大修更换衬里后交工验收时应提供的技术资料为(C)。

A. 衬里施工方案　　B. 烘炉方案　　C. 烘炉曲线　　D. 衬里施工网络图

2. 烘炉在 100 ~ 130℃恒温是为了 (A)。

A. 脱去衬里自然水　　B. 脱去衬里结晶水　C. 将衬里烧结　　D. 更好的闷炉

3. 减压设备试压为(A)MPa，同时抽真空实验保持 2h。

A. 0.2　　B. 0.4　　C. 0.5　　D. 0.6

4. 新建装置水运时间不得低于 (B)h。

A. 2　　B. 4　　C. 6　　D. 8

5. 装置开工网络图应具备的基本要素有(B)。

A. 启动时间　　B. 进程　　C. 终止时间　　D. 接点

6. 相同条件下，N – 甲基吡咯烷酮、苯酚、糠醛的溶解能力比较中，下列关系式正确的是(A)。

A. N – 甲基吡咯烷酮 > 苯酚 > 糠醛　　B. N – 甲基吡咯烷酮 > 糠醛 > 苯酚

C. 苯酚 > N – 甲基吡咯烷酮 > 糠醛　　D. 糠醛 > 苯酚 > N – 甲基吡咯烷酮

7. 在润滑油反序生产中，随着原料脱蜡深度加深，在操作条件不变的情况下，产品的黏温性(B)。

A. 提高　　B. 降低　　C. 不变　　D. 无法确定

8. 装置脱水不完全时，蒸发塔顶压力(A)。

A. 提高　　B. 降低　　C. 不变　　D. 无法确定

9. 真空管线泄漏，系统真空度(B)。

A. 上升　　B. 下降　　C. 不变　　D. 无法确定

10. 控制好加热炉出口温度，避免炉温忽高忽低可以(C)糠醛损失。

A. 提高　　B. 不变　　C. 降低　　D. 无法确定

11. 萃取过程中，分配系数越大，非理想组分在提取液中的浓度 Y 值(C)。

A. 越小　　B. 不变　　C. 越大　　D. 无关

12. 溶剂精制采用的溶剂对润滑油馏分的理想组分的溶解度要(B)。

A. 高　　B. 低　　C. 一般　　D. 无关

13. 装置酸值过大，糠醛消耗(A)。

A. 大　　B. 小　　C. 不变　　D. 无关

14. 装置注碱的目的是(C)。

A. 提高抽提效果　　B. 降低能量消耗

C. 控制装置酸值　　D. 提高汽提塔分离效果

15. 加热炉露点腐蚀的主要部位是(A)。

A. 对流室上部　　B. 对流室中部　　C. 对流室下部　　D. 辐射室

16. 原料含苯、甲苯、丁酮，装置携带油会(B)。

A. 减少　　B. 增加　　C. 不变　　D. 无法确定

17. 废液系统采用三效蒸发与两效相比较，装置能耗(A)。

A. 降低　　B. 增加　　C. 不变　　D. 无法确定

18. 抽提塔结焦，塔压力（ A ）。

A. 升高　　B. 降低　　C. 不变　　D. 无法确定

19. 精液汽提塔塔盘脱落，会造成塔顶温度（ A ）。

A. 升高　　B. 降低　　C. 不变　　D. 无法确定

20. 高压醛气与发汽换热的换热器漏，会造成糠醛干燥塔顶压力（ A ）。

A. 升高　　B. 降低　　C. 不变　　D. 无法确定

21. 停汽包时，打糠醛干燥塔七层回流是为了（ A ）。

A. 降低塔底温度　　B. 提高塔顶压力　　C. 提高塔底温度　　D. 提高塔顶温度

22. 糠醛干燥塔塔底温度过低，会造成干燥效果（ A ）。

A. 变差　　B. 变好　　C. 不变　　D. 无法确定

23. 醛水分离罐发生乳化时，水溶液汽提塔底排水含醛量会（ A ）。

A. 增加　　B. 减少　　C. 不变　　D. 无法确定

24. 在抽提条件一定时，原料馏分变宽，精制油的质量会（ B ）。

A. 提高　　B. 降低　　C. 不变　　D. 无法确定

25. 炉管结焦，加热炉热效率会（ B ）。

A. 提高　　B. 降低　　C. 不变　　D. 无法确定

26. 对流室炉管结垢积灰，排烟温度会（ A ）。

A. 提高　　B. 降低　　C. 不变　　D. 无法确定

27. 汽提塔携带油增加，精制油的收率会（ B ）。

A. 提高　　B. 降低　　C. 不变　　D. 无法确定

28. 对流室压降大的原因有（ C ）。

A. 进料温度低　　B. 进料温度高

C. 对流室炉管表面结垢　　D. 炉子负荷过小

29. 提高加热炉排烟温度，加热炉露点腐蚀会（ B ）。

A. 提高　　B. 降低　　C. 不变　　D. 无法确定

30. 随着烟汽中二氧化硫含量增加，加热炉露点温度会（ A ）。

A. 提高　　B. 降低　　C. 不变　　D. 无法确定

31. 精液汽提塔吹气量大，塔顶真空度会（ A ）。

A. 降低　　B. 升高　　C. 不变　　D. 与此无关

32. 精液汽提塔闪蒸段与汽提段分开，汽提段负荷会（ B ）。

A. 增加　　B. 降低　　C. 不变　　D. 无关

33. 抽提塔理论段数越高，精制油收率越（ B ）。

A. 低　　B. 高　　C. 不变化　　D. 无关

34. 高压蒸发塔顶压控阀放在换热器后使换热器的传热温差（ A ）。

A. 增加　　B. 降低　　C. 不变化　　D. 无关

35. 塔板开孔率是塔板（ C ）与塔截面积之比。

A. 开孔数量　　B. 孔密度　　C. 开孔总面积　　D. 单孔面积

36. 抽提塔温度梯度增大，抽提塔内回流增加，塔的实际负荷（ C ）。

A. 降低　　B. 不变　　C. 增加　　D. 无关

37. 停工塔开人孔的顺序为（ A ）。

A. 自上而下　　B. 自下而上　　C. 从中间打开　　D. 无关

38. 压力容器的安全附件按其使用性能或用途可将压力容器的安全附件分为(D)大类。

A. 一　　B. 二　　C. 三　　D. 四

39. 下列液位计采用变浮力原理的是（ C ）。

A. 浮球式液位计　　B. 浮标式液位计

C. 沉筒式液位计　　D. 都不是

40. 法兰垫片按材料分可分为(B)大类。

A. 2　　B. 3　　C. 5　　D. 6

41. 电机防爆标志中“d”代表(B)。

A. 电动机　　B. 隔爆型　　C. 增安型　　D. 正压型

42. 椭圆齿轮流量计属于(C)。

A. 涡轮流量计　　B. 电磁流量计　　C. 容积式流量计　　D. 超声流量计

43. 下列元件是椭圆齿轮流量计主要测量元件的是(B)。

A. 壳体　　B. 椭圆齿轮　　C. 上盖　　D. 下盖

44. 抽提塔压力与精液炉两组进料量串级调节时，主变量是(A)。

A. 抽提塔的压力　　B. 精液炉两组分支流量

C. 塔底废液流量　　D. 都不是

45. 孔板流量计是利用流体经节流装置时产生的(B)实现流量测量的。

A. 温差　　B. 压力差　　C. 流量差　　D. 无关

46. 简单的仪表控制是指由(C)所构成的单闭环控制系统。

A. 一个被控对象、一个调节器、

B. 一个被控对象、一个变送器、一个调节器

C. 一个被控对象、一个变送器

47. 在潮湿的环境中应选用(C)结构电机。

A. 开启式　　B. 防护式　　C. 封闭式　　D. 管道通风式

48. 启动仪表三组阀的顺序为(C)。

A. 打开正压阀、打开负压阀、关闭平衡阀

B. 关闭平衡阀、打开正压阀、打开负压阀

C. 打开正压阀、关闭平衡阀、打开负压阀

D. 打开负压阀、打开正压阀、关闭平衡阀

49. 离心泵的小修内容有(D)。

A. 解体检查各部零部件的磨损、腐蚀

B. 检查并校正泵轴的直线度

C. 测量并调整转子的轴向串动量

D. 检查冷却水、润滑等系统

50. 蒸汽往复泵的小修内容是(A)。

A. 更换填料　　B. 更换配汽活塞

C. 测量及调整汽、液缸的同轴度　　D. 更换配汽拉杆、错汽板

51. 安全阀安装时，排泄管内径应(C)安全阀出口通径。

A. 小于　　B. 等于　　C. 大于　　D. 无关

52. 适用扑救金属火灾的灭火器有(A)。

A. 7150 灭火器　　B. 普通干粉灭火器

C. 蛋白泡沫灭火器　　D. 二氧化碳灭火器

53. 气动膜执行机构作用有(B)形式。

A. 定位器作用　　B. 正反作用　　C. 平衡作用　　D. 受压作用

54. 离心泵的单级扬程一般在(C)m。

A. 10~50　　B. 20~100　　C. 20~200　　D. 30~400

55. 加热炉大修的周期为(B)。

A. 1 年　　B. 2~3 年或与装置检修同步

C. 5~6 年　　D. 无法确定

56. 机泵采用机械密封与填料密封相比，摩擦功率(A)。

A. 降低　　B. 不变　　C. 增加　　D. 无关

57. 抽提塔停工时，塔内发生自燃着火是由于(B)引起的。

A. 糠醛自燃　　B. 焦质自燃

C. 焦质中的硫化铁自燃　　D. 无关

58. 烟气露点腐蚀主要部位有(B)。

A. 辐射室炉管　　B. 对流管外部　　C. 对流室炉壁板　　D. 对流管内部

59. 加热炉管烧焦时，炉膛温度不超过(C)℃。

A. 400　　B. 500　　C. 650　　D. 700

60. 高压醛气与发汽换热的换热器发生内漏时，会造成高压蒸发塔顶压力(B)。

A. 降低　　B. 增大　　C. 无关　　D. 没有变化

61. 加热炉炉管结焦，炉膛温度(B)。

A. 降低　　B. 升高　　C. 不变　　D. 无关

62. 加热炉炉管爆管，会造成加热炉炉膛压力(B)。

A. 降低　　B. 升高　　C. 不变　　D. 无关

63. 压力用精液炉两组进料量控制的抽提塔结焦严重时，会造成抽提塔界面(B)。

A. 降低　　B. 升高　　C. 不变　　D. 无关

64. 精液汽提塔盘结焦严重时，汽提塔顶携带油量(A)。

A. 增加　　B. 减少　　C. 不变　　D. 无关

65. 汽包丝网分离器丝网脱落严重时，自发蒸汽含水量 (B)。

A. 降低　　B. 提高　　C. 波动　　D. 不变

66. 真空泵带液，系统真空度 (A)。

A. 下降　　B. 上升　　C. 一样　　D. 无关

67. 精液汽提塔塔盘脱落，塔顶携带油量（ A ）。

A. 增加　　B. 降低　　C. 不变　　D. 无关

68. 精液汽提塔顶带油，塔顶冷却器出口温度（ C ）。

A. 不变　　B. 降低　　C. 升高　　D. 无关

69. 废液汽提塔顶带油，醛水分离罐湿醛质量（ B ）。

A. 提高　　B. 降低　　C. 不变　　D. 无关

70. 停仪表风后，风开阀（ A ）。

A. 关闭　　B. 全开　　C. 不变　　D. 无关

71. 加热炉上对流炉管结垢，烟气排烟温度（ A ）。

A. 升高　　B. 降低　　C. 不变　　D. 无关

72. 燃料气中断，精液汽提塔进料温度（ B ）。

A. 升高　　B. 降低　　C. 不变　　D. 无关

73. 高压蒸发塔顶换热器结焦，换热器壳体温度（ C ）。

A. 降低　　B. 不变　　C. 升高　　D. 无关

74. 瓦斯带油时瓦斯组分（ A ）。

A. 变重　　B. 变轻　　C. 不变化　　D. 无关

75. 烟道挡板卡死（ A ）。

A. 加热炉氧含量回零　　B. 加热炉氧含量下降

C. 加热炉氧含量升高　　D. 无变化

76. 高压蒸发塔顶发生火灾是因为（ A ）引起的。

A. 塔超温、超压　　B. 法兰泄漏出醛气

C. 管线泄漏出醛气　　D. 施工质量

77. 加热炉炉管结焦严重时，（ B ）。

A. 应降量维持生产　　B. 应停工检修炉管

C. 应满负荷生产　　D. 应重点加强对加热炉炉管的检查

78. 汽包丝网分离器丝网脱落加热炉中对流出、入口温度过低时，（ C ）。

A. 将汽包液面低液面控制　　B. 降量维持生产

C. 联系抢修汽包防冲网　　D. 无关

79. 真空罐底部馏出线堵塞导致真空罐满造成真空泵带液时，应（ C ）。

A. 降低汽提塔的液面

B. 降低汽提塔的吹汽量

C. 用蒸汽将真空罐底部馏出线处理通

D. 调整好汽提塔顶冷却器的出口温度

80. 抽提塔人孔泄漏严重时，应将装置（ A ）进行处理。

A. 转原料循环　　B. 正常生产　　C. 降量生产　　D. 无关

81. 精液汽提塔吹汽带水造成塔顶带油，应（ C ）。

A. 降量　　B. 将吹汽阀关闭

C. 查明吹汽带水原因，及时消除带水　　D. 提高进料温度

82. 废液汽提塔超负荷使塔液面过高造成塔顶带油，应（ A ）。

A. 降量　　B. 降低吹汽量　　C. 提高吹汽量　　D. 降低塔液面

83. 停仪表风时，加热炉温度控制阀采用风开阀应用(A)。

A. 侧线控制　　B. 前阀控制

C. 泵出口阀控制　　D. 泵入口阀控制

84. 长时间停瓦斯时，将装置（ C ）。

A. 降量　　B. 转精废液循环

C. 转原料循环加热炉改烧油　　D. 紧急停工

85. 高压蒸发塔顶换热器结焦严重时，应(D)。

A. 降量生产　　B. 降量将换热器检修

C. 降低加热炉出口温度　　D. 停工检修换热器

86. 一般事故是指一次直接经济损失在(C)万元以下。

A. 10　　B. 20　　C. 30　　D. 50

多选题

1. 设备试压的目的主要是检验设备的（ A，B ）是否符合生产要求。

A. 严密性　　B. 机械强度　　C. 内部施工质量　　D. 安全设施

2. 新建水运装置是为了（ A，B，C ）。

A. 冲洗管线，设备　　B. 检查工艺管线是否畅通合理

C. 检验机泵、仪表性能　　D. 检查设备管线泄漏

3. 相同条件下，*N*－甲基吡咯烷酮与苯酚、糠醛相比较，下列说法正确的是(A，B，C)。

A. 溶解度最大　　B. 对原料的适应性最好

C. 化学热稳定性最好　　D. 选择性最好

4. 在润滑油反序生产中，随着原料脱蜡深度变浅，在操作条件不变的情况下，精制油的(B，D)。

A. 产品收率降低　　B. 产品收率提高

C. 黏度指数降低　　D. 黏度指数升高

5. 装置脱水不完全，加热炉(A，B)。

A. 出口温度波动大　　B. 进料量波动大

C. 出口温度上升　　D. 进料量增大

6. 真空罐满会造成(ABD)。

A. 真空系统带液　　B. 系统真空度降低

C. 系统真空度升高　　D. 真空泵入口温度升高

7. 下列选项中会造成装置溶剂损失增加的有(A，B，C)。

A. 精、废油含溶剂量增大　　B. 水溶剂汽提塔排水含溶剂超标

C. 冷换设备泄漏　　D. 溶剂干燥不完全

8. 萃取速度与浓度差成正比，增加浓度差可以提高萃取速度，增加浓度差的方法有(A，B)。

A. 提高溶剂比　　B. 采用逆流抽提　　C. 降低溶剂比　　D. 无法确定

9. 溶剂精制采用的溶剂要求(A，B，D)。

A. 在操作条件下稳定

B. 溶剂与原料密度差要大

C. 沸点要高

D. 对润滑油馏分中非理想组分的溶解能力要强

10. 影响装置溶剂消耗的原因包括(A，B，C)。

A. 精、废液汽提塔回收不好，塔底精制油与抽出油含溶剂量增加

B. 溶剂冷却器泄漏

C. 溶剂泵泄漏

D. 水溶剂罐含溶剂过多

11. 装置注碱量是否合适，可通过(A，C)情况判定。

A. 装置 pH 值　　B. 装置结焦情况　　C. 装置酸值　　D. 产品质量

12. 溶剂回收采用多效蒸发可以(A，B，D)。

A. 降低装置能耗　　B. 充分利用热源，提高热量回收率

C. 提高加热炉效率　　D. 降低加热炉负荷

13. 抽提塔结焦严重时，会造成抽提塔(A，C)。

A. 界面上升　　B. 界面下降

C. 糠醛平衡破坏　　D. 塔压力下降

14. 精液汽提塔塔盘脱落，会造成(A，B，C)。

A. 精液汽提塔塔底精油含醛量增加

B. 精液汽提塔的分离效果变差

C. 精液汽提塔顶温度升高

D. 精液汽提塔塔顶真空度升高

15. 高压醛气与发汽换热的换热器漏，会造成(A，B)。

A. 蒸发塔顶压力升高　　B. 干燥塔顶压力升高

C. 蒸发塔顶压力降低　　D. 干燥塔顶压力降低

16. 停汽包时，应将(A，B，C)。

A. 干燥塔七层回流投用　　B. 汽包出口补汽

C. 将发汽换热器走侧线　　D. 干燥塔一层回流停用

17. 糠醛干燥塔底温度过低会造成(A，B，D)。

A. 塔底糠醛带水　　B. 糠醛干燥效果变差

C. 塔液面降低　　D. 抽提塔带水

18. 醛水分离发生乳化时，会出现(A，B，D)。

A. 醛水、油分离效果差　　B. 水溶液含醛量增加

C. 水溶液含醛量降低　　D. 水溶液含油量增加

19. 在精制生产中，会造成精制油质量变差的原因有(A，B)。

A. 溶剂比过小　B. 抽提温度过低　C. 溶剂比过大　D. 抽提温度过高

20. 加热炉对流室压降过大时，会造成加热炉(A，B)。

A. 入炉空气量不足　　B. 燃烧不完全

C. 负压升高　　D. 无关

21. 精液汽提塔塔盘翻是因为(B，C)造成的。

A. 塔液面过高　　B. 塔内气相负荷过大

C. 塔盘安装质量差　　D. 塔内真空度过高

22. 精液汽提塔(A，B，C)会造成真空度降低。

A. 塔顶冷却器温度过高　　B. 塔超负荷

C. 塔液面过高　　D. 吹气量过小

23. 精液汽提塔汽提段与闪蒸段分开(A，C)。

A. 精液汽提塔汽提段负荷减少　　B. 精液汽提塔汽提段负荷增加

C. 醛水分离罐湿醛量减少　　D. 醛水分离罐湿醛量增加

24. 抽提塔温度梯度增大时，抽提塔（ A，C ）。

A. 内回流增大　B. 实际负荷降低　C. 流体湍动增加　D. 无关

25. 压力容器安全附件有（ A，C，D ）。

A. 压力容器封头　B. 液面计　C. 压力表　D. 安全阀

26. 法兰垫片按材料分有哪几类(A，B，C)。

A. 非金属垫片　　B. 复合密封垫片

C. 金属密封垫片　　D. 都不是

27. 电器设备国家标准分为(A，B)。

A. Ⅰ类　B. Ⅱ类　C. Ⅲ类　D. Ⅳ类

28. 下列是椭圆齿轮流量计构件的有(A，B，C)。

A. 计数机构　　B. 轴向密封轴联器

C. 壳体　　D. 出、入口管线

29. 串级控制系统特点有(A，B，C)。

A. 有两个或两个以上控制回路　　B. 有一个控制回路

C. 克服滞后，提高控制质量　　D. 改善对象的特性

30. 孔板流量计角接取压法包括(B，C)。

A. 法兰取压法　B. 环室取压法　C. 单孔取压法　D. 管接取压法

31. 选电机的电压选择(A，B)。

A. 160kW 以下选用交流电 380V　　B. 160kW 以上选用交流电 6000V

C. 交流电 110V　　D. 交流电 220V

32. 仪表三组阀包括(A，B，C)。

A. 正压阀　B. 平衡阀　C. 负压阀　D. 都不是

33. 离心泵的大修内容有(A，B，C，D)。

A. 解体检查各部零部件的磨损、腐蚀　　B. 检查并校正泵轴的直线度

C. 测量并调整转子的轴向串动量　　D. 离心泵做动平衡校验

34. 蒸汽往复泵的大修内容有(A，B，C，D)。

A. 包括小修项目　　B. 更换配汽活塞

C. 测量及调整汽、液缸的同轴度　　D. 更换配汽拉杆、错汽板

35. 安全阀安装的注意事项有(A，B，C，D)。

A. 安全阀应垂直安装在容器与管道气相界面处

B. 排泄管内径应大于安全阀出口通径

C. 排泄管不得安装阀门

D. 新装安全阀应有合格证，安装前应进行复校

36. 适用于带电火灾的灭火剂有(A，C)。

A. 普通干粉灭火剂　　B. 蛋白泡沫灭火剂

C. 二氧化碳灭火剂　　D. 水

37. 气动薄膜调节阀的组成有(A，B)。

A. 气动薄膜执行机构　　B. 阀体

C. 定位器　　D. 转换器

38. 离心泵的主要参数有(A，B，C，D)。

A. 扬程　　B. 流量　　C. 功率　　D. 效率

39. 离心泵气蚀现象有(B，C，D)。

A. 噪声小　　B. 叶轮进口附近压强低

C. 引起响声和振动　　D. 振动频率是泵运转频率的几倍

40. 加热炉大修的内容有(B，C，D)。

A. 清扫瓦斯或油枪

B. 清洗加热炉上对流钉头管结垢或积灰

C. 修理或更换燃烧器

D. 修补或更换对流室、辐射室、烟道等部位的炉墙及衬里

41. 停工检修抽堵盲板时，应(A，B，C，D)。

A. 做好记录　　B. 绘制盲板图　　C. 有统一的编号　D. 有专人负责

42. 机泵机械密封与填料密封相比较的优点有(A，B，C)。

A. 泄漏量小　　B. 使用寿命长

C. 摩擦消耗功率低　　D. 结构简单

43. 塔的检修内容有(A，B，C，D)。

A. 检查修理或更换塔盘

B. 检查修理或更换塔内构件

C. 检查修理分配器、集油箱、喷淋装置和除沫器等部件

D. 检查校验安全附件

44. 溶剂精制装置的腐蚀介质主要有(B, C, D)。

A. 单乙醇胺　B. 烟气中的 SO_2, SO_3

C. 油中含硫的硫腐蚀　D. 糠醛的氧化或糠酸的腐蚀

45. 高压醛气与发汽换热的换热器发生内漏时，会造成(A, B, D)。

A. 高压蒸发塔压力升高　B. 高压蒸发塔蒸发量降低

C. 高压蒸发塔温度降低　D. 糠醛干燥塔进料温度降低

46. 加热炉炉管结焦，(B, C)。

A. 炉膛温度降低　B. 炉膛温度升高

C. 炉出口温度降低　D. 炉出口温度升高

47. 加热炉炉管爆管，会造成加热炉(A, C, D)。

A. 炉膛不明亮　B. 炉膛负压升高　C. 炉膛产生正压　D. 烟囱冒黑烟

48. 压力用精液炉两组进料量控制的抽提塔结焦严重时，会造成(A, D)。

A. 精液量增大　B. 精液量降低　C. 废液量增大　D. 废液量降低

49. 精液汽提塔盘结焦严重时，塔顶 (B, C)。

A. 携带油量降低　B. 携带油量增加　C. 温度降低　D. 温度升高

50. 汽包丝网分离器丝网脱落，会造成加热炉中对流过热蒸汽(B, D)。

A. 入口温度升高　B. 入口温度降低

C. 出口温度升高　D. 出口温度降低

51. 真空泵带液，(A, B, C)。

A. 真空泵入口真空度降低　B. 真空泵排水带油或带醛

C. 真空泵入口温度升高　D. 系统真空度升高

52. 精液汽提塔塔盘脱落是由于 (A, B, C)。

A. 塔吹汽量过大　B. 施工质量不好

C. 塔长时间超负荷　D. 塔盘开孔率过大

53. 精液汽提塔顶带油时，会造成 (B, C)。

A. 塔顶温度降低　B. 塔顶温度升高

C. 醛水分离罐携带油量增加　D. 醛水分离罐携带油量减少

54. 废液汽提塔顶带油，(B, C)。

A. 塔顶冷却器出口温度降低　B. 塔顶冷却器出口温度升高

C. 醛水分离罐湿醛颜色变深　D. 醛水分离罐湿醛颜色变浅

55. 停仪表风后，加热炉 (A, C)。

A. 炉膛温度降低　B. 炉膛温度升高　C. 火嘴熄火　D. 火嘴继续燃烧

56. 气动调节阀常见故障为(A, B, C, D)。

A. 阀不动作　B. 阀动作迟缓　C. 阀震动有鸣声　D. 阀漏量大

57. 加热炉上对流钉头管结垢，(A, C)。

A. 加热炉负压降低　B. 加热炉负压升高

C. 加热炉供风量不足　D. 加热炉供风量充足

58. 燃料气中断，加热炉（B，D）。

A. 炉膛温度升高　　B. 炉膛温度降低

C. 炉出口温度升高　　D. 炉出口温度降低

59. 高压蒸发塔顶换热器壳程结焦严重时，会造成（A，B，D）。

A. 高压蒸发塔压力升高　　B. 高压蒸发塔蒸发量降低

C. 高压蒸发塔温度降低　　D. 高压蒸发塔顶换热器传热效果变差

60. 瓦斯带油时，（A，C）。

A. 加热炉氧含量降低　　B. 加热炉氧含量升高

C. 加热炉负压降低　　D. 加热炉负压升高

61. 烟道挡板卡死（A，B）。

A. 炉膛温度降低　　B. 炉出口温度降低

C. 炉膛温度升高　　D. 炉出口温度升高

62. 高压蒸发塔顶馏出线发生火灾的处理办法（A，B，D）。

A. 加热炉紧急降温，装置按紧急停工处理

B. 切断进料并将塔内介质抽净

C. 通入蒸汽

D. 在条件允许情况下用蒸汽稀释和扑灭火灾并报警

63. 高压蒸发塔顶醛气与发汽换热器漏停用时，应（A，B，C）。

A. 降量、将糠醛干燥塔七层回流投用

B. 汽包出口补汽，汽包进水阀、出口阀关闭

C. 将高压发汽换热器停用

D. 将装置转原料循环

64. 加热炉炉管结焦不太严重时，（A，D）。

A. 应降量维持生产　　B. 应停工检修炉管

C. 应满负荷生产　　D. 应重点加强对加热炉炉管的检查

65. 脱气塔液控阀失灵导致塔满造成真空泵带液时，应（A，C，D）。

A. 将液控制阀改侧线控制并联系修理

B. 将抽提塔进料量提高

C. 将脱气塔吹汽阀关闭

D. 将脱气塔进料泵停运液面下来后再进料

66. 精液汽提塔进料超负荷造成塔顶带油，应（B，D）。

A. 降低吹汽量　　B. 降低装置处理量

C. 加大塔顶一层回流量　　D. 将塔底液面控制阀侧线阀打开

67. 停仪表风时，（A，D）。

A. 风开阀应开侧线控制　　B. 风开阀应用控制阀前阀控制

C. 风关阀应开侧线控制　　D. 风关阀应用控制阀前阀控制

68. 气动调节伐阀行程不够造成气动调节阀漏量大，（A，B）。

A. 将控制阀停用修理　　B. 将控制阀阀芯调整

C. 将控制阀前阀控制　　D. 将控制阀后阀控制

69. 长时间的死机应采取的措施是（ C，D ）。

A. 正常生产　　B. 原料循环　　C. 紧急停工　　D. 无关

70. 事故按照造成后果大小分为（ B，C，D ）。

A. 小事故　　B. 一般事故　　C. 重大事故　　D. 特大事故

简答题

1. 简述烘炉主要步骤。

答：①烘炉前的检查、确认(施工质量及附件)。②转好烘炉流程。③通蒸汽暖炉。④加热炉点火，按烘炉升温曲线升至 100～130℃，恒温脱除衬里的自然水分。⑤继续升温至 300℃左右，恒温脱除结晶水。⑥继续升温至 500℃左右，恒温进行烧结。⑦降温、熄火、闷炉后，烘炉结束。

2. 简述试压方案的注意事项。

答：①用蒸汽试压时，试压的压力为操作压力的 1.5 倍，用水试压时，减压设备试压为 0.2MPa。②管道试压时，从流程始端通入试压介质，末端排净空气后关闭伐门试压。③设备试压时必须在高点排空见汽后方可升压。④升压要缓慢，升至实验压力后保持 5min，降至操作压力，检查焊口、人孔、法兰、热电，压力表导管处有无泄漏，设备有无变形、裂纹。⑤减压完毕放净试压介质。⑥试压时将安全阀停用(打盲板)压力表选择适宜。⑦试压前应根据试压方案改好试压流程。

3. 简述水运方案的主要步骤。

答：①引动力至装置。②联系电工、仪表、钳工、使各机泵处于待运状态，仪表和 DCS 系统全部投用。③将机泵入口全部接装好过滤网。④转好水运流程。⑤启动泵抽水进行水运。⑥水运 4h 以上，同时检查各机泵，仪表使用性能符合生产要求，然后将水运停，放净存水，拆除过滤网。

4. 简述装置开车的条件确认。

①检修的管线设备全部安装好，盲板全部拆除。②管线、设备试压合格。③加热炉附件完好，火嘴全部安装好。④各部液面计、安全阀、压力表全部投用，电偶完好。⑤DCS 系统及现场仪表全部连接好、投用。⑥工艺接地、消防设施完好。⑦各机泵完好，处于待运状态。⑧各动力引入装置。⑨转好开车流程。

5. 简述开车方案的编写注意事项。

①装置收油不能过多，防止满塔。②炉温升温要缓慢，搞好装置物料平衡，防止机泵抽空。③装置脱水必须完全。④装置脱水完全后，检查仪表、设备运转正常，各部流量稳定，无泄漏，方可继续升温。⑤当加热炉出口温度升至指标后，检查仪表、设备运转正常，各部流量稳定、无泄漏方可转精、废液循环。⑥转精、废液循环时要注意阀门开关顺序，防止抽提塔憋压。⑦精、废液汽提塔汽提时严禁蒸汽带水。⑧转精、废液循环后要及时调整好操作条件。

6. 简述装置开工时对外联系的主要内容。

①联系调度确定开工时间和油品。②联系引冷却水。③联系引 1.0MPa 水蒸气。④联系引压缩风。⑤联系引瓦斯。⑥联系引软化水。⑦联系仪表、电工、钳工，将仪表投用，使机

泵处于待运状态。⑧联系罐区准备好原料、精油、抽出油储罐。

7. 简述原料脱蜡深度对溶剂精制的影响。

润滑油原料中的石蜡组分包括异构烷烃和长链的环烷烃，黏度比较小，黏度指数高，是润滑油的理想组分。随着原料脱蜡程度的加深，大量的异构烷烃和长链的环烷从润滑油的馏分中除掉，使原料的黏度指数降低，黏度增加。在相同的操作条件下，产品的黏温形性变差，收率降低。

8. 简述装置开车主要步骤。

①联系引动力至装置。②改好装置原料循环流程。③联系引原料进行原料循环。④系统抽真空，加热炉升温脱水。⑤向抽提塔装糠醛。⑥转精、废液循环。⑦调整操作条件。⑧精、废油回收合格后外送。

9. 简述装置脱水不完全对操作的影响。

①蒸发塔压力大。②系统真空度低。③加热炉出口温度波动大。④加热炉进料量波动大。⑤塔底泵抽空。

10. 简述系统真空度低的原因。

①真空泵出现故障或效率低。②真空系统管线或设备泄漏。③真空泵供水不足。④精、废液汽提塔塔顶冷却器出口温度过高。⑤真空罐液面过高，导致真空泵带液。

11. 简述防止溶剂损失的措施。

①控制好加热炉出口温度，避免炉温过低造成溶剂回收不完全、炉温超过 230℃造成糠醛分解结焦。②搞好精废液汽提塔，水溶剂汽提塔的回收。③加强设备泄漏的检查。④开好脱气塔，控制好装置的 pH 值，减少糠醛的氧化结焦。⑤控制新鲜糠醛的质量。⑥搞好开停工操作，减少糠醛损失。

12. 简述离心泵的检查的内容。

①检查机泵润滑状况。②检查机泵出口压力、电流、振动、密封泄漏、轴承温度(蒸汽往复泵的往复次数)。③检查机泵螺丝，部件是否松动。④检查冷却水是否畅通。⑤备用泵定时盘车。

13. 简述加热炉巡检内容。

①检查瓦斯系统，燃烧和蒸汽系统。②检查火嘴燃烧情况。③检查加热炉进料量、压力、温度情况。④检查灭火蒸汽，火焰、点火孔、看火孔、防爆门、弯头箱是否严密，检查炉体是否完好，是否超温。⑤检查炉管有无局部过热、开裂、鼓包、弯曲，衬里有无脱落及炉内附件。⑥检查“三门一板”是否完好，风机是否完好，吹灰器是否完好。⑦检查安全设施。

14. 简述溶剂精制对溶剂的要求。

①对润滑油非理想组分的选择性要好、溶解能力要强。②对润滑油理想组分的溶解度要小，便于提高精油收率。③在精制条件下稳定，以避免溶剂损失和污染产品。④溶剂与精制油密度差要大，容易分离。⑤沸点要适宜，过低须在高压下操作，易引起接触不良，过高回收成本增加。⑥无毒。⑦价格便宜，易制取。⑧腐蚀性要小。

15. 简述装置正常生产时糠醛消耗的主要原因。

①精废液汽提塔及水溶液汽提塔回收不好。②设备泄漏导致糠醛消耗增大。③精废液汽提塔顶冷却器出口温度过高，导致真空系统排醛。④装置酸性值过大，缩合结焦(氧化)。⑤

加热炉出口温度过高，糠醛聚合焦结(分解)。

16. 简述装置控制酸值的方法。

①开好脱气塔，保证脱气效果。②糠醛储罐采用氮气密封或用油隔离。③注碱或加入缓蚀剂。④在使用糠醛的过程中，尽量减少与空气的接触。

17. 简述糠醛装置腐蚀的主要部位。

①水溶液回收系统，主要水溶液汽提塔的上部，塔顶馏出线、冷却器；糠醛干燥器塔顶馏出线、冷却器。②高速段，发汽汽包升汽管。③蒸发塔顶换热器。④加热炉对流室上部、辐射室炉管。⑤ 精废液汽提塔顶馏出线。

18. 简述装置防止糠醛结焦的主要措施。

①开好脱气塔，保证脱气效果。②糠醛储罐采用氮气密封或用油隔离。③注碱或加入缓释剂。④控制好加热炉炉温，严禁超过 230℃。

19. 简述原料含苯、甲苯、丁酮对生产的影响。

①原料含苯、甲苯、丁酮量过多，使润滑油馏分变轻；②使加工过程携带油量增加；③使糠醛的沸点降低；④醛水分离罐水溶液含溶剂量增加；⑤精制油收率降低，糠醛消耗增加。

20. 简述装置节能的主要措施。

①回收系统采用多效蒸发，提高热利用率，降低加热炉负荷。②机泵采用变频技术，降低装置电耗。③开好发汽系统，充分利用装置的余热，多发蒸汽。④控制好冷却器排水温度，降低冷却水消耗。⑤提高加热炉效率。

21. 简述抽提塔结焦对生产的影响。

①抽提塔压力升高。②装置处理量降低。③装置糠醛平衡破坏。④影响产品质量。

22. 简述精液汽提塔塔盘脱落对操作的影响。

①塔顶温度升高。②塔顶真空度降低。

23. 简述高压蒸发塔顶醛气与汽包水换热的换热器漏对操作的影响。

① 一、二次蒸发塔压力升高，蒸发效果变差。②高压蒸发塔压力升高，蒸发效果变差。③糠醛干燥塔压力升高，进料温度降低。④严重时会造成干燥塔糠醛带水。

24. 简述装置正常生产中停发汽汽包的操作方法。

①转好糠醛干燥塔七层回流工程。② 将糠醛干燥塔七层回流投用。③将汽包水上水停，将汽包出口补气。④打开汽包换热器醛气侧阀，关闭醛气出、入阀。⑤打开汽包排空阀，关闭汽包出口阀，将汽包水放空。

25. 简述糠醛干燥塔底温度过低对生产的影响。

①糠醛干燥效果变差；②会造成塔底糠醛带水；③糠醛带水进入抽提塔后，精制效果变差；④带水严重时会造成塔底泵抽空，使抽提塔糠醛进料中断，导致抽提混乱。

26. 简述糠醛水溶液分离罐发生乳化对生产的影响。

①湿醛含水、油量增加。②干燥塔内糠醛含油量增加，糠醛纯度降低，影响抽提效果。③ 水溶液汽提塔进料含糠醛、油量增大。④水溶液汽提塔排水含油量增加，影响水溶液汽提塔的回收。

27. 简述影响精制油质量的原因。

①原料馏分过宽。②原料脱蜡深度过深(反序)。③原料储存时间过长。④原料含胶质、

沥青质过多。⑤原料带水、糠醛带水。⑥抽提塔效率低。⑦抽提温度过低、溶剂比过小。⑧精油含醛。

28. 简述影响加热炉热效率的原因。

①加热炉烟气的排烟温度：排烟温度越高，烟气带走的热量越多。②过剩空气系数：过剩空气系数过小，入炉空气量不足，燃料燃烧不完全，热效率降低；过剩空气系数过大，入炉空气量过多，烟气带走的热量增加，热效率降低。③加热炉炉壁散热损失大。④对流室炉管结垢或积灰，影响传热效果。

29. 简述加热炉上对流炉管结垢对操作的影响。

①使上对流炉管与烟气的传热效果变差，烟气的排烟温度升高；②上对流出口温度降低；③结垢严重时，对流室压降增加，加热炉抽力下降，供风不好，使炉膛产生正压，影响加热炉正常燃烧。

30. 简述装置携带油的危害。

①系统热量损失增加；②糠醛消耗增加；③精制油收率降低；④加工损失增加。

31. 简述避免加热炉露点腐蚀的措施。

①适当提高加热炉排烟温度，将排烟温度提高到露点温度以上；②提高上对流油品进料温度，减少炉管与烟气换热的露点腐蚀；③减少瓦斯中硫化氢含量。

32. 简述加热炉露点腐蚀的过程。

①瓦斯中含硫化氢，燃烧后生成二氧化硫气体；②部分二氧化硫气体(1%～2%)受灰分和金属氧化物等催化剂的作用生成三氧化硫；③三氧化硫与烟气中水蒸气生成强吸湿性的硫酸，以酸雾形式存在；④酸雾在比通常的露点高很多的温度下就可在炉管上发生冷凝，形成腐蚀，烟气中三氧化硫越多，腐蚀越重。

33. 简述精废液汽提塔塔盘翻的原因。

①检修时施工质量不过关；②塔内气相负荷过大，将塔盘冲翻。

34. 简述精液汽提塔真空度低的原因。

①吹汽量过大。②塔顶冷却器冷不下来。③进料含醛量过大或带水。④塔液面过高。⑤真空系统出现问题。⑥超负荷。

35. 简述精液汽提塔闪蒸段与汽提段分开的优点。

①汽提段负荷降低。②闪蒸段糠醛可直接进入糠醛干燥塔，充分利用部分热量。③可减少湿醛量，降低干燥塔的气相负荷。④可减少高压蒸发塔的直接进糠醛干燥塔的蒸汽量。

36. 简述目前我国溶剂精制装置抽提塔存在的问题。

①抽提塔理论段数低，仅为3～4个理论段，影响抽提效果，使产品收率降低。②抽提塔的下部设有三段塔底循环控制全塔温度梯度，使各段循环量较为均匀，避免大量返混量的出现影响抽提效果，但抽提塔循环会使抽提塔产生径向应力，使抽提塔造成返混，所以目前抽提塔仅用一段循环使抽提塔温度梯度分布不合理，底部温度梯度有很大的拐点，可能形成局部返混的现象。③沉降分离效果不好。

37. 简述高压蒸发塔压控阀放在换热器后的优点。

使高压蒸发塔顶蒸出的醛气保持较高的压力，使糠醛气体在较高的温度下冷凝。增加换热器的传热温差，提高换热效果。保证蒸发塔有较高的蒸发量。

38. 简述废油系统采用三段蒸发与两段蒸发相比较的优点。

抽提塔底废油含醛量比较高，达90%以上，需通过加热、蒸发将糠醛回收，利用温度压力较高的已蒸发的溶剂蒸汽对未蒸发的废液进行加热，使之部分气化。可以充分利用余热，降低加热炉的负荷，达到降低装置能耗的目的。

39. 简述塔开孔率的概念与特点。

开孔率是指塔板开孔总面积与塔截面积之比。当塔的气液负荷一定时，开孔率过大，会造成漏液。开孔率过小会造成严重的雾沫夹带。

40. 简述装置停工的主要步骤。

降量，停脱气塔系统。将装置转原料循环。抽提塔糠醛通过废液系统回收。系统退糠醛。系统回收糠醛完毕，精、废液汽提塔停止汽提、停止抽真空。加热炉开始降温。当炉膛温度达250℃，装置开始退油、扫线。将湿糠醛退出装置。

41. 简述停工糠醛干燥塔蒸塔的操作。

检查糠醛干燥塔流程将塔各进、出口阀门关闭，将塔顶至糠醛水溶液分离罐流程导通，塔顶冷却器通海水。引蒸汽至塔底，切水完毕。打开塔底吹汽阀向塔内吹汽。吹汽时应控制好吹汽量，防止塔憋压，塔底水、糠醛回收。蒸塔达到规定要求后将蒸汽阀关，将塔内介质放空。

42. 简述椭圆齿轮流量计的工作原理。

答：两个椭圆齿轮在进出口压差的作用下，不断旋转，齿轮与壳体壁的空间形成空腔的流体体积。椭圆齿轮的转动通过磁性密闭轴联器及传动齿轮减速机构传递到计数器，直接指示流量数。

43. 简述抽提塔压力串联调节原理(抽提塔压力与精液炉两组进料量串级调节)。

当主变量抽提塔压力发生变化时，主调节器的输出发生变化使副调节器精液炉进料量的给定发生变化，副调节器通过输出操作调节阀通过调节精液炉两组进料两个分支流量，达到对主变量抽提塔压力的控制。

44. 简述孔板流量计测量原理。

答：充满管道的流体，当它经过孔板节流装置时流束将在节流件局部收缩，流速增大，在节流元件前后产生压差，根据压差大小测量流量大小，由差压变送器送到流量显示仪表读数。

45. 简单的仪表控制系统。

所谓简单的仪表控制系统通常指由一个被控对象，一个检测元件及传感器或变送器，一个调节器和一个执行器所构成的单环控制系统。

46. 简述气动薄膜调节阀的原理。

答：执行结构是调节阀的推动装置，它按信号的压力大小产生相应的推动力，使推杆产生相应的位移，从而带动调节阀心动作，开度大小调节流量大小，达到调节的目的。当信号压力增大时，推杆向下移动的为正作用执行机构，反之为反作用执行机构。

47. 简述防止汽蚀的方法。

答：①泵在工作时，如果入口真空度小于或等于允许吸上真空度，可以避免发生气蚀；②泵在工作时，如果入口处的气蚀余量大于或等于允许气蚀余量，可以避免发生气蚀；③合理安排泵的几何安装高度，采用抗气蚀材料。

48. 简述停工检修抽堵盲板的注意事项。

抽堵盲板必须有专人负责。抽堵盲板必须有记录、盲板表、盲板要有编号。抽堵盲板人员要稳定，原则谁加的盲板谁负责拆除，防止遗漏。对抽堵盲板人员进行安全教育，交代安全措施。盲板应加在来料阀门后法兰处，盲板应有一定的强度，不准代用。

49. 简述停工检修时抽提塔内发生着火的原因。

装置停工时，抽提塔抽空后经过蒸塔，但在抽提塔的填料表面和格栅内仍存有大量的焦质和残油，当打开人孔后由于焦质中硫化铁自然造成着火，严重时会造成塔部件烧坏。

50. 简述糠醛腐蚀原理。

答：糠醛在空气和水的作用下，氧化生成过氧糠酸，这种过氧物是一种强氧化剂，它能进一步把糠醛氧化成糠酸，这些酸性物质易溶解在水中，使设备和管线产生腐蚀。

51. 简述高压醛气与发汽换热的换热器发生内漏的现象。

高压蒸发塔顶压力升高。高压蒸发塔的蒸发量降低。糠醛干燥塔进料温度降低。糠醛干燥塔压力升高。严重时会造成糠醛干燥塔带水。

52. 简述加热炉炉管结焦的现象。

炉入口压力上升，出、入口压力差大。炉膛温度明显上升，出口温度降低。仪表指示温度滞后。

53. 简述加热炉炉管爆管的现象。

炉膛不明亮，炉管喷油着火，烟囱冒黑烟。炉膛温度、炉出口温度升。高烟道气温度急剧上升。

54. 简述精液汽提塔盘结焦的现象。

在塔的进料量、吹汽量、一层回流不变的情况下，塔顶携带油量增加。塔顶温度升高。塔顶真空度下降。

55. 简述汽包丝网分离器丝网脱落的现象。

使汽包水、汽分离效果变差。加热炉中对流出、入口温度降低。严重时造成自发蒸汽带水。

56. 简述真空泵带液的现象。

真空泵入口真空度下降，系统真空度下降。真空泵发出异常响声。真空泵排水带油带醛。真空泵入口及泵体温度高。

57. 简述精液汽提塔塔盘脱落的现象。

在塔的进料量、吹汽量、一层回流不变的情况下，塔顶携带油量增加。塔顶温度升高。塔顶真空度下降。

58. 简述精液汽提塔顶带油的现象。

塔顶温度升高。塔顶冷却器出口温度升高。水溶液罐油位上升较快。严重时会造成系统真空度下降，真空泵出口带液体。

59. 简述废液汽提塔顶带油的现象。

塔顶冷却器温度升高。塔顶温度升高。水溶液罐油位上升较快，湿醛颜色变黑。严重时会造成废液汽提塔顶真空度下降，系统真空度降低，真空泵出口带液体。

60. 简述停仪表风的主要现象。

现场仪表风、DCS 仪表风压力指示回零，DSC 系统各流量、液面、压力控制失灵，加热炉火嘴熄火，炉膛温度降低。

61. 简述气动调节阀常见故障的现象。

①填料及连接件泄漏。②阀不动作。③阀动作不稳定。④阀震动有鸣声。⑤阀动作迟缓。⑥阀漏量大。

62. 简述加热炉上对流钉头管结垢的现象。

加热炉负压降低，炉子抽力降低。加热炉排烟温度提高。上对流炉管与烟气换热效果明显降低，上对流油品出口温度降低。加热炉氧含量明显降低，当加热炉负荷提高时，加热炉供风量明显不足。

63. 简述燃料气中断的现象。

DCS燃料气压力指示回零，燃料气计量表指示回零。加热炉炉出口、炉膛温度急剧下降。加热炉熄火。

64. 简述高压蒸发塔顶醛气与废液换热的换热器壳程结焦的现象。

高压蒸发塔顶压力升高。高压蒸发塔的蒸发量降低。高压蒸发塔顶醛气与废液换热的换热器传热效果变差。

65. 简述瓦斯管网带油的现象。

瓦斯罐稳压罐液面升高。加热炉炉膛氧含量降低。炉膛温度升高、炉出口温度升高。炉膛发暗，产生压，烟囱冒烟。严重时炉膛产生正压，火焰外喷，造成火灾或回火爆炸。

66. 简述加热炉烟道挡板卡死的现象。

加热炉氧含量回零。加热炉炉膛温度直线降低。炉出口温度直线降低。炉膛产生正压，火焰扑火盆，炉膛发暗，有烟，火嘴熄灭。烟囱冒烟。

67. 简述高压蒸发塔顶发生火灾的处理方法。

加热炉紧急降温。停止塔进料，将塔内介质抽净。装置按停工处理。处理过程中凡接触糠醛等有毒有害物质必须带上防毒面具或站在上风头进行工作并报警。

68. 简述蒸发塔顶发汽换热器内漏的处理方法。

答：降量。将糠醛干燥塔七层回流投用。将发汽汽包出口补汽。将汽包进水阀关闭。将发汽换热器改侧线停用抢修。

69. 简述加热炉炉管结焦的处理方法。

答：炉管结焦情况不太严重，降量维持生产同时加强对加热炉炉管的检查。结焦严重时，停工烧焦或更换炉管。

70. 简述汽包防冲网脱落处理方法。

轻微脱落时，控制汽包低液面操作。脱落严重时，将汽包停用，联系抢修。

71. 简述真空泵带液的处理方法。

脱气塔及精、废液汽提塔满造成真空泵带液控制好脱气塔及精、废液汽提塔的液面。脱气塔及精、废液汽提塔的吹汽量过大造成真空泵带液调整好各塔吹汽量。吹汽带水使塔内油突沸造成真空泵带液，查明带水原因及时消除带水的现象。汽提塔顶冷却器出口温度过高造成真空泵带液，调整好汽提塔顶冷却器出口温度。真空罐底部馏出线堵塞造成真空罐满造成真空泵带液，及时用蒸汽将空罐底部馏出线处理通。

72. 简述抽提塔人孔泄漏严重时的处理方法。

轻微泄漏联系将人孔螺栓紧好。泄漏严重时联系调度降量，转原料循环，回收糠醛。将抽提塔内糠醛抽空后联系抢修。

73. 简述精液汽提塔顶带油的处理方法。

吹汽量过大造成塔顶带油降低塔的吹汽量将吹汽量控制在指标之内。吹汽带水造成塔内油突沸使塔顶带油，查明吹汽带水原因及时消除吹汽带水。塔液面过高要降低塔液面塔顶温度过高加大塔顶一层回流量。处理量过大塔超负荷时，应降量。机泵出现问题及时切换备用泵。

74. 简述废液汽提塔顶带油的处理方法。

吹汽量过大造成塔顶带油降低塔的吹汽量将吹汽量控制在指标之内。吹汽带水造成塔内油突沸使塔顶带油，查明吹汽带水原因及时消除吹汽带水。塔液面过高要降低塔液面处理量过大塔超负荷时，应降量。机泵出现问题及时切换备用泵。

75. 简述根据停风现象确定停仪表风后立即联系调度查明停风原因，同时联系装置主任。停风时间短，可“自动”改“手动”，风开阀改侧线控制、风关阀改前阀控制，精废液循环维持循环。停风时间长，按停工步骤停工，并对易冻凝设备管线扫线。

76. 简述气动调节阀漏量大的处理方法。

控制阀行程不适宜，联系仪表调节控制阀行程。控制阀阀杆不动作如果无输出信号联系仪表检查信号输出情况。控制阀有信号人仍不动作，将控制阀改侧线联系仪表修理。

77. 简述瓦斯中断的处理方法。

将瓦斯火嘴阀关闭。将精、废油转循环。联系调度，查明瓦斯中断原因及时间，长时间停瓦斯将加热炉改烧油。

78. 简述 DCS 死机的处理。

①根据现场一次仪表调节操作。②控制好加热炉火嘴燃烧，防止超温。③控制好抽提塔的原料、糠醛、精液、废液流量，控制好界面，防止塔超压。④控制好加热炉进料量。⑤控制好各塔液面。⑥及时联系仪表处理 DCS 系统。

79. 简述蒸发塔顶换热器结焦的处理方法。

轻微结焦降量。结焦严重时停工对换热器检修清焦。

计算题

1. 燃料油在某加热炉燃烧后所生成的烟气中，经分析含氧和二氧化碳的体积百分数为5%和8%，当理论空气量为15kg空气/kg燃料时，求实际空气用量为多少kg空气/kg燃料？

解： 过剩空气系数 $\alpha=(100-CO_2-O_2)/(100-CO_2-4.76O_2)=(100-8-5)/(100-8-4.76\times5)=1.28$

实际空气用量 $=1.28\times15=19.2$(kg空气/kg燃料)

答： 实际空气用量为19.2kg空气/kg燃料。

2. 某加热炉燃烧后所生成的烟气中，经分析含氧的体积百分数为3.07%，含二氧化碳的体积百分数为12.25%，含氮气的体积百分数为83.95%，当理论空气量为14kg空气/kg燃料时，求实际空气用量为多少kg空气/kg燃料？

解： 过剩空气系数 $\alpha=(100-CO_2-O_2)/(100-CO_2-4.76O_2)=(100-12.25-3.07)/(100-12.25-4.76\times3.07)=1.17$

实际空气用量 $=1.17\times14=16.38$(kg空气/kg燃料)

答： 实际空气用量为16.38kg空气/kg燃料。

3. 一换热器若热流体进口温度为165℃，出口为151.8℃，冷流体进口温度为85℃，出口温度为115℃，换热器热负荷为765×10^3kcal/h，$K=120$kcal/m²·h。求应选用多大换热面积的换热器。

解： 逆流时85℃→115℃，170℃→151.8℃，$\Delta t_1=151.8-85=66.8$(℃)，$\Delta t_2=170-115=55$(℃)

$$\Delta t=(\Delta t_1-\Delta t_2)/\ln(\Delta t_1/\Delta t_2)=(66.8-55)/\ln(66.8/55)=60.8℃$$

$$F=Q/K\times\Delta t$$

$$=105\text{m}^2$$

答： 应选用105m²的换热器。

4. 一换热器若热流体进口温度为168℃，出口为146℃，冷流体进口温度为85℃，出口温度为115℃，换热器换热面积为110m²，$K=120$kcal/m²·h，求换热器的热负荷。

解： 逆流时85℃→115℃，168℃→146℃

$$\Delta t_1=146-85=61(℃),\Delta t_2=168-115=53℃$$

$$\Delta t=(\Delta t_1-\Delta t_2)/\ln(\Delta t_1/\Delta t_2)=(61-53)/\ln(61/53)=57.1℃$$

$$Q=F\times K\times\Delta t$$

$$=753.72\times10^3\text{kcal/h}$$

答： 换热器热负荷为753.72×10^3kcal/h。

5. 某换热器管程入口温度为80℃，出口为110℃，管程流量为35t/h，管程油品比热为0.51kcal/kg·℃。壳程流量为90t/h壳程入口焓制值为70.7kcal/kg，求壳程出口焓值。

解：

$$Q_{吸}=35\times0.51\times(110-80)$$

$$Q_{吸}=535.5\times10^3\text{kcal/h}$$

$$Q_{放}=G_{壳}\times(q_1-q_2)$$

$$Q_{吸}=Q_{放}$$

$$90\times10^3\times(70.7-q_2)=535.5\times10^3$$

$$q_2=64.8\text{kcal/kg}$$

答： 壳程出口焓值为64.8kcal/kg。

6. 某换热器管程入口温度为85℃，出口为115℃，管程流量为40t/h，管程油品比热为0.51kcal/kg·℃，壳程流量为85t/h壳程入口焓制值为71.5kcal/kg，求壳程出口焓值。

解：

$$Q_{吸}=40\times0.51\times(115-85)$$

$$Q_{吸}=612\times10^3\text{kcal/h}$$

$$Q_{放}=G_{壳}\times(q_1-q_2)$$

$$Q_{吸}=Q_{放}$$

$$85\times10^3\times(71.5-q_2)=612\times10^3$$

$$q_2=64.3\text{kcal/kg}$$

答： 壳程出口焓值为64.3kcal/kg。

7. 已知精液炉进料含油为 26t/h，含醛为 5t/h，精液炉入口为 125℃，出口温度为 207℃，（125℃精油的焓为 70kcal/kg，207℃精油的焓为 120kcal/kg；125℃糠醛的焓为 49kcal/kg，207℃糠醛的气相焓为 190kcal/kg，207℃糠醛的液相焓为 91kcal/kg），精液炉出口糠醛汽化率为 90%。求精液炉的热负荷。

解：精液炉热负荷 $Q_{有} = G_{油} \times (q_{2油} - q_{1油}) + G_{醛} \times \{e \times (q_{2醛气} - q_{1醛液}) + (1-e) \times (q_{2醛液} - q_{1醛液})\}$

$= 26 \times 10^3 \times (120 - 70) + 5 \times 10^3 \{(190 - 49) \times 0.9 + (91 - 49) \times 0.1\}$

$= 195.6 \times 10^4 \text{kcal/h}$

答：加热炉的有效热负荷为 195.6×10^4kcal/h。

四、技能操作鉴定要素细目表

鉴定范围						鉴定点	
一级		二级		三级		代码	名称
代码	名称	代码	名称	代码	名称		
A	技能要求	A	工艺操作	A	开车准备	001	装置开车主要条件的确认
				B	正常操作	001	新建装置的开工准备
						002	高压蒸发塔压力大处理的操作
						003	糠醛干燥塔底温度过低的处理
				C	开车操作	001	装置开工注意事项的编写
						002	原料热油循环改精废液循环的条件确认
				D	停车操作	001	装置停车的主要步骤
						002	停工糠醛干燥塔蒸塔的操作
		B	设备使用与维护	B	维护设备	001	加热炉的日常维护
						002	装置防腐措施的确定
						003	仪表三组阀投用操作
						004	仪表三组阀停用操作
		C	事故判断与处理	A	判断事故	001	精液汽提塔塔盘翻的判断
						002	加热炉炉管结焦的判断
						003	抽提塔结焦的判断
						004	加热炉炉管破裂的判断
						005	高压醛气与废液换热器结焦的判断
				B	处理事故	001	停仪表风的处理
						002	加热炉炉管结焦的处理
						003	加热炉炉管破裂的处理
						004	开工转精废液循环时抽提塔人孔漏的处理
						005	燃料气中断的处理
		D	绘图与计算	A	绘图	001	绘制简单工艺管线施工图

五、技能操作试题

试题 1：装置开车主要条件的确认(现场模拟)

(考核时间：15min)

序号	考核内容	考核要点	配分	评分标准	检测结果	扣分	得分	备注
1	准备工作	穿戴劳保用品	3	未穿戴整齐扣 3 分				
		工具、用具准备	2	工具选择不正确扣 2 分				
2	操作程序	检修的管线、设备全部安装好，盲板全部拆除，试压无问题	10	未将检修的管线、设备全部安装好，盲板全部拆除，试压无问题扣 10 分				
3		加热炉附件全部安装好，火嘴全部安装好	10	未确认加热炉附件、火嘴全部安装好扣 10 分				
4		各部液面计、安全阀、压力表投用	10	未将各部液面计、安全阀、压力表投用扣 10 分				
5		DCS 仪表联校好，控制阀、一次表全部投用	10	未将仪表联校好，控制阀、一次表全部投用扣 10 分				
6		机泵单机试运无问题处于待运状态	10	未将机泵单机试运无问题处于待运状态扣 10 分				
7		工艺设备接地良好，消防设施齐全完好	10	未检查安全、消防设施齐全完好扣 10 分				
8		开工溶剂备足	10	未备足开工溶剂扣 10 分				
9		各动力全部引入装置	10	未引动力扣 10 分				
10		开工流程全部导通	10	未将流程导通扣 10 分				
11	使用工具	正确使用工具	2	工具使用不正确扣 2 分				
		正确维护工具	3	工具乱摆乱放扣 3 分				
12	安全及其他	按国家法规或企业规定		违规一次总分扣 5 分；严重违规停止操作			—	
		在规定时间内完成操作		每超时 1min 总分扣 5 分，超时 3min 停止操作			—	
		合　计	100					

试题 2：新建装置的开工准备

(考核时间：20min)

序号	考核内容	考核要点	配分	评分标准	检测结果	扣分	得分	备注
1	准备工作	穿戴劳保用品	3	未穿戴整齐扣 3 分				
		工具、用具准备	2	工具选择不正确扣 2 分				
2	操作程序	检查工艺流程、设备是否安装正确	15	未检查工艺流程、设备是否安装正确扣 15 分				
3		单机试运合格，电器、仪表调试合格	15	未单机试运合格，电器、仪表调试合格扣 15 分				
4		设备管线试压	15	未设备管线试压扣 15 分				
5		装置进行水联运	15	未进行水联运扣 15 分				

续表

序号	考核内容	考核要点	配分	评分标准	检测结果	扣分	得分	备注
6		加热炉烘炉	15	未进行烘炉扣15分				
7		组织学习开车方案	15	未组织学习开车方案扣15分				
8	使用工具	正确使用工具	2	工具使用不正确扣2分				
		正确维护工具	3	工具乱摆乱放扣3分				
9	安全及其他	按国家法规或企业规定		违规一次总分扣5分；严重违规停止操作			—	
		在规定时间内完成操作		每超时1min总分扣5分，超时3min停止操作			—	
		合　计	100					

试题3：高压蒸发塔压力大处理的操作(现场模拟)

（考核时间：15min）

序号	考核内容	考核要点	配分	评分标准	检测结果	扣分	得分	备注
1	准备工作	穿戴劳保用品	3	未穿戴整齐扣3分				
		工具、用具准备	2	工具选择不正确扣2分				
2	操作程序	进料超负荷，降低进料量	10	不会处理扣10分				
3		进料温度过高，控制好加热炉出口温度	10	不会处理扣10分				
4		糠醛干燥塔压力大，降低干燥塔的压力	20	不会处理扣20分				
5		发汽换热器漏，确定好漏的换热器停，联系抢修	20	不会处理扣20分				
6		高压蒸发塔顶换热器结焦堵，及时检修	10	不会处理扣10分				
7		发汽压力过高，降低发汽压力	10	不会处理扣10分				
8		压控阀失灵，及时联系仪表修理	10	不会处理扣10分				
9	使用工具	正确使用工具	2	工具使用不正确扣2分				
		正确维护工具	3	工具乱摆乱放扣3分				
10	安全及其他	按国家法规或企业规定		违规一次总分扣5分；严重违规停止操作			—	
		在规定时间内完成操作		每超时1min总分扣5分，超时3min停止操作			—	
		合　计	100					

试题4：糠醛干燥塔底温度过低的处理(现场模拟)

（考核时间：15min）

序号	考核内容	考核要点	配分	评分标准	检测结果	扣分	得分	备注
1	准备工作	穿戴劳保用品	3	未穿戴整齐扣3分				
		工具、用具准备	2	工具选择不正确扣2分				

续表

序号	考核内容	考核要点	配分	评分标准	检测结果	扣分	得分	备注
2	操作程序	糠醛干燥塔一层回流过大，造成塔底温度降低时降低塔顶一层回流量	15	不会分析和处理扣15分				
3		进料带水造成底温过低，查明带水原因及时消除带水	15	不会分析和处理扣15分				
4		蒸发塔蒸发量过小导致底温过低，调整蒸发塔的蒸发量	15	不会分析和处理扣15分				
5		糠醛干燥塔温控阀失灵造成温度低，及时联系仪表修理	15	不会分析和处理扣15分				
6		发汽量过大导致底温过低，调整发汽量	15	不会分析和处理扣15分				
7		装置处理量过小使系统温度低，造成温度过低，提高装置处理量	15	不会分析和处理扣15分				
8	使用工具	正确使用工具	2	工具使用不正确扣2分				
		正确维护工具	3	工具乱摆乱放扣3分				
9	安全及其他	按国家法规或企业规定		违规一次总分扣5分；严重违规停止操作			—	
		在规定时间内完成操作		每超时1min总分扣5分，超时3min停止操作			—	
		合　计	100					

试题5：装置开工注意事项的编写（现场模拟）

（考核时间：15min）

序号	考核内容	考核要点	配分	评分标准	检测结果	扣分	得分	备注
1	准备工作	穿戴劳保用品	3	未穿戴整齐扣3分				
		工具、用具准备	2	工具选择不正确扣2分				
2	操作程序	开工原料循环时收原料不能过多，防止塔满	10	不会编写扣10分				
3		加热炉升温要缓慢稳定	10	不会编写扣10分				
4		要搞好物料平衡防止泵抽空	10	不会编写扣10分				
5		装置脱水必须完全	10	不会编写扣10分				
6		检查仪表、设备运行情况	10	不会编写扣10分				
7		当各部流量稳定、温度达到要求，设备无泄漏方可转精废液循环	20	不会编写扣20分				
8		转精废液循环时防止塔憋压	10	不会编写扣10分				
9		精废液循环正常后及时调节操作条件	10	不会编写扣10分				

续表

序号	考核内容	考核要点	配分	评分标准	检测结果	扣分	得分	备注
10	使用工具	正确使用工具	2	工具使用不正确扣2分				
		正确维护工具	3	工具乱摆乱放扣3分				
11	安全及其他	按国家法规或企业规定		违规一次总分扣5分；严重违规停止操作			—	
		在规定时间内完成操作		每超时1min总分扣5分，超时3min停止操作			—	
		合　计	100					

试题6：原料热油循环转精废液循环的条件确认(现场模拟)

（考核时间：15min）

序号	考核内容	考核要点	配分	评分标准	检测结果	扣分	得分	备注
1	准备工作	穿戴劳保用品	3	未穿戴整齐扣3分				
		工具、用具准备	2	工具选择不正确扣2分				
2	操作程序	抽提塔必须装满	15	抽提塔未装满扣15分				
3		装置脱水完全	15	装置脱水不完全扣15分				
4		精废液加热炉炉出口温度达到工艺指标的要求	15	精废液加热炉炉出口温度未达到工艺指标扣15分				
5		各部流量稳定，液面平稳	15	各部流量，液面不平稳扣15分				
6		仪表指示正常	15	仪表指示有问题扣15分				
7		设备运转正常无泄漏	15	设备运转不正常或泄漏扣15分				
8	使用工具	正确使用工具	2	工具使用不正确扣2分				
		正确维护工具	3	工具乱摆乱放扣3分				
9	安全及其他	按国家法规或企业规定		违规一次总分扣5分；严重违规停止操作			—	
		在规定时间内完成操作		每超时1min总分扣5分，超时3min停止操作			—	
		合　计	100					

试题7：装置停车的主要步骤(现场模拟)

（考核时间：15min）

序号	考核内容	考核要点	配分	评分标准	检测结果	扣分	得分	备注
1	准备工作	穿戴劳保用品	3	未穿戴整齐扣3分				
		工具、用具准备	2	工具选择不正确扣2分				
2	操作程序	降量，停脱气塔操作	15	未降量、停脱气塔操作扣15分				
3		装置转原料循环	15	未装置转原料循环扣15分				
4		回收抽提塔及系统糠醛，退糠醛	15	未回收抽提塔及系统糠醛，退糠醛扣15分				

续表

序号	考核内容	考核要点	配分	评分标准	检测结果	扣分	得分	备注
5		系统回收糠醛完毕停抽真空、各塔吹汽	15	系统回收糠醛完毕未停抽真空、各塔吹汽扣10分				
6		加热炉降温、熄火	15	加热炉未降温、熄火扣10分				
7		退油进行吹扫	15	未退油进行吹扫扣10分				
8	使用工具	正确使用工具	2	工具使用不正确扣2分				
		正确维护工具	3	工具乱摆乱放扣3分				
9	安全及其他	按国家法规或企业规定		违规一次总分扣5分；严重违规停止操作			—	
		在规定时间内完成操作		每超时1min总分扣5分，超时3min停止操作			—	
		合　计	100					

试题8：停工糠醛干燥塔蒸塔的操作

（考核时间：20min）

序号	考核内容	考核要点	配分	评分标准	检测结果	扣分	得分	备注
1	准备工作	穿戴劳保用品	3	未穿戴整齐扣3分				
		工具、用具准备	2	工具选择不正确扣2分				
2	操作程序	关闭塔进出口阀门，导通塔顶至水溶液分离罐流程塔顶冷却器通水	15	未关塔进出口阀，导通塔顶至水溶液分离罐流程和塔顶冷却器通水扣15分				
3		将蒸汽切水引至塔底	15	未将蒸汽切水引至塔底扣15分				
4		打开塔底蒸汽阀向塔内吹汽	15	未打开塔底蒸汽阀向塔内吹汽扣15分				
5		控制好蒸塔蒸汽量按规定时间蒸塔，同时将塔底切水	15	未控制好蒸汽量按规定时间蒸塔，将塔底切水扣15分				
6		蒸塔达到规定时间停止蒸塔	15	未到规定时间蒸塔扣15分				
7		将塔顶冷却水停	15	未将塔顶冷却水停扣15分				
8	使用工具	正确使用工具	2	工具使用不正确扣2分				
		正确维护工具	3	工具乱摆乱放扣3分				
9	安全及其他	按国家法规或企业规定		违规一次总分扣5分；严重违规停止操作			—	
		在规定时间内完成操作		每超时1min总分扣5分，超时3min停止操作			—	
		合　计	100					

试题9：加热炉的日常维护(现场模拟)

（考核时间：15min）

序号	考核内容	考核要点	配分	评分标准	检测结果	扣分	得分	备注
1	准备工作	穿戴劳保用品	3	未穿戴整齐扣3分				
		工具、用具准备	2	工具选择不正确扣2分				

续表

序号	考核内容	考核要点	配分	评分标准	检测结果	扣分	得分	备注
2	操作程序	定时检查火嘴、长明灯是否正常燃烧	10	不清楚内容扣10分				
3		定时检查炉进料量、温度、压力防止炉超温、超压、超负荷避免低负荷运行	10	不清楚内容扣10分				
4		定时检查灭火蒸汽、看火窗点火孔、防爆门弯头箱门、炉体钢架钢板是否完好和超温	15	不清楚内容扣15分				
5		定时检查炉管有无局部过热、弯曲开裂、鼓包现象，检查衬里及炉内构件情况	15	不清楚内容扣15分				
6		定时检查三门一板、(引风机、鼓风机是否正常运行)	10	不清楚内容扣10分				
7		定时检查吹灰器是否好用定时对加热炉吹灰	10	不清楚内容扣10分				
8		定期检查接地线完好情况	10	不清楚内容扣10分				
9		调节好三门一板保证高效燃烧避免露点腐蚀	10	不清楚内容扣10分				
10	使用工具	正确使用工具	2	工具使用不正确扣2分				
		正确维护工具	3	工具乱摆乱放扣3分				
11	安全及其他	按国家法规或企业规定		违规一次总分扣5分；严重违规停止操作			—	
		在规定时间内完成操作		每超时1min总分扣5分，超时3min停止操作			—	
		合　计	100					

试题10：装置防腐措施的确定(现场模拟)

(考核时间：15min)

序号	考核内容	考核要点	配分	评分标准	检测结果	扣分	得分	备注
1	准备工作	穿戴劳保用品	3	未穿戴整齐扣3分				
		工具、用具准备	2	工具选择不正确扣2分				
2	操作程序	搞好脱气塔操作减少糠醛的氧化	15	未回答扣15分				
3		搞好加热炉的平稳操作，避免糠醛氧化分解和结焦	15	未回答扣15分				
4		注碱或注缓蚀剂降低装置的酸值	15	未回答扣15分				
5		调整好加热炉的排烟温度避免露点腐蚀	15	未回答扣15分				
6		冷却器喷涂防腐涂料	15	未回答扣15分				
7		对发生相变或高速段采用耐腐蚀材料	15	未回答扣15分				

续表

序号	考核内容	考核要点	配分	评分标准	检测结果	扣分	得分	备注
8	使用工具	正确使用工具	2	工具使用不正确扣2分				
		正确维护工具	3	工具乱摆乱放扣3分				
9	安全及其他	按国家法规或企业规定		违规一次总分扣5分；严重违规停止操作			—	
		在规定时间内完成操作		每超时1min总分扣5分，超时3min停止操作			—	
		合　计	100					

试题11：仪表三组阀投用操作(现场模拟)

（考核时间：15min）

序号	考核内容	考核要点	配分	评分标准	检测结果	扣分	得分	备注
1	准备工作	穿戴劳保用品	3	未穿戴整齐扣3分				
		工具、用具准备	2	工具选择不正确扣2分				
2	操作程序	检查各阀门开关及管线泄漏情况	5	未检查阀门开关管线泄漏扣5分				
3		联系内操投用仪表三组阀	5	未联系内操投用仪表三组阀扣5分				
4		打开排污阀排污	10	未排污扣10分				
5		排净差压室空气	10	未排空气扣10分				
6		打开正压室阀门	20	不会操作扣20分				
7		关闭平衡阀	20	不会操作扣20分				
8		打开负压室阀门	20	不会操作扣20分				
9	使用工具	正确使用工具	2	工具使用不正确扣2分				
		正确维护工具	3	工具乱摆乱放扣3分				
10	安全及其他	按国家法规或企业规定		违规一次总分扣5分；严重违规停止操作			—	
		在规定时间内完成操作		每超时1min总分扣5分，超时3min停止操作			—	
		合　计	100					

试题12：仪表三组阀停用操作(现场模拟)

（考核时间：15min）

序号	考核内容	考核要点	配分	评分标准	检测结果	扣分	得分	备注
1	准备工作	穿戴劳保用品	3	未穿戴整齐扣3分				
		工具、用具准备	2	工具选择不正确扣2分				

续表

序号	考核内容	考核要点	配分	评分标准	检测结果	扣分	得分	备注
2	操作程序	联系内操停用仪表三组阀	15	未联系内操投用仪表三组阀扣15分				
3		将DCS仪表控制改手动控制	15	未将DCS仪表控制改手动控制扣15分				
4		关闭压室阀门	20	不会操作扣20分				
5		打开平衡阀	20	不会操作扣20分				
6		关闭正压室阀门	20	不会操作扣20分				
7	使用工具	正确使用工具	2	工具使用不正确扣2分				
		正确维护工具	3	工具乱摆乱放扣3分				
8	安全及其他	按国家法规或企业规定		违规一次总分扣5分；严重违规停止操作				—
		在规定时间内完成操作		每超时1min总分扣5分，超时3min停止操作				—
		合　计	100					

试题13：精液汽提塔塔盘翻的判断（现场模拟）

（考核时间：15min）

序号	考核内容	考核要点	配分	评分标准	检测结果	扣分	得分	备注
1	准备工作	穿戴劳保用品	3	未穿戴整齐扣3分				
		工具、用具准备	2	工具选择不正确扣2分				
2	操作程序	精液汽提塔顶温升高	20	不会判断扣20分				
3		精液汽提塔底温降低	20	不会判断扣20分				
4		精液汽提塔顶真空度降低	20	不会判断扣20分				
5		精液汽提塔顶冷却器出口温度升高	15	不会判断扣15分				
6		精液汽提塔携带油量增加	15	不会判断扣15分				
7	使用工具	正确使用工具	2	工具使用不正确扣2分				
		正确维护工具	3	工具乱摆乱放扣3分				
8	安全及其他	按国家法规或企业规定		违规一次总分扣5分；严重违规停止操作				—
		在规定时间内完成操作		每超时1min总分扣5分，超时3min停止操作				—
		合　计	100					

试题14：加热炉炉管结焦的判断（现场模拟）

（考核时间：15min）

序号	考核内容	考核要点	配分	评分标准	检测结果	扣分	得分	备注
1	准备工作	穿戴劳保用品	3	未穿戴整齐扣3分				
		工具、用具准备	2	工具选择不正确扣2分				

续表

序号	考核内容	考核要点	配分	评分标准	检测结果	扣分	得分	备注
2	操作程序	炉膛温度升高	30	不会判断扣15分				
3		炉出口温度降低	30	不会判断扣15分				
4		加热炉炉入口压力升高	30	不会判断扣15分				
5	使用工具	正确使用工具	2	工具使用不正确扣2分				
		正确维护工具	3	工具乱摆乱放扣3分				
6	安全及其他	按国家法规或企业规定		违规一次总分扣5分；严重违规停止操作			—	
		在规定时间内完成操作		每超时1min总分扣5分，超时3min停止操作			—	
		合　计	100					

试题15：抽提塔结焦的判断(现场模拟)

(考核时间：15min)

序号	考核内容	考核要点	配分	评分标准	检测结果	扣分	得分	备注
1	准备工作	穿戴劳保用品	3	未穿戴整齐扣3分				
		工具、用具准备	2	工具选择不正确扣2分				
2	操作程序	抽提塔压力指示升高	25	不会判断扣25分				
3		精液炉两组进料量增加	20	不会判断扣20分				
4		抽提塔底馏出量降低	25	不会判断扣25分				
5		严重时界面控制失灵	20	不会判断扣20分				
6	使用工具	正确使用工具	2	工具使用不正确扣2分				
		正确维护工具	3	工具乱摆乱放扣3分				
7	安全及其他	按国家法规或企业规定		违规一次总分扣5分；严重违规停止操作			—	
		在规定时间内完成操作		每超时1min总分扣5分，超时3min停止操作			—	
		合　计	100					

试题16：加热炉炉管破裂的判断(现场模拟)

(考核时间：15min)

序号	考核内容	考核要点	配分	评分标准	检测结果	扣分	得分	备注
1	准备工作	穿戴劳保用品	3	未穿戴整齐扣3分				
		工具、用具准备	2	工具选择不正确扣2分				
2	操作程序	加热炉烟囱冒黑烟	20	不会判断扣20分				
3		加热炉炉管喷油着火	20	不会判断扣20分				
4		炉膛发暗，严重时炉膛产生正压	25	不会判断扣25分				
5		炉膛、出口温度升高	25	不会判断扣25分				

续表

序号	考核内容	考核要点	配分	评分标准	检测结果	扣分	得分	备注
6	使用工具	正确使用工具	2	工具使用不正确扣2分				
		正确维护工具	3	工具乱摆乱放扣3分				
7	安全及其他	按国家法规或企业规定		违规一次总分扣5分；严重违规停止操作			—	
		在规定时间内完成操作		每超时1min总分扣5分，超时3min停止操作			—	
		合　计	100					

试题17：高压醛气与废液换热器结焦的判断

（考核时间：20min）

序号	考核内容	考核要点	配分	评分标准	检测结果	扣分	得分	备注
1	准备工作	穿戴劳保用品	3	未穿戴整齐扣3分				
		工具、用具准备	2	工具选择不正确扣2分				
2	操作程序	高压蒸发塔顶压力升高	30	不会判断扣30分				
3		高压蒸发塔塔顶换热器换热效果变差	30	不会判断扣30分				
4		高压蒸发塔塔顶换热器壳体温度上升	30	不会判断扣30分				
5	使用工具	正确使用工具	2	工具使用不正确扣2分				
		正确维护工具	3	工具乱摆乱放扣3分				
6	安全及其他	按国家法规或企业规定		违规一次总分扣5分；严重违规停止操作			—	
		在规定时间内完成操作		每超时1min总分扣5分，超时3min停止操作			—	
		合　计	100					

试题18：装置停仪表风的处理

（考核时间：20min）

序号	考核内容	考核要点	配分	评分标准	检测结果	扣分	得分	备注
1	准备工作	穿戴劳保用品	3	未穿戴整齐扣3分				
		工具、用具准备	2	工具选择不正确扣2分				
2	操作程序	仪表改手动	10	未改手动扣10分				
3		风关阀关小前阀控制	10	不懂处理，终止考试				
4		风开阀开副线阀控制	10	不懂处理，终止考试				
5		重点先处理抽提塔加热炉燃料控制阀、炉进料控制阀、塔进料控制阀、液面控制阀	30	抓不住重点，扣1~30分				
6		处理各压力控制阀	10	未处理，每阀扣5分				
7		处理各回流控制阀	10	未处理，每阀扣5分				
8		处理各温控阀	10	未处理，每阀扣2分				

续表

序号	考核内容	考核要点	配分	评分标准	检测结果	扣分	得分	备注
9	使用工具	正确使用工具	2	工具使用不正确扣2分				
		正确维护工具	3	工具乱摆乱放扣3分				
10	安全及其他	按国家法规或企业规定		违规一次总分扣5分；严重违规停止操作			—	
		在规定时间内完成操作		每超时1min总分扣5分，超时3min停止操作			—	
	合　计		100					

试题19：加热炉炉管结焦的处理

（考核时间：20min）

序号	考核内容	考核要点	配分	评分标准	检测结果	扣分	得分	备注
1	准备工作	穿戴劳保用品	3	未穿戴整齐扣3分				
		工具、用具准备	2	工具选择不正确扣2分				
2	操作程序	将结焦炉管的流量控制阀开大，保证炉管的流量	22	不会处理扣22分				
3		降低结焦炉管所在炉膛温度	22	不会处理扣22分				
4		对加热炉炉膛、出口温度重点监控	22	不会处理扣22分				
5		严重时，影响生产停工对加热炉烧焦	24	不会处理扣24分				
6	使用工具	正确使用工具	2	工具使用不正确扣2分				
		正确维护工具	3	工具乱摆乱放扣3分				
7	安全及其他	按国家法规或企业规定		违规一次总分扣5分；严重违规停止操作			—	
		在规定时间内完成操作		每超时1min总分扣5分，超时3min停止操作			—	
	合　计		100					

试题20：加热炉炉管破裂的处理(现场模拟)

（考核时间：15min）

序号	考核内容	考核要点	配分	评分标准	检测结果	扣分	得分	备注
1	准备工作	穿戴劳保用品	3	未穿戴整齐扣3分				
		工具、用具准备	2	工具选择不正确扣2分				
2	操作程序	将加热炉紧急熄火	15	不会处理扣15分				
3		将炉膛吹蒸汽阀打开向炉膛吹蒸汽	15	不会处理扣15分				
4		将各机泵停运	10	不会处理扣10分				
5		将精废外放阀关闭	10	不会处理扣10分				

续表

序号	考核内容	考核要点	配分	评分标准	检测结果	扣分	得分	备注
6		将汽提塔吹汽阀关闭，真空泵停运	10	不会处理扣10分				
7		将炉管内介质扫净	10	不会处理扣10分				
8		将抽提塔进出口阀关闭	10	不会处理扣10分				
9		将精废油外放线扫好	10	不会处理扣10分				
10	使用工具	正确使用工具	2	工具使用不正确扣2分				
		正确维护工具	3	工具乱摆乱放扣3分				
11	安全及其他	按国家法规或企业规定		违规一次总分扣5分；严重违规停止操作			—	
		在规定时间内完成操作		每超时1min总分扣5分，超时3min停止操作			—	
		合　计	100					

试题21：开工转精废液循环时抽提塔人孔漏的处理(现场模拟)

(考核时间：15min)

序号	考核内容	考核要点	配分	评分标准	检测结果	扣分	得分	备注
1	准备工作	穿戴劳保用品	3	未穿戴整齐扣3分				
		工具、用具准备	2	工具选择不正确扣2分				
2	操作程序	联系内操立即转原料循环	20	不会处理扣20分				
3		联系保运队现场将人孔漏处紧好	20	不会处理扣20分				
4		需更换人孔垫片时，将抽提塔内糠醛用泵抽送至装置储罐或油槽储罐	20	不会处理扣20分				
5		打开抽提塔顶排空阀	10	不会处理扣10分				
6		将抽提塔内糠醛抽空后将泵停运阀门关闭	20	不会处理扣10分				
7	使用工具	正确使用工具	2	工具使用不正确扣2分				
		正确维护工具	3	工具乱摆乱放扣3分				
8	安全及其他	按国家法规或企业规定		违规一次总分扣5分；严重违规停止操作			—	
		在规定时间内完成操作		每超时1min总分扣5分，超时3min停止操作			—	
		合　计	100					

试题22：燃料气中断的处理(现场模拟)

(考核时间：15min)

序号	考核内容	考核要点	配分	评分标准	检测结果	扣分	得分	备注
1	准备工作	穿戴劳保用品	3	未穿戴整齐扣3分				
		工具、用具准备	2	工具选择不正确扣2分				

续表

序号	考核内容	考核要点	配分	评分标准	检测结果	扣分	得分	备注
2	操作程序	将加热炉火嘴瓦斯阀门关闭	15	不会处理扣15分				
3		将精、废油转循环，原料泵停运	15	不会处理扣15分				
4		系统温度过低将装置转原料循环，将汽提塔吹汽阀关闭	15	不会处理扣15分				
5		将脱气塔顶转糠醛水溶液分离罐	15	不会处理扣15分				
6		联系油槽将精废油外放线扫好	15	不会处理扣15分				
7		同时联系调度查明瓦斯中断原因长时间停瓦斯加热炉改烧油	15	不会处理扣15分				
8	使用工具	正确使用工具	2	工具使用不正确扣2分				
		正确维护工具	3	工具乱摆乱放扣3分				
9	安全及其他	按国家法规或企业规定		违规一次总分扣5分；严重违规停止操作			—	
		在规定时间内完成操作		每超时1min总分扣5分，超时3min停止操作			—	
		合　计	100					

试题23：绘制简单工艺管线施工图

（考核时间：20min）

序号	考核内容	考核要点	配分	评分标准	检测结果	扣分	得分	备注
1	准备工作	穿戴劳保用品	3	未穿戴整齐扣3分				
		工具、用具准备	2	工具选择不正确扣2分				
2	操作程序	排布合理，卷面清晰	10	一项不合要求扣一分				
3		管线表示正确	20	没有表示出粗实线、细实线、虚线扣20分				
4		标注正确	20	标高、长度标注、管径标注不正确扣20分				
5		表示出保温、拌热管线	10	未表示出扣10分				
6		表示出管长、管径	20	未表示出扣20分				
7		管线走向表示正确	10	未表示出扣10分				
8	使用工具	正确使用工具	2	工具使用不正确扣2分				
		正确维护工具	3	工具乱摆乱放扣3分				
9	安全及其他	按国家法规或企业规定		违规一次总分扣5分；严重违规停止操作			—	
		在规定时间内完成操作		每超时1min总分扣5分，超时3min停止操作			—	
		合　计	100